5月17日 午後11時15分～

深い山の中の光景である。正面に天に向かって延びた階段があり、その上部にUFO（母船中型）が止まっている。それはまぶしいばかりに白光を放っており、注目していると中心部が下に開いて中からねずみ色でまわりにブルーのフォースフィールドをつけただ円形のUFOが出現、階段を下に降りて私の方へぐんぐんせまってくる。

秋山氏が1979年5月17日に受信したテレパシー映像。山の上空に滞空している母船の中心部が開いて、そこからブルーのフォースフィールドに包まれた円盤が出現、階段の下にいた自分にぐんぐん迫ってきたという（詳細は95ページ参照）。

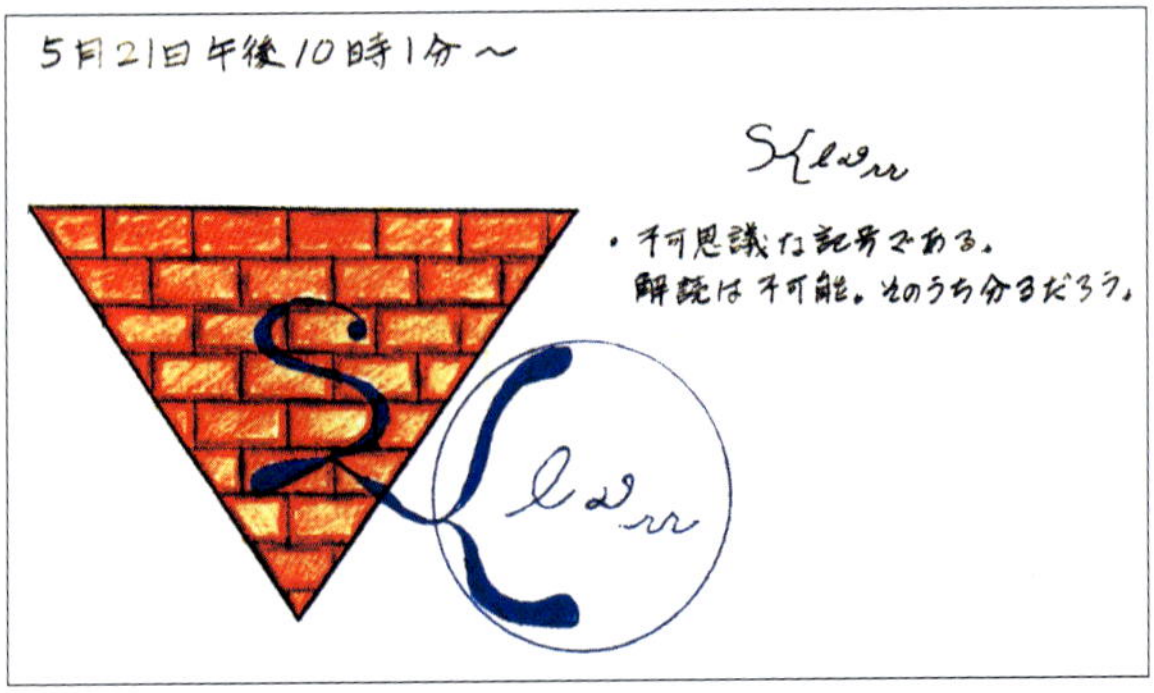


秋山眞人氏が1979年から1985年にかけて書き記したスペース・ピープルとの交信記録ノートの一部。テレパシーで受け取った不思議な記号が書かれている（詳細は98ページ参照）。

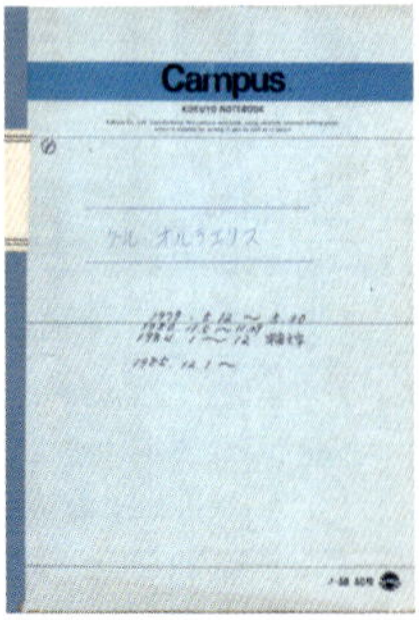


グル・オルラエリスとの交信ノート（宇宙人交流に関する記録：1979・5・12～）の表紙（80ページ参照）

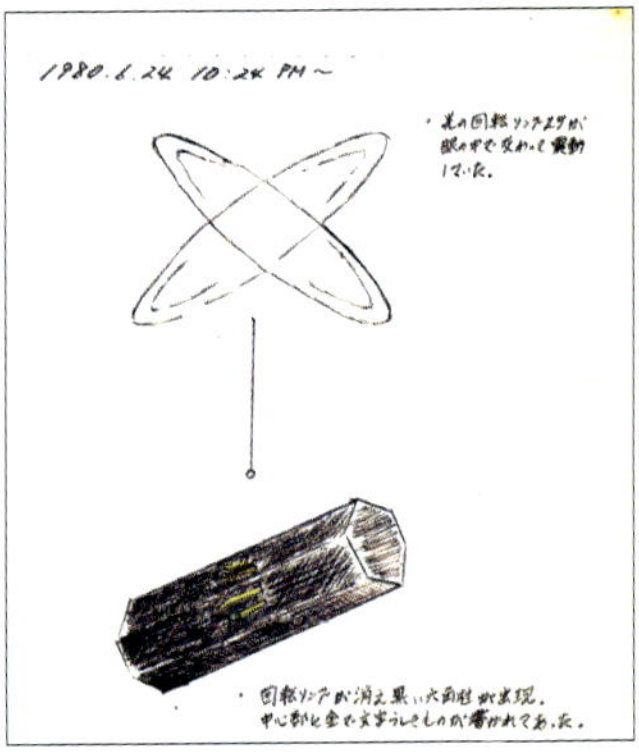


光の回転リング（上）と金色の文字が書かれた六角柱（140ページ参照）

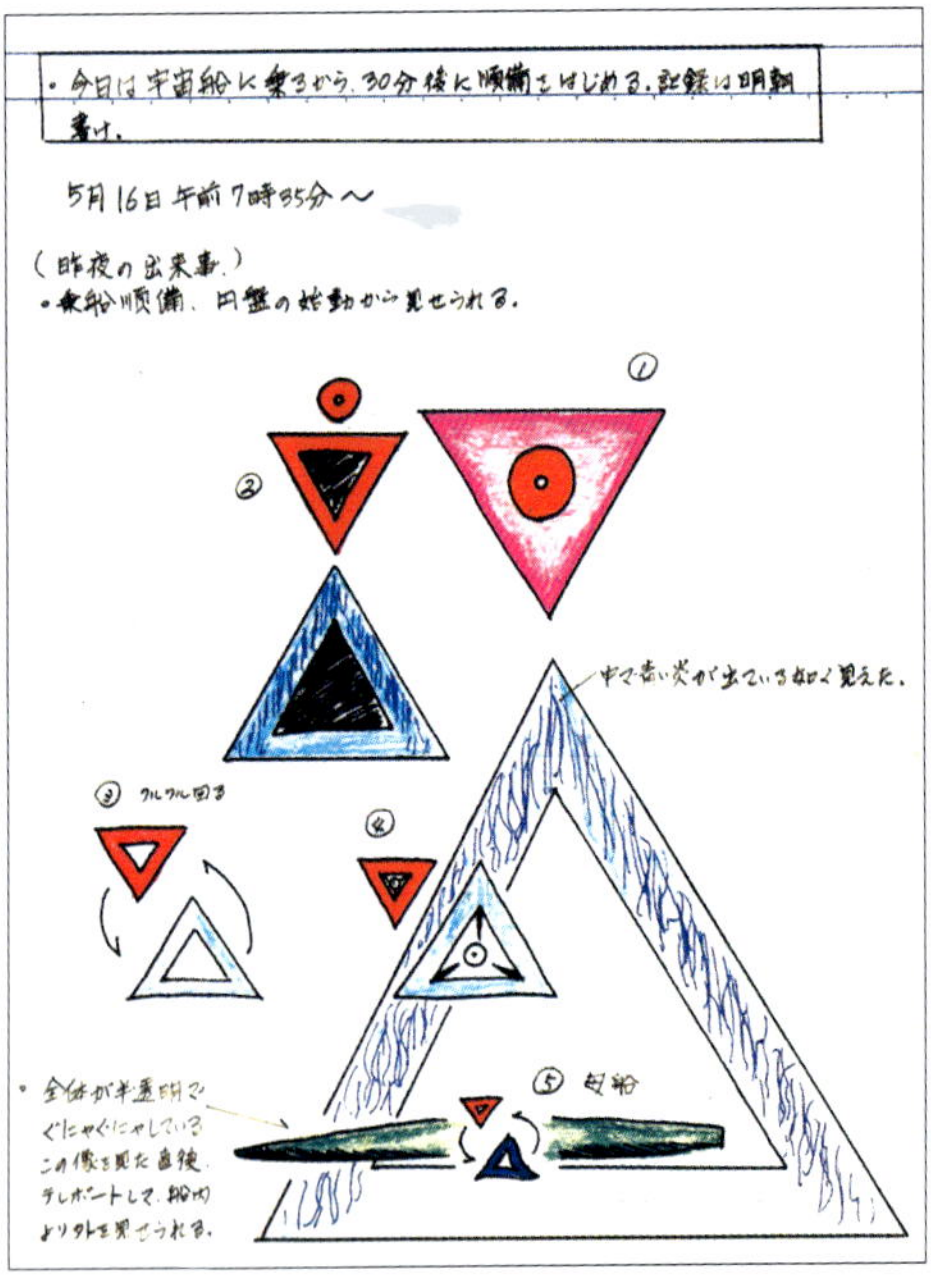


円盤乗船準備のために送られてきた映像（88ページ参照）

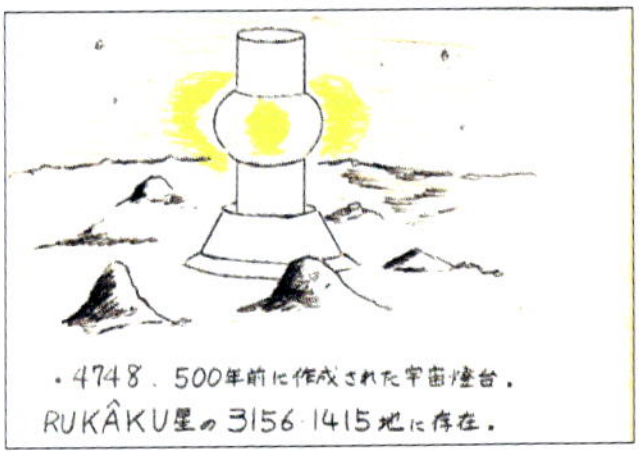


約500年前に建設された宇宙灯台（150ページ参照）

# 秋山眞人の
# スペース・ピープル
# 交信全記録

## UFO交信ノートを初公開

Exchanging Messages
with Space People

*Akiyama Makoto*
秋山眞人

聞き手・編集
布施泰和

ナチュラルスピリット

# 聞き手によるまえがき

## 人類にとって極めて貴重な財産

　私が初めて秋山眞人《まこと》氏から宇宙人（スペース・ピープル）との交信記録を記したノートを見せてもらったのは、二〇一七年九月二十六日のことであった。秋山氏の都内の事務所を訪れたところ、「もうなくなったのかと思っていたのですが、今日たまたま資料を整理していたら、昔のノートが見つかりました」と言って、秋山氏がコクヨのノート三冊分をクリアファイルした資料を見せてくれたのだ。

　それらのノートのページを繰っていくと、驚いたことに、そこには秋山氏が十七歳から二十五歳までの間に経験した宇宙人との交信・交流記録が記されていた。しかも、微に入り細にわたるイラスト付きで克明に記録されていたのである。

しかし、驚くのは早かった。後日、このノートを本として出版しようということになり、それぞれのページを秋山氏に解説してもらったら、ノートを読んだだけではわからなかった奥深い意味、宇宙人の意図、秋山氏の思いが次々と明らかになったからだ。

それはまさに、宇宙人との稀有《けう》な出会いを果たした秋山氏の驚異的な記録であるとともに、宇宙人の英知の塊《かたまり》が詰まったような記録文書でもあった。一〇代から二〇代にかけての多感な時期に、彼がこのように深遠な宇宙哲学に触れて、研鑽《けんさん》を積んでいたことを思うと、ただただ感嘆するほかない。

当然のことながら、このノートは単に秋山氏の個人的な記録に留まることはない。その内容は人類の未来にかかわる極めて重要な問題を含んでいる。ここから浮き彫りになるのは、彼が記した宇宙人との交信記録は、人類にとって極めて貴重な資料かつ財産であり、地球の未来への提言となりうるということである。

ただ残念なことに、秋山氏が記した交信記録のノートの全部が見つかったわけではない。秋山氏によると、出版社や知人に貸したりしているうちに、散逸《さんいつ》してしまったノートも多々あったという。

実際、秋山氏の宇宙人との交信は一九七三年から始まっているが、今回見つかったのは一九七七年から一九八五年にかけてのノートである。

そのため本書では、最初にＵＦＯとの出会いがあってから今日《こんにち》に至るまでの宇宙人との交信の記録と交流の体験を、秋山氏の記憶を頼りにして可能な限り再現してみることにした。ノートがある部分に関しては、秋山氏が当時どのような事情で、そのようなやりとりがあったかを詳細に解説してもらった。

ここに書かれていることはすべて、秋山氏の実際の体験であり、本当の生きた記録であることを強調しておきたい。そして秋山氏が語る宇宙の神秘に触れて、存分に学び楽しんでいただけたらと願っている。

二〇一八年十一月

布施泰和

# 秋山眞人のスペース・ピープル交信全記録　UFO交信ノートを初公開　目次

## 第3章 UFO操縦と母船搭乗(1978～80年)

# 第4章 太陽系外の惑星への旅（1980年ごろ）

## Step 6 1979〜80年「スペース・ピープルの母星に丸二日滞在」108

## 第5章 発動！ ミッション「地球」

## Step 7 1980～85年「地球で生きる使命の目覚め」

## 第6章 ミッション地球と地球の未来

# 第1章

# ファースト・コンタクト

（幼少期〜１９７６年）

# Step 1

# 1974年夏
# 「最初のUFO目撃」

## 登呂遺跡で拾った不思議な玉

私（秋山眞人）が初めてＵＦＯを意識して目撃したのは、一九七四年の中学二年生のときでした（以前に紹介された本で十五歳となっていましたが、正確には十三歳です）。そのときも静岡市近郊の山の麓《ふもと》の家に移り住んだばかりでした。

通い始めた新しい学校になかなかなじめず、友達もあまりできませんでした。都会の学校からの転校生ということでいじめにも遭い、かなり精神的にきつい状態に追い詰められていました。

最初の目撃は、おそらく夏休みになった八月ごろだったと思います。もっとも、後になってからわかるのですが、ＵＦＯからの最初の接触は、幼少期にもありました。たぶん小学校三年生くらいだったと思います。父と静岡市の登呂《とろ》遺跡に行ったとき私は、この世のモノとは思えないような変なモノを拾ったのです。

それはゴルフボール大の楕円の茶色い鉄のような玉でした（図1参照）。よく見ると、中央部に環状の、非常に細かい彫刻が施されていました。一見すると一部が錆《さ》びた鉄のようで、質感同様、実際に重たかったです。そのときは古代の遺物ではないかと思いました。

それで父親に見せようとして、それをジャンパーのポケットにしまい、ポケットのジッパーを閉めて父のところに持っていったのですが、あるはずの玉はポケットから消えていたのです。その不思議な体験はずっと記憶に残ったままでした。

後になってから宇宙人、すなわちスペース・ピープルに聞いたところ、それがある種のコンタクティーとしての入り口だったのだと言っていました。**「ＵＦＯとの遭遇のベースになる経験をいったん思春期までの間にさせると、かなりの恐れが軽減されるのです」**とも話していました。逆にこうしたものに興味を抱きやすくなるというベースが作られるのだそうです。

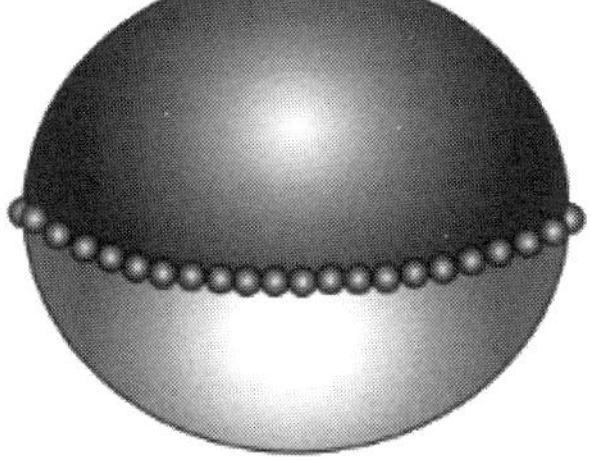

図1　楕円形の石の玉

スペース・ピープルとコンタクトする人たちはだいたい、小さいときにその証《あかし》を見せられます。近接的にＵＦＯを見る人もいれば、私のように不思議な遺物を拾ったりする場合もあります。何らかのプレゼントをもらうわけです。

その後、物心がついたときから本格的なコンタクトが始まります。私の場合は、それが十三歳の夏だったということです。

先ほども言いましたが、当時私は友達ができず寂しかったので、自宅の裏に広がる風景の中で、鳥やリス、ウサギなどを眺めては気を紛らわせていました。そうしたある日、テレビでＵＦＯ特集の番組があり、テレパシーでＵＦＯを呼び出す方法というものが紹介されました。私はこの話に飛びつきました。

実を言うと私はそれまで、唯物論を学んだ父の影響もあったと思いますが、ＵＦＯとかスペース・ピープルといった話は意図的に避けて育ってきました。でも、当時の私の不安定な精神状態においては、藁《わら》にもすがる思いだったのでしょう。「そんなことが本当にできたらおもしろいだろうな」ぐらいのつもりで、友達をつくるような感覚で実際にやってみることにしたのです。

## 目の前に出現したUFOから光を浴びる

「この宇宙のどこかに、こんな小さな惑星に住む私のような人間の存在に気づいてくれる方がいらっしゃったら、どうか反応してください。はっきりとわかる形で反応してください」

これが呼びかけの言葉でした。何の反応も返ってきませんでしたが、私はそれを毎晩九時ごろから二時間ほど、自分の部屋の窓を開けて、星空に向かって言葉に出してUFOを呼び続けたのです。

それはもう祈りに近い呼びかけでした。今になって考えると、毎日、こんなふうに言葉に出して、ブツブツと独りで空に向かって話しかけたわけですから、異常な行動です。ただ、そこには強烈な衝動があったことだけは確かです。

そのような強烈な衝動があったものの、何かが起こるという確信を持っていたわけではありませんでした。最初の一週間は「本当に出てきてほしいな」という期待感と、「いや、やっぱり出てこないだろうな」といった気持ちが交錯していました。一度も見たことがないものを信じるということは、なかなかできないものです。

それでも私は毎日、星空に向かって呼びかけました。二週間が過ぎ、三週間が過ぎると、だんだん気持ちが変わってきて、「ＵＦＯなんかどうでもいい」と思うようになりました。そのころまでには、星空を見上げるだけですごくのんびりし、心が落ち着き、ゆったりとした気持ちになることに気がついたからです。「こんな気分に浸っていたいな」という気持ちが大きくなり、ＵＦＯが出現するかどうかなど、二の次になっていました。

どうも、これがよかったようです。これも後からわかるのですが、**超能力はギュッと緊張していた力をフッと抜く、その瞬間に力が発揮される**ものだからです。あることを念じていても、一歩引いて、フッと力を抜いたようなときに、あるいは執着をなくしたような状態のときに、潜在能力が吹き出したり、願いが叶ったりするのです。

その瞬間は、呼びかけを始めてからちょうど三〇日目の夜に訪れました。その晩も、それまでと同じように二階の自分の部屋の窓から空を見上げながら、一時間ほど呼びかけましたが、やはり反応がありません。私はあきらめて雨戸を閉めようとしました。

と、そのときです。突然、シュンと何かが視界に飛び込んできました。オレンジ色の光の玉が裏山の奥の方から飛んできて、きれいなカーブを描いて私の前方で止まったのです。間違いなくＵＦＯです。

どのくらいの距離があったかはわかりません。その光体は大きなそろばんの珠《たま》のような形で、おそらくＵＦＯ自体の大きさは四〇〜五〇メートルほどあったと思います。ところが、

図２　キラキラ光る星状のもの

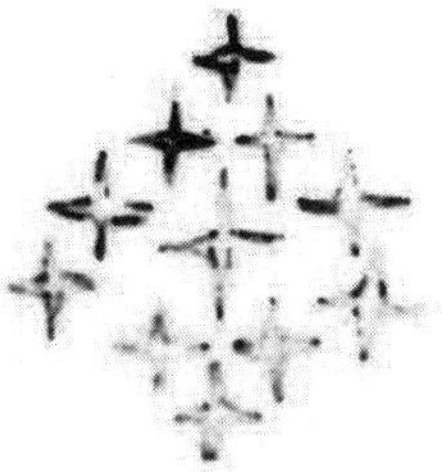

あれほど切望したＵＦＯが目の前に現れたのに、頭の中は真っ白になって、未知のモノに対する恐怖心が湧き上がってきたのです。

次の瞬間、ＵＦＯの縁《ふち》がピーンと白く光ったかと思うと、ＵＦＯは黄緑色のライトを真ん中から私に向けてポンと放ちました。それも普通のライトと違って、まぶしいだけでなく、ある種の物質的な圧があるのを感じました。

そのとき何が起きたかというと、私の頭の中で無数の小さな十字架の光がチカチカチカチカと光ったのが見えたのです（図２参照）。その光が頭の中から消えるのと同時に、意識がなくなっていきました。意識が戻ったのは、翌朝でした。私は寝床のそばで突っ伏すように倒れていました。

## 「スースー風」の正体はオーラだった

外は抜けるような青空でした。前夜のＵＦＯ目撃体験は、現実だったのか、夢だったのか。

「キツネにつままれた」という言葉がありますが、まさにそのような感じでした。信じられないという気持ちと、ものすごいモノを見たという興奮とが入り混じった状態でした。

だけど、その体験の記憶はあまりにも強烈に残っていましたし、それまでとは身体感覚が違うことも感づいていました。前夜の体験を境に、何かが劇的に変わりました。つまり、あの体験はまぎれもなく本物であることが実感できていたのです。

それは何とも言えない感覚です。体のいろいろな場所からスースー風が出るような感じなのです。たとえば、学校へは一〇キロほど離れた道を歩かなければならないのですが、ある土地を通ると、逆に風が体の中に入ってくる感じもありました。つまり、見えない風のようなものが体から出たり入ったりするのを感じるようになったのです。

そうした不思議な感覚が出てきたころから、何となく無意識にモノをいじったりすると、表面がざらついてボロボロとこぼれたり、壊れたりするようになりました。たとえばスプーンなどの金属に触ると、表面が荒れて亀裂が入ったりしたのです。ドアの取っ手を回そうとしたら、ポロッと取れてしまうこともありました。**金属だけでなく、ガラスも、木も、皮も、ビニールも、ありとあらゆるものが、興奮しているときに触るとボロボロになってしまうの**です。

しばらくすると、モノがざらついたり壊れたりする現象は、私がちょっと感情的になったときに起きることもわかってきました。どういう意識の状態になると、モノが壊れたり、割れたり、切れたり、腐食したりするのかということがわかってきます。

歯ブラシが折れたりもしました。歯を磨くと、新しい歯ブラシでも毛先が開いてしまうようにもなりました。その後、歯ブラシはとにかくポンと折れます。ものすごくしっかりしている靴の縫い目もすぐにほつれてきます。ボタンもよく服から取れたり、割れたりしました。

そうした現象は興奮したとき――ものすごく喜んだときや頭に来たとき、イライラしたときに起こりました。高揚するか、イライラするか、です。

こうした現象と並行して、人の体から「スースー風」の正体が出ているのを見ることができるようになりました。それが、今日では「オーラ」として知られている繊維状の細い光の管《くだ》の束であったのです。全体としては巨大な綿のようにも見えます。

体の悪いところと思われる部分のオーラは、管が折れ曲がって暗く見えます。管が複雑に絡み合って黒く見えます。

正確に言うと、黒くなっているところを注視すると、管が折れ曲がったり、絡み合ったりしているのです。さらに段々と、その繊維状の管の延長線上に人の顔や家などの風景が見えたりするようにもなりました。

あのＵＦＯ目撃の日以来、それまでは想像もできなかったような不思議な現象が、激しく起こるようになったのです。

## ＵＦＯが頻繁に現れるようになる

そうした現象が私の周りで発生し始めたことを、私は両親にも誰にも話しませんでした。親に言ってもわからないだろうし、信じてもらえないことはわかっていたからです。

それよりも一番怖かったのは、自分が何かおかしくなって、病気でもない、変なことに巻き込まれているのではないかという不安でした。最初はその不安感の方が大きかったです。段々と人と共有できない秘密が増えていくみたいな恐れもありました。

そうした私の不安感を見透かすようにして、おそらく最初の目撃から一週間もしないうちに、スペース・ピープルからのテレパシーメッセージが届くようになりました。もちろん当時はテレパシーかどうかもわからない状態でした。

ただ、私の心に連動するかのようにＵＦＯが頻繁に現れるようになったのです。ＵＦＯはおそらく、私の心の中にある不安感や恐怖心を取り除くために出現したのだと思います。そのような淡いテレパシーのようなものも感じました。

やがて、学校の帰り道、夕空に突然ジェラルミンの小豆《あずき》の粒のようなものが飛んできたりするのが日常茶飯事になりました。しまいには、授業中や試験中の教室の窓の外にまで現れるようにもなったのです。

私がＵＦＯをイメージすると、必ずＵＦＯが現れるのです。ただし、心に乱れが生じているときには、いくら念じてもＵＦＯは現れません。そのようなときには心を立て直し、穏やかな心の状態を取り戻してから再度挑戦しました。

すると、ほとんど意のままにＵＦＯを見ることができたのです。ビー玉のような小さなものから、メロンパンくらいのもの、一〇メートルくらいのものまで、昼夜を問わず、ＵＦＯが現れました。

ＵＦＯが現れる前には、ドキドキした胸騒ぎに近い感覚があり、「そろそろ出てくるぞ」ということがわかります。特に、耳鳴りのようなものが聞こえて、頭の上に脈動感のある圧力を感じるときは、ＵＦＯがすぐ近くに来ていることがはっきりとわかりました。

最初のころは、自分が一人でいるときにしかＵＦＯは出てきませんでした。しかし、そのうち周りに人がいても構わずに出現するようになりました。私の家族も見ているし、友達もたくさん見ています。

そのうち「秋山と一緒にいれば、本当にＵＦＯが見られる」という噂が広まって、ちょっとした人気者にもなりました。あんなに友達ができなくて寂しかったのが嘘のように、「一緒にＵＦＯを見に行こう」と、友達が集まるようにもなりました。

また、最初のころは小さな光の点だったＵＦＯも、徐々に近くまで接近してくるようにもなりました。近づいてくるのは、一〇〜二〇センチメートルほどの小型ＵＦＯです。近くに来ると、乳白色あるいはピンクに見えました。

その近づいてきたＵＦＯに、たとえば「直角に曲がれ」と念ずると、それまでまっすぐに飛んでいたＵＦＯが、本当に直角のターンをするようにもなりました。私が心で考えた通りの動きをするのです。

最初は正直言って、少し気味が悪かったです。「これは大変なものとかかわってしまった」という気持ちもありました。でも、とにかく楽しかったので、ドンドン続けました。

# Step 2
# 1975年初め「本格的なテレパシー交信開始」

## 目を閉じると現れる不思議な文字

淡いテレパシーはやがて、本格的なテレパシー交信に変わりました。最初のＵＦＯ目撃から半年ほど過ぎた一九七五年の一～三月ごろだと思います。ある晩、さあ寝ようと思って明かりを消して、寝床に横になったときです。目を閉じた途端に目の中が煌々《こうこう》と明るくなったのです。そのまぶしさは、こめかみから蛍光灯を突っ込まれたかのように感じるほどでした。

ビックリして目を開くと、周りは何の異常もなく、真っ暗なままです。ところが、目を閉じると、頭の中が昼間のように明るくなります。それは、頭の中そのものが電球のようになって、煌々と輝いているような感覚でした。

「これは何だ！ 何か変なことが始まるのか」とちょっと不安に感じながらも目を閉じると、やがて明かりの中に黒い象形文字のようなものが浮かび上がってきました。

意味はまったくわかりませんでしたが、目を閉じると、とにかく目の前に浮かんできます。何度目を閉じたり開いたりしても、文字は消えません。そこですぐに起きて、ノートにその文字を書き写すことにしました。

すると、ようやく書き写せたと思った瞬間に、その文字はかき消すかのように見えなくなったのです。そして、次の文字が現れるのです。文字は書き終わるまで消えません。書き終わると消えて、新しい文字が現れるということを何回も繰り返しました。

その当時のノートは人に貸すなどしているうちになくなってしまったので、形は詳しく覚えていません。でも、文字は全部で七つあったと思います。一つ覚えているのは、無限大の記号を半分に切ったような形で、線が太くて力強い印象の文字があったということだけです。

それからというもの、毎晩一〇時ごろになると、ビジュアルなメッセージが必ず送られてくるようになりました。やたらと実験的にいろいろなものを見せられました。最初は象徴的な文字や図形の映像が主でしたが、やがて動画のような映像も送られてくるようになりました。

暗いところにピーっというビームが見えて、オシログラフ（電圧または電流の波形を表示する測定器）のように激しく振動したり、それが都会のビル群のシルエットになったりしました。一次元の直線が、二次元的なアートになって、それが浮き出て立体になっていくというようなプロセスの映像が見えるのです。

それらはすべてスペース・ピープルからのテレパシーであることは、私にとっては自明の理でした。最初に七つのシンボルが送られてきたときも、スペース・ピープルからのメッセージであるとすぐにわかりました。文字と一緒に「無秩序なことに巻き込んでいるわけではないから、安心しなさい」というようなテレパシーが来るからです。

それは言葉ではありません。初期のころはあまり言葉の送信はありませんが、そのように言われていることがわかるのです。そういうスペース・ピープルの気持ちが入ってくるわけです。彼らには敵意は微塵もありません。騙そうとしているわけでもありません。それがわかります。

ですから、そうしたメッセージを受け取ると、自分の気持ちが混乱や混沌から落ち着く方向に向かいます。自分の古い記憶を思い出していくような、心地よさや懐かしさもありました。

むしろそのことが混乱を生じさせたかもしれません。ずっと後になって、時間も連鎖しているのだということがわかりました。古い過去の経験と現在が重なったのです。

要するに**自分がスペース・ピープルであった経験が昔あったのだということがわかってくるのです。**

## 中三で母船を初めて目撃する

初期のテレパシー交信では、とにかくシンボルの羅列を見せられたことを覚えています。同時に謎の文字を書きたくなる衝動が付いて回るようにもなりました。ヒュッと、とんでもない言葉が口から出たりもしました。

今考えてみると、**見えない世界を把握するための感覚機能の練習をやらされていたのだ、**ということがわかります。ある種のテレパシー的な情報をキャッチするための感覚や機能を拡大する練習だったわけです。

たとえば、何か彼らの情報が入ってきたら、すぐに手が動き自動書記をするようにもなりました。自動書記とはトランス状態になって無意識的に文字や絵を書くことです。意識しなくても言葉が出てくるとか、意識しなくても見えるとか、五感的な感覚が研ぎ澄まされていきました。

それと同時におもしろい現象も起きるようになりました。思いもかけないような人たちと、ひょんなことから知り合いになるという現象です。そういった人たちが提供してくれる情報や、彼らが持ってきた雑誌の中などに、私がテレパシーで受信した象徴的映像の意味を理解するためのヒントが隠されていたりしたのです。

あるとき、突然古本屋に行きたいという衝動に駆られて、通りかかった古本屋に何気なく飛び込んだことがあります。店に入ると、今度は何となく棚の上の方が気になりました。そこで見上げると、途端に上の方から一冊の本が落ちてきたのです。変なこともあるものだと思いながらそれを拾い上げると、たまたま開いたページにテレパシーで受け取った図形の意味が書いてあった、などということもありました。

ある程度経験を積んでいくと、段々とわかるようになることもありました。シンボルなどの情報が入ってきたときに、スペース・ピープルが何を言いたいのか、ある程度はわかるようになったのです。最初の目撃から一年のうちに、情報の整理がだいぶできるようになったと記憶しています。

おそらくそのころだと思うのですが、中学三年生のときに超巨大な葉巻型の母船を見たことがあります。その日は雨雲が低く垂れ込めていました。それでもところどころに雲の切れ目がありました。

ふと見上げると、その切れ目を通じて、ものすごく巨大な物体がゆっくりと動いていくのが見えたのです。全体の輪郭は見えませんでしたが、私は母船だと直感しました。それを見たときは、もう感動が体の中を駆け抜けました。ものすごく幸せな気分になったことをよく覚えています。

そのころか、その後ぐらいだと思うのですが、ＵＦＯの部品の映像をテレパシーで見るようにもなりました。ＵＦＯの底が蛇腹《じゃばら》になって開く映像や、ＵＦＯの動力部の映像を見せられたこともあります。不思議なことに、その映像を見ただけで、その内容がわかってしまうという現象が起きました。とにかく動力部なら「動力部だ」とわかってしまうのです。

このようにＵＦＯの部分的な映像が現れるようになったのは、私の恐れを取り除くためであったと思います。**ＵＦＯの各部品を細かく見せることによって、ＵＦＯに対する恐怖心を徐々になくしていこう**としたのです。

というのも、これは後でわかったのですが、コンタクティーが進む道としては、遭遇やテレパシー交信の段階が終わると、順調に行けば次はＵＦＯの操縦という段階に入るからです。これがＵＦＯの教育カリキュラムです。

この段階ではＵＦＯ操縦法、製造法、内部構造について学びます。これはもっと後になってからです。

# 中学卒業間近に念写の実験に成功

私の中学生時代は、ユリ・ゲラーの来日でスプーン曲げなどの超能力の話題がブームになったときでもありました。私も「超能力というものがあるのか」と思いましたが、ユリ・ゲラーの周りにいる研究者の話を聞いても、取材して書いた本を読んでも、超能力が何なのかさっぱり理解できませんでした。ユリ・ゲラーが感じていることと、私が感じていることが同じものなのかどうかも、確証が持てませんでした。

超能力の平均的な考え方や超能力のマニュアルがわからなくて、結局、直感的に求めていくと、能力者で同じような経験をしている人たちに偶然出会ったりするようになりました。まず人との出会いが起こりました。まったく別の学校で、同じような経験を同じ時間にしている人にも出会いました。そういう人たちとも会いますが、まるで通過点のように会わなくなってしまった人もいるし、非常に長くかかわった人もいます。

とにかくもっと知りたいと思って、自分で情報を集めるようにしました。最初は私もお金がなかったので、地元の古本屋を歩き回りました。でも、研究家と称する人たちの新刊本を買っても、超能力のことはわかりませんでした。研究家となるような人たちは超能力者ではないので、トンチンカンなことを書いていたりするのです。

ＵＦＯを目撃して間もない一九七四年九月十五日。中学生二年生のときでしたが、居ても立ってもいられなくなり、リュックサックを背負って東京・品川の「宇宙人特別講演会」を聴きに行ったこともありました。フランス文学者でオカルト研究家だった平野威馬雄《いまお》氏や、日本で初のＵＦＯ研究会である「日本空飛ぶ円盤研究会」を創立した荒井欣一氏ともその講演会で会っています。確か、司会は「日本宇宙現象研究会」を率いる並木伸一郎氏でした。

それは、その年の四月六日に北海道で起きた宇宙人との遭遇事件「仁頃《にころ》事件」を取り上げた講演会でした。この事件を簡単に説明すると、北海道北見市仁頃町で農業を営む藤原由浩さん（当時二十八歳）が、突然身長一メートルほどのスペース・ピープルの訪問を受け、半ば強引に空飛ぶ円盤で連れ去られたという事件です。

その後、解放された藤原氏はスプーンに触るとグニャリと曲がってしまうなどの超能力を発揮するようになり、テレパシーでスペース・ピープルと交信できるようになります。その二日後、テレパシーで呼び出された藤原氏は、再び空飛ぶ円盤に乗船、月に行ったりします。三回目の搭乗は四月十三日で、そのときは木星を訪問、木星の岩石を持ち帰ったといいます。

ＵＦＯに遭遇した後、超常的な能力を発揮するようになったのは、私も同じでした。中学卒業間近の一九七六年二月十九日には、私は念写の実験をしています。一枚目は不成功に終

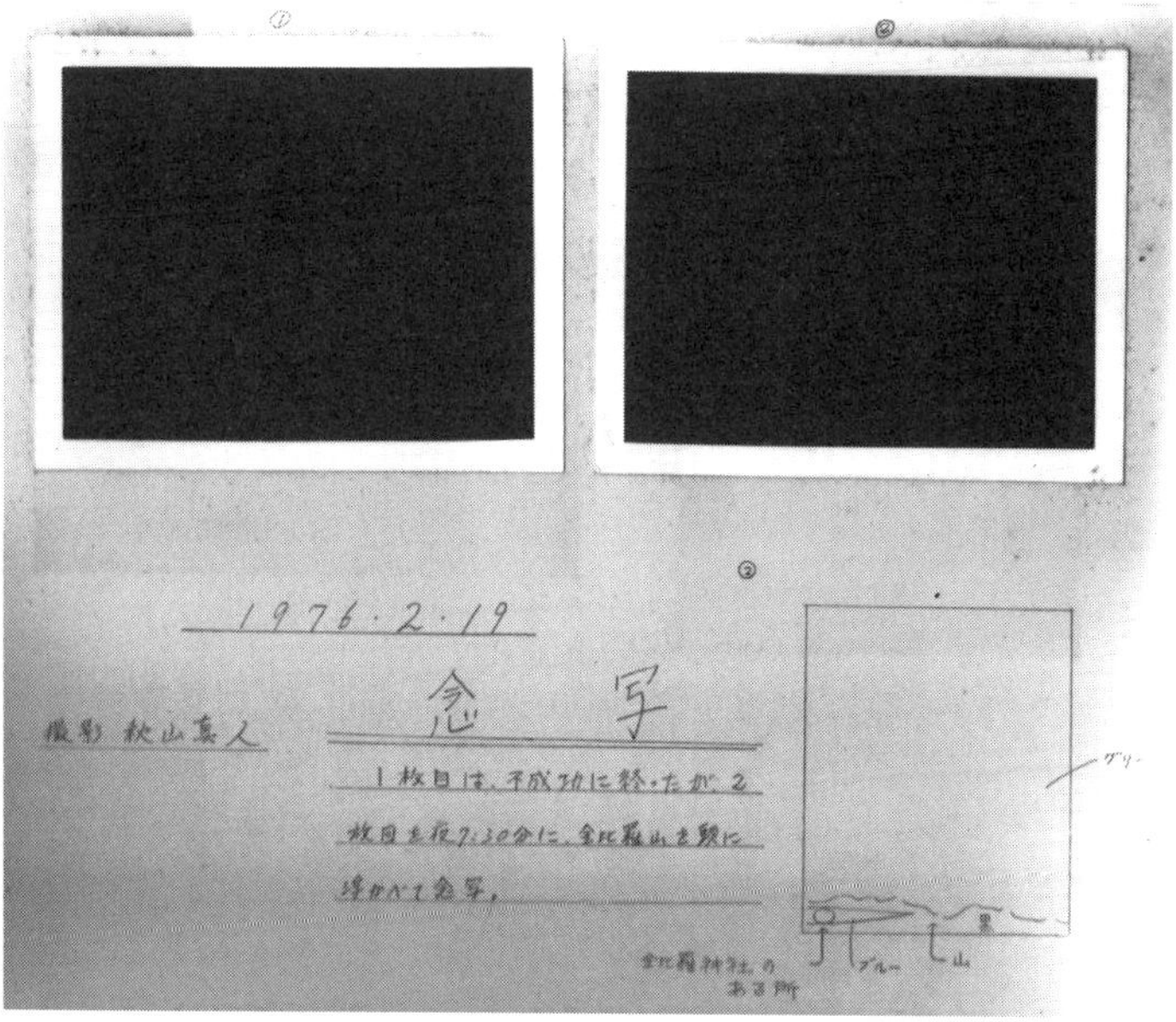


写真1　上・秋山氏が金比羅山を思い浮かべて念写した写真のアルバムより。古い写真なのでわかりづらいが、左の写真のコントラストを調整すると、左下の写真にあるように青い筋が写り込んでいた。

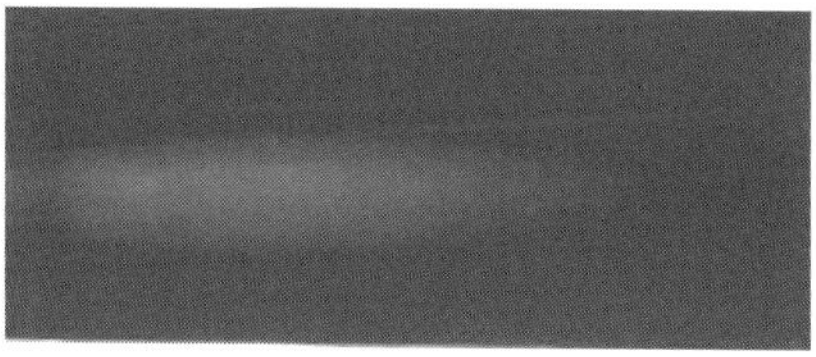

わりましたが、午後七時半に地元・神奈川県藤枝《ふじえだ》市の金毘羅山《こんぴらさん》を頭に浮かべて〝念写〟した二枚目には、一部ですが思い浮かべた通りのブルーの筋が写っていました（写真1参照）。

## スプーン曲げ少年としてテレビに出演

ＵＦＯや超能力の世界に入ったことで、いろいろな軋轢《あつれき》や葛藤も経験しました。

最初は無知ですから、周りの人に何でも話してしまうわけです。「わかってくれ。わかってくれ」と躍起《やっき》になったこともありました。

すると、「単に目立とうとしているだけだ」と思われて、学校ではいじめられました。いじめる性質の子というのは、理由もなくいきなり殴りかかってきたり突っかかってきたり、人が嫌がることばかりをします。

そのとき、いじめる子といじめられる子の心理がすごくよくわかりました。いじめる子も何か能力があります。

いじめる子は、いじめられる子に異なるものを見たり感じたりすることによって生じる恐怖心があるから、いじめるのです。

私も変な感覚があったため、身近な人の反応が尋常ではないことは敏感に感じます。気味悪がられたり、嫌われたりするのがよくわかりました。私の表現も普通ではありませんでした。

今から思うと、当時の私は「俺が、俺が」という感じで自意識過剰で、かつわけのわからないことをよく言っていたように思います。中学生の最後の方では私も拗《す》ねてしまって、嫌いな優等生にかみつくとか、結構やさぐれていました。

あのころ一番きつかったのは、スプーン曲げはインチキだというキャンペーンによって、ボコボコにメディアから叩かれたことです。

私がUFOを初めて目撃した一九七四年は、ユリ・ゲラーが来日した年でもありました。その年の春、彼はテレビ出演して〝念力〟でスプーンを曲げたり、壊れた時計を動かしたりしてみせたことから、日本中に超能力ブームを引き起こしました。

しかもそれをテレビで見た視聴者からも「私もスプーンを曲げた」という人が続々と現れ、大勢のスプーン曲げ少女や少年がもてはやされました。当時中学生だった私も、テレビのワイドショーにスプーン曲げ少年として取り上げられたことがあります。家にメディアが取材に来たこともありました。

そのころ、スプーン曲げ少年がもてはやされる一方で、週刊朝日がスプーン曲げはトリックで超能力はインチキだったと報じたことをきっかけにして、超能力少年少女に対するバッシングが始まったのです。私たちは嘘つき扱いされ、それを理由にしてずいぶんいじめられました。

社会に頼らざるを得ない半面、社会にわかってもらおうとは思わないと誓ったのもこのころです。それ以来、求めてくる人には教えますが、絶対に私からは教えないと決めたのです。

# 第2章

# 直接コンタクトとUFO乗船

（1976～79年）

Step 3

# 1976年春「スペース・ピープルとの直接コンタクト」

## 静岡の街中でスペース・ピープルと出会う

中学校から高校に進学したころ、おそらく中学を卒業する直前か、卒業した直後の一九七六年春だと思うのですが、初めてスペース・ピープルとの直接のコンタクトを経験しました。つまり、実際に街中でスペース・ピープルと出会ったのです。

実はその直前くらいから、予兆はありました。ＵＦＯの部品を見せられた後、テレパシーで人影のような映像が送られてくるようになったからです。

最初は残念ながら、マントのようなものを羽織《はお》って立っている姿は見えるものの、顔だけが暗くてよく見えない状態でした。さらに、よく聞き取れませんでしたが、声も聞こえるようになりました。

しばらくして、顔もはっきりと見えるようになりました。目の前に立っている人は、**ブルーの髪をした西洋人ふうのスペース・ピープルでした。**と同時に、声もはっきりと聞き取れるようになりました。そのスペース・ピープルはテレパシーで次のように私に告げました。

「ようやくここまで来た。今後もコンタクトを続けたいが、拒否したいなら、してもいい」

私はもちろん、断るつもりは毛頭ありませんでしたから「続けてください」と心の中でつぶやきました。すると向こうは、「ありがとう。私の名前はレミンダ。本当は名前がないが、それだと君が困るだろうから、そう名乗ることにする」と告げました。

こうして私は、レミンダと名乗るスペース・ピープルとテレパシー交信をすることになったのです。後で聞くと、最初顔を見せなかったのは、人間にとって顔は恐れの対象になっているからだ、ということでした。私に恐怖心を与えないように、彼らはゆっくりと時間をかけて、段階的にコンタクトを続けてくれていたのです。

レミンダ

その日は日曜日でした。いつもなら家でぶらぶらしているのですが、その日はなぜか、そんなことをしていてはいけない、という異様な胸騒ぎのようなものを感じました。

それは強い衝動で、とにかく繁華街に出なければいけないということだけがわかりました。そこで、とりあえず電車に乗って近くの大きな町に向かいました。静岡市呉服町という静岡駅前の繁華街に行くことにしたのです。

電車に乗ってからも、駅を出てからも、独特の胸騒ぎが続いていました。商店街に着くと、その胸騒ぎはますます強くなり、心臓の鼓動が激しくなってきました。

そのときです。ふと前を見ると、妙に気になる人が遠くの方から歩いてくるのが目に留まりました。パリッとした紺のスーツを着て赤いネクタイをしたビジネスマンふうの男性で、髪は七三分けで、ラッキョウ顔でした。日曜日の繁華街ですから、ほかにもたくさんの人が歩いていました。でもなぜか、その男性が気になって仕方がありませんでした。

私はその男性の方に向かって歩いていましたが、向こうも私に向かって歩いてきます。試しに進路をずらしてみると、向こうも進路をずらしてきます。よくよく観察してみると、彼が非常に無表情であることに気がつきます。しかも、普通の人が体を上下動して歩くのに対して、彼は滑らかに、まるでローラースケートで滑るかのように移動しているのです。

これには何かがある。それだけは間違いなく確信できました。それで、とうとう目の前までその男性が来たときのことです。「秋山さんですね」と突然、頭の中に声が鳴り響いたのです。

私は驚いて、「他の惑星からいらした方なのですか」とテレパシーで問い掛けました。すると何と、彼は声に出して「そうです」とはっきり答えてきたのです。

もうこの出来事に、私はひっくり返りそうなくらい驚愕していました。ところが彼はそんなことに構う様子もなく、私の肩を軽く叩きながら「少し話しましょうか」と言って、地下街の喫茶店へと導いたのです。

## 「人類の文化を持続させていくかどうかの岐路に立っているのです」

入ったのは、植物がたくさん置いてある「蒼苑《そうえん》」という喫茶店でした。バロック音楽が流れていて感じのいい喫茶店です。その後の会話は、ずっと音声を使った普通の会話でした。

その男性はまずこのように言いました。

「私はスペース・ピープルである。驚かせる気はないから、安心してくれ。君のことはよく知っている」

私は驚くと同時に警戒しました。「こいつは、ひょっとしたらソ連かどこかのスパイではないのか。やばいやつだったらどうしよう」と怖くなりました。その様子を見て彼は、「君はまだ疑っているだろうが、私は今まで君が体験したことをすべて知っている」と言います。そこで試しに、私が経験したＵＦＯ目撃やテレパシー体験をさりげなく話したのです。するとその男性は、「それは○月○日のことですね。○時○分ごろのことで、こういう形のＵＦＯだったでしょ」と、すべて言い当てたのです。

彼は間違いなく、私の不思議な体験の詳細を日時に至るまで克明に知っていました。私が見たＵＦＯを動かしていた人たちでなければ、あるいは、私にテレパシーを送ってきた人たちでなければ絶対に知らないはずのことを知っていたのです。

最初のうちはまだ半信半疑であった私も、それを聞かされたときには、警戒感も消えて、もう大感動していました。

その喫茶店では二時間ほどそのスペース・ピープルと会話をしたと思います。そのとき、おもしろいことに気がつきました。彼はコーヒーを注文したのですが、砂糖を混ぜるのにスプーンの柄の方をカップの中に入れてかき回したのです。また、ミルクを、コーヒーではなく水に溶かして飲んでいました。

地球の習慣を知らなかったのか、あるいは知っていてわざとやったのかはわかりませんが、私には理解できない奇妙な行動に映りました。

スペース・ピープルは私に次のように言いました。

「我々はある目的を持って地球にやってきています。今の地球の人たちは、とにかく文明的な岐路に立っています。**このまま物質に浸った文明を続けていって行き詰まってしまうか、それとも物質文明の中に精神的なものの考え方をより多く取り入れていって文明を変え、長らく地球を存続させていき、人類の文化を持続させていくかの岐路に立っているのです。**

我々はすでにその難関をクリアしてきました。ですから今、こうしてテレパシーを使ってコミュニケーションしているのです。あなた方も我々と同じような文明を持つ可能性が十分にあります。そういうことをあなた方に気づいていただくために、我々はやってきたのです。

ですが私たちは、あなた方地球人を手取り足取り導いたりすることはできないのです。ただしヒントを与えて促すことはできます。私たちにできるのはそこまでです」

そして彼は最後に私にこう言いました。

「あなたは、私たちが持っている知識をこれからも手にしたいと思いますか？　あなたが望まなければ私たちは提供しません。それと、あなたは自分の向上を考えることができますか？」

とっさに私は、「望みます！　考えています！」と答えていました。

本格的なコンタクティーとしての私の人生はこの瞬間から始まりました。

そのスペース・ピープルは、私に名前を名乗りました。

「私たちには名前がありません。しかし、このままではあなたが混乱するので、仮に〝ベクター〟と呼んでください。いいですか、ベクターですよ。あなたが今度この名前をイメージしたときには、私はもうあなたのそばにいます」

このことは、そのときテレパシー交信していたレミンダの言っていることと同じでした。彼らには名前は必要ないのです。そしてベクターの言う通り、私が彼の名前をイメージするだけで、ベクターが現れるようになりました。

それ以来スペース・ピープルとの頻繁な会合場所となったその喫茶店のある地下街で、その約四年後にガス爆発事故が発生しました。一九八〇年八月十六日のことです。

メタンガスと都市ガスの二度にわたるガス爆発で、大勢の人が死傷しました。火元はその喫茶店のそばの飲食店からでした。

実はその事故があった日に、私はその喫茶店に行こうと思っていたのです。スペース・ピープルとの接触の予定がありました。だからすごくよく覚えているのですが、行こうと思って藤枝駅まで行ったら、「ダメだ」という感じがすごくしてきました。

「ダメだ」というテレパシーが来たのです。なぜダメだかわからないまま、急きょ行くのを取りやめました。

普通はそのまますんなりと誘導されて、胸が高まるような高揚感があって出会うのですが、その日は逆でした。何か変化が起きたのか、私が悪いことをしたのか、訝《いぶか》っていたところ、この爆発事故のことを知ったのです。

先日、この場所に行ったら喫茶店がリニューアルされていました。雰囲気は変わってしまいましたが、懐かしかったです。

## 時空を超えた「約束」を果たすため、地球に転生した

ベクターは約束通り、私の行く先々に現れるようになりました。タクシーから降りると目の前に立っていたり、電車から降りると、プラットホームにいたりしました。まるで「ストーカー」みたいなものでした。とにかく、私がどこに行こうと、いつでも出没しました。

ベクターは、特に私の精神状態が悪いときに現れました。一般の方にはわからないかもしれませんが、様々な未知の超能力的な体験が続くと、どうしても精神的に不安定になり、恐れや不安が増大していくものなのです。その不安感がピークに達すると、彼は必ず私のそばに来てくれました。

おそらく彼らスペース・ピープルにとっては、私の恐怖心をいかに弱めるかが課題だったのだと思います。ベクターは初めて会ったときから「私たちは兄弟だ。友達だ。所在が違っ

ているだけなのだ。あなたは地球にいて、私はほかの星から来た。それだけの話だ」と繰り返し説明しました。そうやって、私の不安を取り除こうとしてくれたのです。

あるときベクターに、なぜ私に接触してきたかを聞いたことがあります。そして、なぜこれほどまでに友好的なのか聞いたのです。彼はすぐに答えてくれました。

「君と私たちの間には約束があったのだ」

ベクターによると、それは非常に古い時代に交わした約束で、私の魂と彼らとの間には、「生と死を超越した何万年もの長きにわたる約束」があるというのです。彼は私の**「魂の系図」**を示したうえで、次のように言いました。

「君の魂のルーツ、流転《るてん》を含めて、君を評価している。そういう君と会うことは、我々にとって意味があるのだ」

私は自分の魂の系図を見て、理解しました。輪廻転生《りんねてんせい》などと聞くと、信じられない人もいるかもしれませんが、**私ははるか昔、彼らと同じ星の住人として生きたことがあり、そのときにある約束をしました。そしてその約束を果たすという目的のもと、地球に転生してきているのが現在の私なのです。**「その約束によって、私たちは君に会いに来ているのだ」とベクターは告げました。

このように、コンタクトの方法としては、定期的に非常に儀礼的に直接会いに来るスペース・ピープルと、テレパシーをずっと送ってくるスペース・ピープルがいるのです。同じスペース・ピープルがその両方をやる場合もあります。

たとえば私が最初にテレパシーで姿を見て、コンタクトが始まったスペース・ピープルは「レミンダ」でした。そのレミンダが「今からプロジェクトを始めるよ」というテレパシーでシグナルを送ってきます。その際、ニュースキャスターのように上半身だけの姿で、机の前に立ってガウンを着て現れます。髪の毛は淡い銀色とブルーの間のような色です。

そうした映像のテレパシー交信がしばらく続いた後、直接コンタクトが始まります。私の場合は、直接コンタクトしたスペース・ピープルはまったく別人でした。ベクターでした。

といっても、すでに説明したように、スペース・ピープルには「レミンダ」とか「ベクター」という名前は、本当はありません。私たちが混乱するので、便宜上付けているだけなのです。

## 彼らは日本中のあちらこちらに拠点を置いていた

私はそのとき、高校生になっていました。中学校でのいじめ体験から学んだことは、「違いを強調してネガティブになると、人はいじめられる」という教訓でした。

そこで高校時代は自分に言い聞かせて、「僕は人と違うのではなく、ただ理由なく、とても強いのだ」と思い込むようにしました。そして高校ではいきなり、一番自分でやりたくない応援団に入部しました。「強持《こわも》てですけど、俺は」みたいなキャラに自分を変えたわけです。たとえば、友達と一緒にご飯を食べたとします。そこに私の意見を抑え込もうとするいじめっ子タイプの人が出てきたら、先に理由もなく殴ってしまうこともありました。というのも、いじめる人は私が異なることを敏感に察知して必ず攻撃してくるとわかるので、先に強気に出て機先を制するわけです。

これをやったことにより、中学生のときはいじめられまくっていたわけですが、高校生のときは逆に強持てとして君臨していました。ですから今振り返ると、高校生のときの私は嫌な性格だったと思います。先輩を下からコントロールしながら後輩はしっかり管理し、三年生のときには応援団長と生徒会の副会長を兼ねて、それこそ勉強もせず、やりたい放題でした。

その間にも、スペース・ピープルとの接触は続いていました。レミンダとベクターのほかに、四人のスペース・ピープルも相次いで私に接触してきました。

あるとき、「地図を持ってある場所に来るように」というテレパシーがあったので、地図を持って出かけると、そこにいた彼らが、その地図に彼らの拠点のある場所を書き込んでくれました。彼らは日本中のあちらこちらに拠点を置いていました。そして、日本で彼らがどのような活動をしているか、あるいはどのようなネットワークで活動しているか、といったことを全部教えてくれました。

それはすごいものでした。一九七〇年代には九州の阿蘇山《あそさん》にも拠点があったことを覚えています。

それで、何か知りたいことがあったら、その拠点に意識を集中してテレパシーで尋ねるように言われたのです。試しにその後、その通りにすると、彼らからおもしろいように答えが返ってきました。

そのテレパシー交信によって、たとえば、日本のどこをＵＦＯが飛んでいるかとか、何月何日に特定の場所を飛んだＵＦＯは何が目的で飛んでいたかというようなことが手に取るようにわかるようになりました。

私が会っているスペース・ピープルと別の場所で出会った、という人もいました。

一番すごかったのは、その人がスペース・ピープルから電話番号をもらって、そこに電話してみたら、私だったというケースもあります。私も電話を受けてビックリしました。

電話に出たら、向こうが「あなた誰ですか？」って言うわけです。それは驚きますよね。で、事情を聞くと、実はスペース・ピープルに私の電話番号を聞いたので、誰だかわからないけどかけてみたというのです。その人とは、コンタクティーのＫ氏です。

横尾忠則さんが『ＵＦＯ革命』（晶文社）という本の中でインタビューしています。彼は私が会ったベクターというスペース・ピープルに会ったと言っていました。

このころは、人に出会うシンクロニシティ（スイスの心理学者カール・グスタフ・ユングの言葉で、「意味のある偶然の一致」のこと）が頻繁にあり、確認が行われて、かつ情報がシンクロするような現象が多々起こりました。やはり、古いモノを調べるべきだということになって、神田に行くようにもなりました。戦前に超常的な体験をした人の本を探し回りました。それも高校生くらいのときです。

当時は日記のようにＵＦＯとの交信記録を付けていたのですが、それらは知人や出版社に貸しているうちに、ほとんどなくなってしまいました。でも、一つだけ断片的に残っていましたので、それを紹介しましょう。

## ❖交信ノート：１９９７年12月25日

クリスマスの朝（明け方）、不思議な夢を見ました。それも鮮明なビジョンでした。それが左のスケッチです。

最初、空に金色のきらめきがちらちら見えるのです。雲の間でキラキラしていました。すると、そこに帯がピュッと出てきて、そこから光の帯がビューンと延びました。それが二股にピーンと枝分かれしたのです。それだけのビジョンです。とにかくすごくきれいなビジョンでした。

　そのちょっと後でした。私はノートに次のように書いています。

交信ノート
1977年12月25日

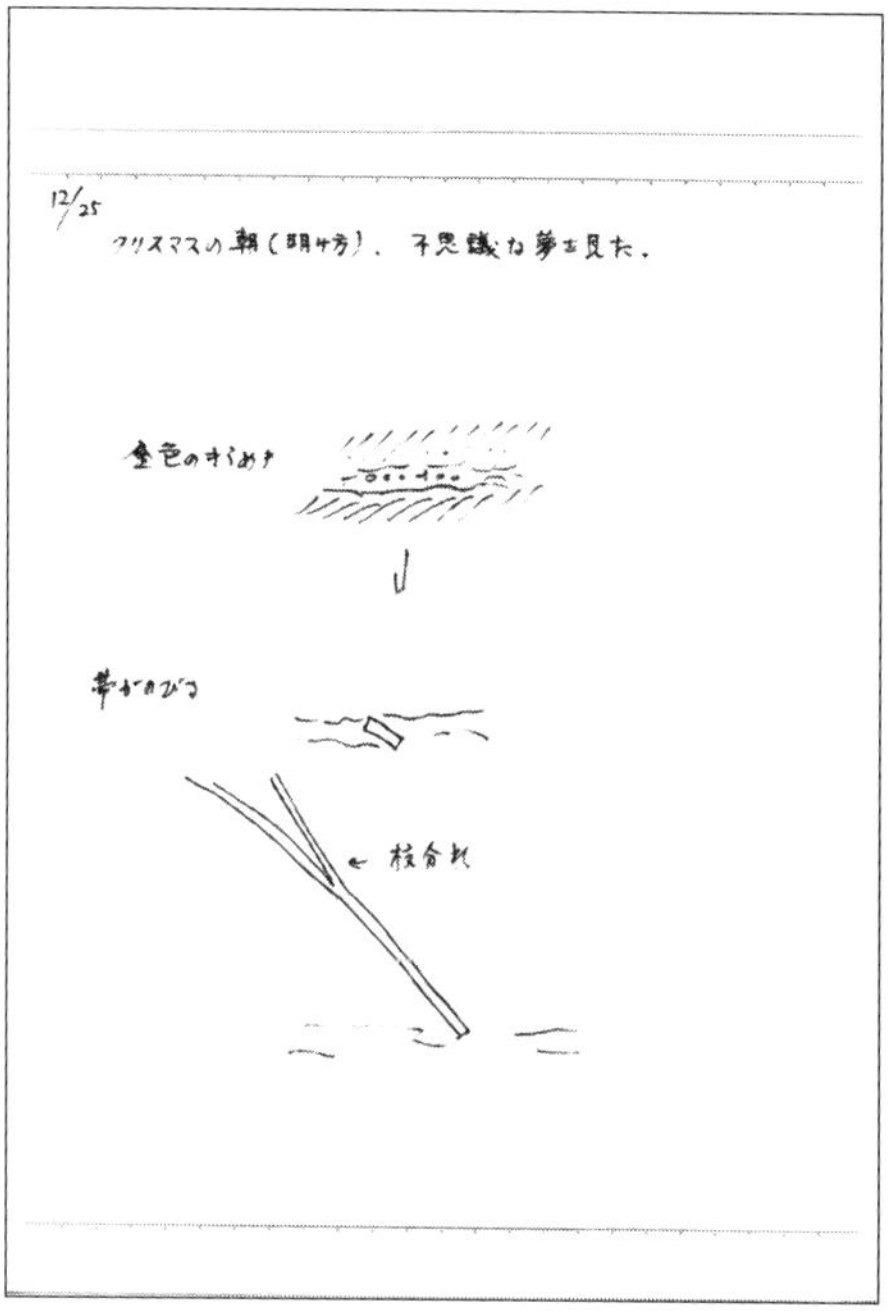


何かあるな！　と思っていたが、クリスマスでもあるし、記念のテレパシーと思っていた。

数時間後、あのチャップリンが死んだというニュースを聞いた。

映画『独裁者』で戦争がいかに人間を不幸にするかを表現し、人間の本来の在り方を、

映画を通じて語ってくれたチャップリン！　彼はワンダラーであり、素晴らしい宇宙人だった。　眞人

とても尊敬していたチャップリンが亡くなったのです。先ほど見たビジョンを思い出して、宇宙人としてのチャップリンが天界に帰ったということがわかったのです。

# Step 4

# 1978～79年夏「最初のUFO乗船」

## 初めてのときはビームでUFOに乗り込んだ

ＵＦＯに乗るとか、スペース・ピープルと接触することは、非常に儀礼的に行われます。その行事が行われる前から、何か導かれる感覚があります。気がつくと、そこにいたという感じになります。

私が最初にＵＦＯに乗船したときもそうでした。場所は山梨県の河口浅間《あさま》神社の裏手です。あのときはバイクでは行っていないので、おそらく高校三年生か十八歳のころです。そのころは、両親は心配したかもしれませんが、裏山に籠《こも》って家に帰らないなど外泊は当たり前のことでした。

その日も、最初から何かがある、という確信がありました。そこに行かなければと強烈に感じました。そして、導かれるように河口湖駅までやってきて、そこからバスに乗って、旅館やホテルが立ち並ぶ湖畔の停留所で降りました。その後、ホテル街を抜けて、導かれるままに山の中を歩いて河口浅間神社の境内にたどり着いたのです。

場所は本殿の裏手の森の中でした。そこは、北斗七星を地上に転写したような形で配列された七本の巨大な杉の木のある森でした。宮崎駿《はやお》監督のアニメ映画『となりのトトロ』に出てくるような巨大な「森の主《ぬし》」が住んでいる木もありました。そのときはとっくに日が暮れて、真夜中に近かったように思います。

最初のときはビーム（光線）に包まれてＵＦＯに乗り込みました。ブワーンという感じで、下を見ると地面が明るくなりました。「あれっ」と思っていると、もう森の木立の上に自分が浮かんでいました。

そのときはビームの中にいますから、もう自分の周りは全面明るくなっています。でも、目を凝らすと、ＵＦＯの丸みを帯びたエッジの部分が見えました。

ＵＦＯは木のそばまで来ていました。最初に目撃したときと同じ、四〇〜五〇メートルのＵＦＯだったと思います。

このビームによる乗船は、足から持ち上げられる感じではありません。下から持ち上げられるのではなく、背骨が軽くなって、上がっていくのです。ネコが子ネコに対してやるように、首をつままれて持ち上げられているような感じです。

ほかの米国の研究機関のコンタクティーの記録の中に、「宇宙人は人間の背骨の重力を失わせて持ち上げるのだ」と書いてあったように思いますが、まさに「それ、それ」という感じです。背中からシューッと上がっていくのです。

そのときは、乗り降りにはタラップも使いました。正確には光の筒で昇って、タラップで降りてきたのです。だけど光で昇ったときも、階段がちょっと見えたのを覚えています。

## テレパシーによるUFO操縦訓練を受ける

実はこのときまでに、私は何度もUFO操縦の教習をテレパシーで受けていました。テレパシーも段々上達し、立体映像がはっきり見えるようになったころに教習が始まりました。

夜の交信が始まると、私の意識だけが突然、UFO操縦教習用の小型UFOの中に連れて行かれました。自動車教習所のシミュレーション訓練と同じです。

もちろんテレパシーはもっとリアルで、質感もあります。実際にその場所にいるのと同じ体験ができるのです。

　質感のあるテレパシーの映像の中で、小型ＵＦＯの椅子に座ると、広いステージが一方にあって、目の前にはスクリーンが出てきます。そこに浮かび上がってくる映像は、母船のそばに自分のＵＦＯが浮いている様子を捉えていました。それは、母船から見た、この練習機の光景なのです。

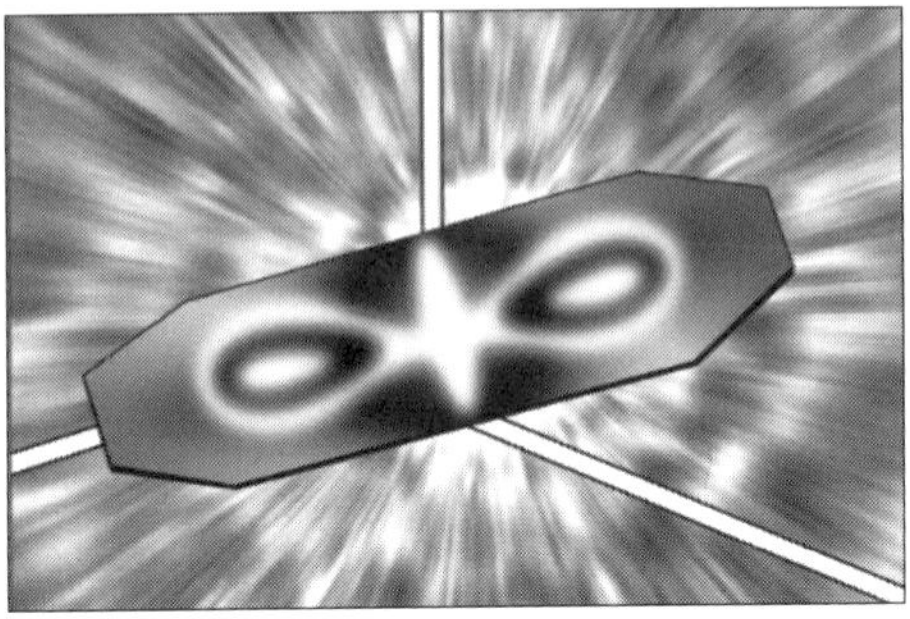
図３　マユ型の動力スイッチ

　このシミュレーションでは、一人乗りのベル型の小型ＵＦＯに乗せられます。そのＵＦＯには小さな三〇インチテレビモニターほどの大きさのＵＦＯの操作パネルがあります。

　最初、パネルのスクリーンには三つの線が交差しているピーナッツ型マユのような物体が映っています。そこからは小さな光が出ています（図３参照）。

　そのときスペース・ピープルからは「そこに意識を集中しろ。集中しながら力を抜け」と言われます。集中して力を入れるのではなく、集中しながら顔面を中心にして全身の力を抜くのです。いわば集中弛《し》緩《かん》の状態です。

言われた通りにして、半分目を開けながら集中してぼんやりとしてくると、心が本当に澄み切った状態になる瞬間が来ます。するとポンとスイッチが入ってパーっと光ります。それと同時にフワッとした浮遊感が出てきます。ちょっと浮く感じですね。

その状態で「やや左」とか「やや右」とか念じると、UFOが動く感じがしてきます。そばにはもう一つスクリーンがあって、その小型のUFOがどのように動いているかを映し出しています。たぶんもう一機、ほかのUFOがいて撮影しているのだと思います。

その映像を見ながら、母船の出入り口の穴に自分のUFOを入れるという、テレパシーによるシミュレーションを繰り返します。そういう経験をするのです。

ところが、これがかなり難しいのです。まだ慣れない私の運転するUFOが酔っ払ったかのようにゆらゆら動いているのが、その映像からわかります。母船に入れようとしてもうまく操縦できず、母船の横腹に激突してしまったこともあります。

そのような失敗をすると、UFOの底から落ちるのです。「すとん」と本当に落下します。それで目が覚めるのです。

もちろん寝ているわけではなくて、ずっと意識はあります。でも落下すると、意識がこの世界に戻るのです。

まさしく幽体離脱の状態なのですが、スペース・ピープルはそうではないと言います。感覚テレパシーによる体験である、と言うのです。

## 最初のＵＦＯ搭乗体験では気持ち悪くなってしまった

こうした感覚テレパシー訓練を幾晩もやらされましたが、段々コツを覚えていきます。要するに、精神力によって操縦することが身についていくのです。**ＵＦＯの操縦に必要なのは、物質的な技術やテクニックではなく、意識の集中**なのです。

「集中」というと堅苦しく聞こえるかもしれませんが、リラックスしながら集中する「弛緩集中」の状態に自分の精神を保たなければいけません。中国の気功でいう「意念淡泊《いねんたんぱく》」の状態です。

もっと簡単に言い換えると、細かいことにこだわらずに楽しめる「いい加減」な状態のようなものです。この意識状態をいつでも保てるようになれば、ＵＦＯを運転できるようになります。

おそらく「ＵＦＯの仮免許」を取るのに有した時間は、二年ではきかなかったと思います。三年くらいかかったと思います。

夜がメインでしたが、日中でも空いている時間にはしょっちゅう訓練を受けていました。だから地球では、昼間の学校ではよく寝たし、ぼんやりしている生徒でした。学校の勉強なんかおもしろくなくなってしまいましたからね。本当に勉強しなかったです。

最終的には、うまく小型ＵＦＯを母船の中に入れることができるようになります。すると、次の段階が始まりますが、それは高校を卒業した後の話だと思います。

ですから小型ＵＦＯの〝仮免許〟は、高校時代に取れたのだと思います。実際にＵＦＯに搭乗する〝路上講習〟が始まったのが、先ほどお話しした河口浅間神社に呼び出されたときでした。

実際に搭乗したＵＦＯの中は、感覚テレパシーで体験したのとまったく同じでした。ベクターも乗船していました。艶《つや》消しのメタル感のある椅子に、勧められるままに座ると、その途端に椅子は私の体にフィットするように形を変えます。シートベルトなどまったく必要なく、ＵＦＯと一体になる感じがします。

ＵＦＯが発進すると、五分ほどは身体に風が通り抜ける感覚を覚えます。蛇腹《じゃばら》カメラのような、蛇腹開きの窓から宇宙を見ることができて、宇宙の美しさを再認識したことをよく覚えています。

この初めてのＵＦＯ搭乗体験では、残念ながら途中で気持ち悪くなってしまい、操縦まで体験することはできませんでした。ただこのとき、一つおもしろいものを使わせてもらいました。気分が悪くなり「吐きそうだ」とベクターに言うと、彼は中央のテーブルから何か液体の入ったメタル質のバケツを出してくれたのです。

結局、その中に吐いたわけですが、不思議なことに、中に何か入ると「ジュッ」と音がして、すべて消えてしまうのです。後で聞くと、日常の排泄物もこの液体で処理するとのことでした。

最初のＵＦＯ搭乗はあまり格好よくありませんでしたが、それ以降、何度もＵＦＯに乗せてもらい、実地に操縦訓練を受けるようになったのです。

## 「自称超能力者、自称コンタクティー」と言われるのは嫌だった

私が通っていた高校は進学校で、みな受験勉強に忙しかったのですが、私には大学に進学する当時の学生のエリート主義の心理に対して反発心がありました。彼らは「秋山、俺は勉強できないし、全然やっていないんだよ」と言いながら、ものすごく勉強して自分だけ受かろうとする二面性を持っていることが薄々わかっていたからです。

実際、ふたを開けてみると、私の学年はその学校からかつてなかったほど国公立大学のいいところに受かっていました。四〇人くらい国公立に受かっていましたから、学校始まって以来の快挙だったのではないかと思います。

「勉強をやっていない」と言いながら陰では猛勉強している彼らの「勉強なんてしていない」という言葉を半ば信じた私は、応援団や生徒会に忙殺されていたわけです。人間関係は難しいです。

そのころの私は「ＵＦＯと接触した」とか「スプーンが曲がる」とか言って、テレビに出ていることが知れ渡っていました。だから友達から「なぜそんなことできるんだよ」と聞かれて、「いや、わからないけど、選ばれたんじゃない？」と答えていました。

そう言うだけで、「選ばれたなんて、傲慢なことを言うんじゃない」とかよく非難されました。ですが、当時の私としては「選ばれた」というしか、ほかに言いようがなかったのです。でもだからといって、ほかの人よりすごくすぐれているなどという気持ちはまったくありませんでした。

特に嫌だったのは、研究家やメディアから「君は自称超能力者、自称コンタクティーなんでしょ」と言われることでした。「『自称』と言っているのはお前らだろう」といつも思います。あるものをないと言って、自分は権威だとうそぶいている「二重の嘘つき」にそんなことを言われたくありません。

でも今から思うと、一〇代でそういう経験をしてよかったのかもしれません。とにかく社会に出たくてしょうがなくなりました。大学などに行っている暇はない、と思うようになったのです。それで、公務員となったのです。

# 第3章

# UFO操縦と母船搭乗

（1978～80年）

# Step 5

## 1978〜80年「小型UFO操縦から母船操縦へ」

### いろいろな超常現象研究団体に顔を出し、「自由精神開拓団」を発足

いろいろありましたが、結局公務員をやることになり、郵便局に入りました。そこで貯金保険や外務などをやって、約七年間働きました。でも、組織って嫌だなと思うようになったのもこのころです。

組織は、真面目にやる人と嘘つきみたいな人が混とんとして混じり合っている社会です。特に公務員の現場はそうです。

適当にいいことばかり言って、言葉がうまくて器用に出世していく人がいる一方、真面目

な人は真面目だからこそ周りの空気を読めなくて、本当のことを言ってしまうので出世できなくなるという現実がありました。そして、そのどちらにもなりたくないなと思う自分がいました。

とにかく社会人として七年間そのすり合わせをしたのですが、結論としては、自分のメンタルを保つためでもあり、すでに蓄積してきたデータをみなに教えたいという衝動が出てきたこともあって、郵便局を辞めました。

それと並行してスペース・ピープルとの交流は続いていました。最初に「コンタクティー協会」というのを作りました。一九七六年ですから、高校生のときです。

これはスペース・ピープルとコンタクトした人たちの集まりでした。それが発展して翌七七年にできたのが**「日本超宇宙通信協会」**です。研究者の人たちと交流したり、地元の仲間のネットワークを作ったりしました。

さらにＵＦＯ問題だけでなく、超能力とか様々な超常現象を扱うようになったのが、当時、大学生の間で組織された**「全日本大学超常現象研究会連合」**でした。一橋大学や東大、東海大学、法政大学、早稲田大学、慶応大学などのいろいろな大学の学生が所属していた団体で、確か「ＳＩＤ」と呼ばれていました。そこの集まりに、高校生のときにリュックサックを背負って出かけていって、参加したこともありました。

手元の資料では、高校一年生だった七六年四月二十九日にある超常現象研究会などが主催した会合に出席しています。私はこのころはまだ、様子見の状態であまり自分の体験を話さないようにしていました。

この大学の研究グループにはいろいろな人がいました。当時慶大の学生だったのが、後に「と学会」で有名になる志水一夫氏です。後に懐疑派としてテレビにも登場した東大ＵＦＯ研究会の藤木文彦氏も参加していました。今でも親しくしていますが、東海大学で一番大きな組織を作っていた大谷淳一氏もメンバーでした。重鎮としては、電気通信大学の関英男博士や、日本ＧＡＰ主宰者の久保田八郎氏、防衛大学の大谷宗司氏といった錚錚《そうそう》たる人たちがおり、交流を始めたわけです。

写真２「宇宙人研究協会（OFA）」が発行した機関誌『サラス』

同時に本の収集を始めて、オーラはこのように見えるとか、スペース・ピープルはこのような姿をしているとかいった情報を交換しました。

この間、他のコンタクティーとの出会いもありました。静岡県は結構コンタクティーが多かったのです。スペース・ピープルやUFOのデータを集めて、情報交換しているうちに誕生したのが**「宇宙人研究協会（OFA）」**で、一九七九年ごろには『サラス』（宇宙人研究協会）という機関誌を発行しています（写真2参照）。

それが次に**「自由精神開拓団」**の発足につながります。やはり一九七九年ごろだと思います。今回、古いノートが見つかりましたが、それはそのころのスペース・ピープルとの交信の記録になります。

## テレパシーによる母船乗船と意識分割体験をする

UFOに最初に搭乗した高校三年のときから社会人になって一、二年目までの間に、スペース・ピープルとのコンタクトは次々と新しい段階に進んでいきました。母船の中のビジョンも、感覚テレパシーで頻繁に見せられるようになりました。

その母船は中規模の母船なのですが、まずは廊下を歩かされます。廊下は天井の低いトンネルのようになっています。おもしろいのは、歩き始めようと思ったら、もう体が自然に「シュー」と動いているのです。「セグウェイ」みたいに立ったまま移動するのです。

よく見ると、廊下の壁も動いているのです。壁が後方に動いていくような感じです。そのまま移動していると、前方に三つの光があって、「どれかの光に入ることを考えなさい」と言われます。

三つの光はドンドン迫ってきます。そこで「えーい、真ん中」と言って飛び込んだ瞬間に自分が三人いるのです。

一人はその母船の中の植物園とか、町の大通りのようなところとか、機関室や、ハチの巣のように六角形の多重構造になっているエネルギールームなどを見せられています。それと並行して砂漠のような惑星をボチボチと歩きながら、すごくきれいな赤い多重の虹のようになっている空を眺めている自分もいます。一方で、地球にすでに戻っていて自宅にいる自分もいて、三つの自分がいることを意識できるのです（図４参照）。

その三つの自分には、軽く行ったり来たりできます。けれども「行ったり来たり感があるうちはまだダメだ」とスペース・ピープルは言います。「同時に感じなければいけない」と言うのです。

この体験は何度もやらされました。五、六回やった後、同時に感じられるようになりました。そのときは三つの自分をほぼ等しく感じられました。

これは「多重多層の世界に同時に自分が存在する」というシミュレーションです。けれど

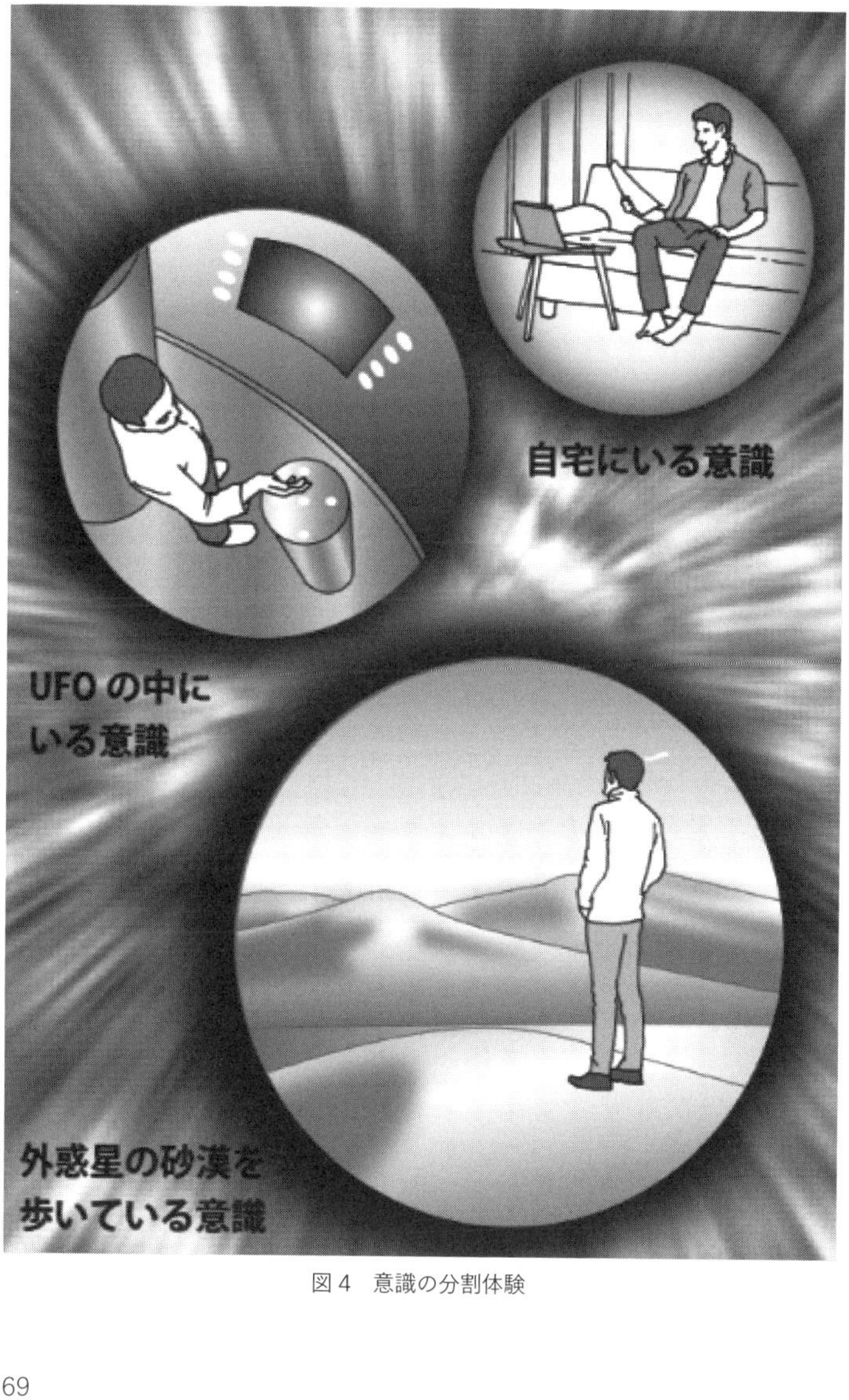


図４　意識の分割体験

この経験は、スペース・ピープルのガイドがないとできません。そういう状態になるように、向こうからの導きがないとできません。

だからその経験をした後、地球にいる自分に戻ると、こちらはすごく薄っぺらでつまらなく感じるのです。それほど、そのインパクトは強烈でした。

## スペース・ピープルの母船の中は小宇宙だった！

ＵＦＯの母船は本当に巨大です。感覚テレパシーで母船に呼ばれたときは、母船の外周を歩き回ることも許されました。

ただし母船の両端は歩けません。というのも、両端はものすごくエネルギーが出入りしているからです。端の方に行くと、ピュッと中に吸い込まれて、中央部に戻ってしまうのです。

ですから中央部でしたら普通に歩く感覚で母船の外側を移動できるのです。そこから見る宇宙はものすごく静かでした。奥行きがどこまであるかわからなくて、本当に不思議な感覚でした。

その後、実際に乗ったときの母船内部の絵をお見せしましょう（図５参照）。母船内部は巨

図5　母船の内部。母船内部にはクリスタルのような半透明の巨大な球体がいくつも浮かんでいる。それぞれの球体の中に町がそのまま入っている。その間を不ぞろいに枝分かれしたパイプが通っていて、その中を歩くことができる。

大な空間になっており、そこに大きさはバラバラの、クリスタルのような半透明の巨大な球体がいくつも浮かんでいます。それぞれの球体の中に町がそのまま入っているのです。当然、建物もその中にあります。

ユニークなのは、母船内には不ぞろいに枝分かれしたパイプ状の通路があり、みなこの中を歩いて移動するのですが、少し浮いたようになって速く移動することも自由自在にできるのです。このパイプ状の通路は外から見ると金属的で中が見えないようになっているのですが、内側からは外が透けて見えます。

また、通路はクリスタルの球体に直接つながっているのではありません。球体に入るときは通路内にあるＵＦＯ発着場から小型円盤に乗り込んで、瞬間移動するようにすぽっと球体の中に飛び込むのです。

スペース・ピープルの母船は、地球人には想像を絶する世界です。球体を惑星に見立てると、まるでミニ宇宙空間がそこにあるように見えます。まさに母船の中に小宇宙があるようなものです。

私は子供のころから絵を描くのが好きなのですが、このような体験を経て、私の絵の作風も変わりました。また、ある一つの概念や疑問の世界に入ると、ガガガガと答えがわかるような経験もしました。

でも、それをどう説明していいかわからないのです。答えは最初にわかるけれども、それをわかってもらうための証拠も根拠もないので説明のしようがないのです。

この「答えが入ってくる感覚」は本当に不思議です。「これが答えだ！」という説明もできないのです。「なるほどね」とわかっているのですが、それを話そうとするとできないので、ものすごくイライラします。

同時に、これを話すと、その人がどれだけ理解するかも瞬時にわかってしまいます。かなりテンションの上がっている状態になります。

その興奮状態を鎮めるには、最終的にはもう瞑想をするしかありません。ぼんやりするしか方法はないのです。

ですから、結構日中はヘトヘトになって、夜はまた宇宙の世界に入って、向こうのリズムで生きるということを繰り返しました。向こうでは宇宙旅行をしたりして、多重多層の自分を体験できますから楽しいわけです。

## 葉巻状の母船が縦に着陸して、建物として機能する！

宇宙旅行では、非常に変わったスペース・ピープルの習慣を見ることもできました。あるスペース・ピープルの星では、巨大な餃子《ぎょうざ》のような形をしていて、粘菌のようでもあるのですが、牛四頭分くらいの大きさの生物を食肉として飼っているのです。目玉みたいなものも付いていましたね。その〝粘菌〟の牧場がたくさんあるのです。

牧場にはプラスチックでできたような柵がちゃんとありました。その粘菌はすごく大人しくて動きません。身の一部を切っても怒らないし、切ってもまた生えてくるのです。

最初はその生物が粘菌だとは思わなかったのですが、地球上の生物で何か近い生物がいるのかとスペース・ピープルに聞いたら、「粘菌」と言っていました。だからその星では、粘菌を食物にしたり薬にしたりしているのです。

ただし粘菌は毒にもなるそうです。その惑星の住人が粘菌の研究をしたことが、大きな成果につながったわけですね。日本でも粘菌の研究をした博物学者の南方熊楠《みなかたくまぐす》（一八六七〜一九四一）が知られていますが、熊楠は確実にどこかでスペース・ピープルからのテレパシーを受けていたのではないかと思います。

夜のスペース・ピープルの授業では、ほかには宇宙幾何学みたいなことも習いました。スペース・ピープルは、正多面体、特に正四面体を尊重します。四個の正三角形で囲まれた四面体を組み合わせると、ＤＮＡのように螺旋《らせん》状になっていきます。

この構造とか、もっと複雑な多面体の組み合わせに、スペース・ピープルは非常に注目していることがわかりました。スペース・ピープルは「形がいろいろなモノと共鳴するのだ」と説明していました。ＵＦＯなどの基本的な動力部ではそうした多面体が使われています。

テレパシーでほかの惑星を見るときは、着陸せずに遠巻きに俯瞰《ふかん》して見ていました。アイスクリームのコーンのように捻じれた建物がたくさん建っている惑星も見たことがあります。

葉巻状の母船が縦に着陸して、そのまま建物として機能している光景を初めて見たのもテレパシーによるものでした。

母船が何本も着陸して都市のようになった光景も見ました。そのとき教わったのが、**母船が円盤状のUFOの集合体である**ということです。母船は円盤が連結してできているのです。だからバラバラにすれば、一つずつが円盤型UFOになります。

要はいろいろな惑星に母船で都市をつくるのですが、その土地のバイブレーションがおかしくなると、都市ごと移動するのです。みんなの合議で移動します。

UFO都市は可動都市でもあるわけです。それがスペース・ピープルの間では当たり前です。都市が同じ場所にずっとあるという感覚はありません。それだけを見ても、地球人の経済とか流通とかとまったく違うことがわかります。

## アトランティス、ムー、レムリアは、並行宇宙の別の時間世界に今も存在している

スペース・ピープルからは歴史のレクチャーもいくつか受けました。ただ、歴史のレクチ

ャーはすごくわかりづらかったです。特にアトランティス、ムー、レムリアという三つの文明大陸の歴史は、ある意味時空間から遊離しているのです。

そのことが最近、すごくよくわかってきました。この時空間から別の時空間に大陸ごと、文明ごとワープしています。

たぶん、それはある種の実験だったのだと思います。アトランティスが一番大きな実験で、時間ごとこの世界から切り取られてワープしていますが、そこにいた人々はほとんど死んでしまった感じがします。逆に言うと、逃げた人たちがこちら側の世界に生き残っているのです。

ですから、いまだにアトランティス、ムー、レムリアは、並行宇宙の別の時間の世界の中に存在しています。そこで生き残った一部の人たちが、細々と再興を目指しているのです。同時に私たちの意識の中にも、それらの大陸は存在しています。それは思い出という意味ではなくて、いつでもこの宇宙にはあるという感じです。だから私は、常にアトランティスとムーとレムリアの幽霊を感じています。

幽霊は存在しています。彼らは私の目の前にも出てきます。あちらの世界で私が過ごすことも可能です。要するに、**大陸文明ごとの幽霊が存在している**のです。

今の地球にそうした大陸の痕跡が見つかっていないのも、何か「量子的な解放」が起きたからなのかなと思います。その量子的な解放が次元ジャンプと呼ぶようなものなのかは、正直私にもわかりません。

ただ言えることは、アトランティスというのは、それがうまくいかなかった事例なのです。スムーズに移行を図ったのだけれども、「うまくいかなかったので強制的にボタンを押した」という印象があります。タイミングが整っていなかったのです。

こうした半ば強制的な急激な変化は、アセンション（次元上昇）とか**「Lシフト（総変化）」**と言われています（「Lシフト」について詳しくは秋山眞人・布施泰和著『Lシフト スペース・ピープルの全真相』ナチュラルスピリット刊をご覧ください）。結局、それをやらざるを得なかったということが伝承され、『旧約聖書』のノアの方舟《はこぶね》の話（方舟の製作をノアに命じたうえで、神は大洪水を起こした）やシュメールの洪水神話（バビロニアのギルガメシュ叙事詩では大洪水によってすべての生命を破壊するという神の計画がウトナピシュティムに伝えられ、彼は船を作って家族や友人、財産や家畜を守った）に残されているのです。

スペース・ピープルたちは、私たちの歴史をリサーチしています。だから、そのことをわかっていますし、中には実際にその時代に私たちとコンタクトしていたスペース・ピープルもいました。アトランティスでもムーでもスペース・ピープルとのコンタクトはあったのです。

実は、**アトランティス、ムー、レムリア以前にも、「カジラル」という文明がありました。**

そのときはもっと初期的な失敗があり、一度発達した地球が再び火の塊のような惑星に戻ったことがあるのです。そこからまた冷えて、固まって、レムリア、ムー、アトランティスの文明が生まれたといういきさつがあります。

カジラル文明も、スペース・ピープル文明と言えるほど非常に発達した文明でした。彼らは文明ごと他の宇宙に移住しようとしたのですが、失敗したのだと思います。すごく焦ってやろうとしたという感じを受けます。

もしかしたら、焦って移住計画をしようとしたから地球が火の玉になったと言うことができるかもしれません。とにかく失敗したのです。時間の連関に失敗したという印象を受けます。

カジラル文明の人たちは、もともと私たちのような肉体を持っていませんでした。体は光の塊のような感じです。ですから、カジラルに関しては、私たちの感覚では測り知れないことがほとんどです。宇宙的な秩序を維持するとか開拓するとかの、次元の違う話みたいなものです。向こうが創るのか、こちらが創るのか、といったパワーゲームのぶつかり合いがあったようなのです。

私はそのときそこにはいませんでしたから、かすかにわかるだけです。その世界の情報は入ってきません。その文明は、はるか彼方まで飛ばされた感じがします。

それに比べて、アトランティス、ムー、レムリアなどは身近に感じることができます。こ

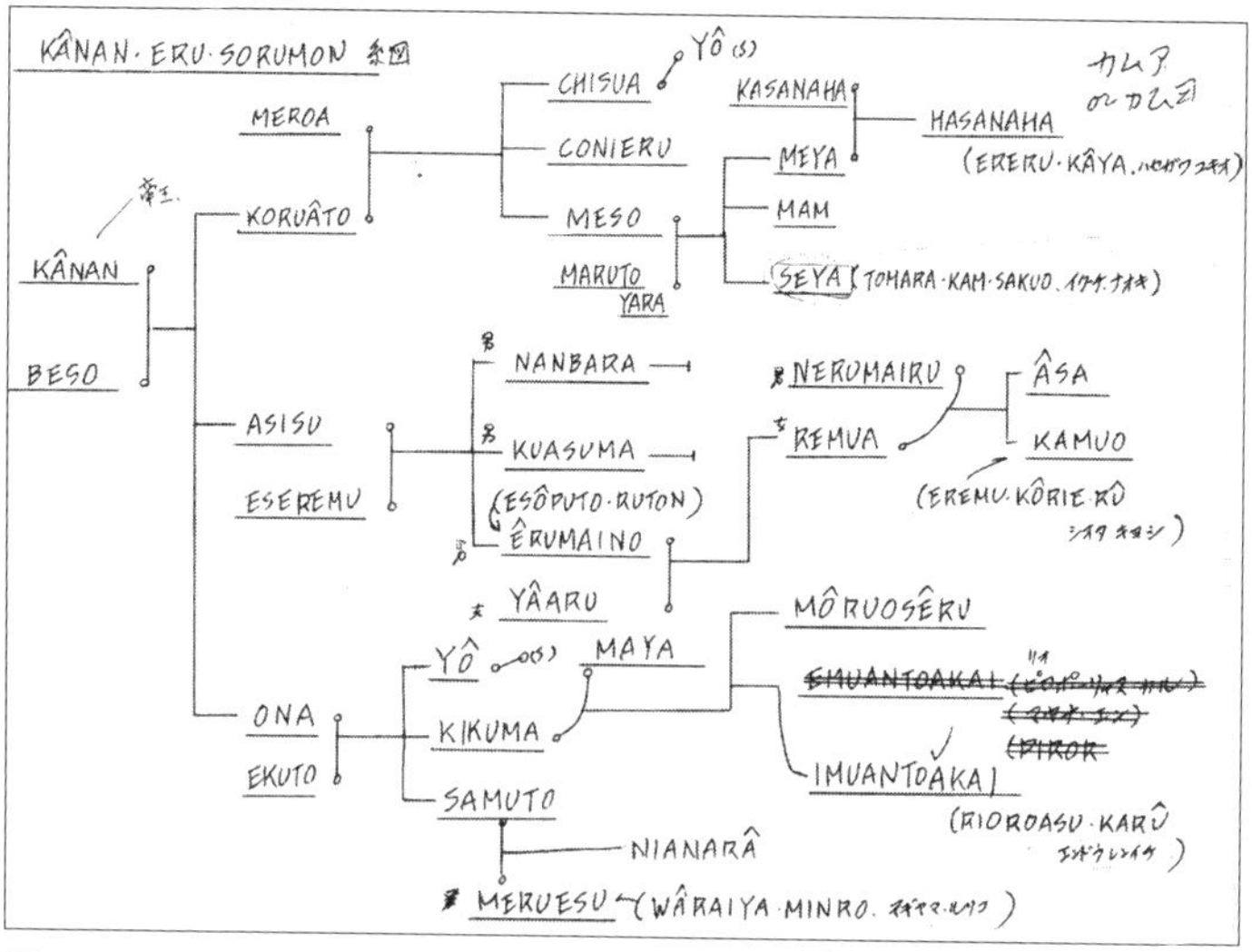

図6　ムー王家の系図

こにムー王家の系図（図6参照）がありますが、そこにいた誰がどう転生して今誰になっているかも、ある程度はわかります。

ムーとレムリアは同じ大陸の別の時代の文明です。アトランティスも基本的にはレムリアの子孫で、どこかの王家が作った文明です。

私はおそらく、ここに出てくる「KIKUMA（キクマ）」と「MAYA（マヤ）」の間に生まれた**「MORUOSERU（モルオセル）」**の系列です。兄弟筋には「IMUANTOAKAI（イムアントアカイ）」がいます。

アトランティスの末期には、ムー王家の一つの警護者（家来）としてアトランティスに渡って港町パルアルアに滞在し、アトランティスが滅亡する最後の場面に居合わせました。

## 水星系ヒューマノイド型のグル・オルラエリスとの交信ノート

社会人になったころには、私を担当するスペース・ピープルも変わって、グル・オルラエリスという水星系のスペース・ピープルになりました。スペース・ピープルの教育では、定期的に指導するスペース・ピープルが変わっていくのです。

高校を卒業した一九七九年ごろから翌年くらいにかけてのごく短い期間ですが、グル・オルラエリスが私を指導してくれました。もちろん、グル・オルラエリスと並行してほかのスペース・ピープルとのプロジェクトも進行していきます。

私はグル・オルラエリスの姿を見たことはありませんが、水星系のヒューマノイド型スペース・ピープルです。今回、出てきたのは彼との交信ノートです（カラー口絵参照）。時系列に沿って説明していきましょう。

交信ノート 1-1
1979 年 5 月 12 日午後 5 時 52 分

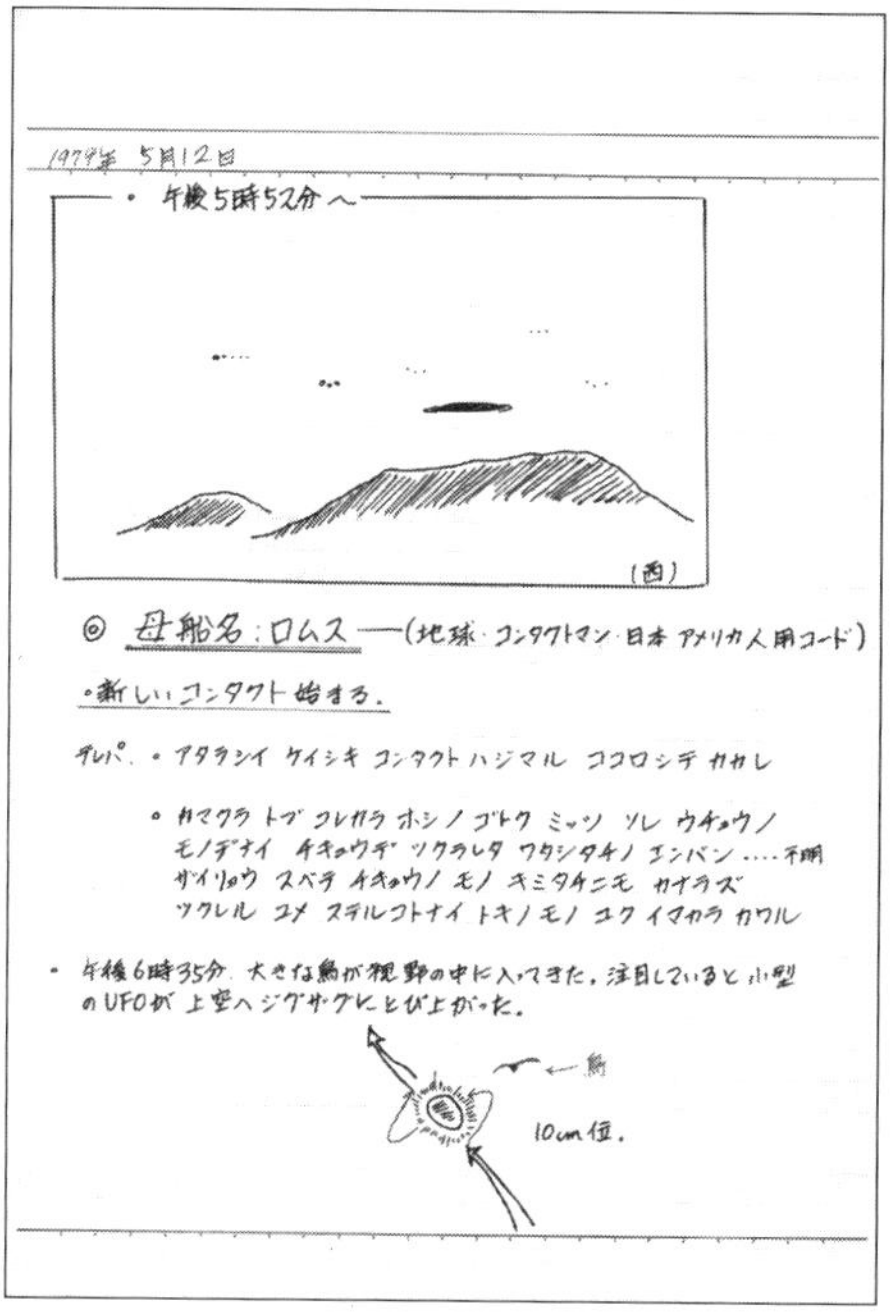
1979年 5月12日
・午後5時52分へ
(西)
◎ 母船名：ロムス――(地球・コンタクトマン・日本 アメリカ人用コード)
・新しいコンタクト始まる。
テレパ. ・アタラシイ ケイシキ コンタクト ハジマル ココロシテ カカレ
・カマクラ トブ コレカラ ホシノ ゴトク ミッツ ソレ ウチュウノ モノデナイ チキュウデ ツクラレタ ワタシタチノ エンバン ....不明 ザイリョウ スベテ チキュウノ モノ キミタチニモ カナラズ ツクレル ユメ ステルコトナイ トキノ モノ ユク イマカラ カワル
・午後6時35分 大きな鳥が視野の中に入ってきた。注目していると小型のUFOが上空へジグザグにとび上がった。
←鳥
10cm位。

❖交信ノート1-1：1979年5月12日午後5時52分

# ラジオの通信のようなテレパシーが来るときは、小型のUFOが来ている

◎母船名：ロムス――（地球・コンタクトマン・日本アメリカ人用コード）

•新しいコンタクト始まる。

テレパシー
•新しい　形式　コンタクト　始まる　心して　かかれ。

「新しいコンタクト始まる」と書いてありますから、おそらくこれが母船に初めて乗ったときのテレパシー交信であったと思います。それと並行して、意識だけを連れて行かれて母船に乗船する体験もしていますから、そのときの交信であったかもしれません。コンタクトマンはコンタクティーと同じ意味ですね。

意識で乗ったときか、生身のまま乗ったときか定かではありませんが、ここでは母船に乗れたという喜びが書かれています。最初に母船「ロムス」に乗りました。

ロムスは比較的小さな母船です。ですから、この母船に乗って他の惑星に行ったわけではありません。もっと大きい母船で他の惑星に行きました。

このときは言葉でテレパシーが来るような段階になっています。「新しい　形式　コンタクト　始まる　心してかかれ」とかスペース・ピープルが言ってくるわけです。それを書き留めました。

●鎌倉　飛ぶ　これから　星のごとく　三つ　それ　宇宙のものでない　地球で　造られた　私たちの　円盤……材料　すべて　地球のもの　君たちにも　必ず　造れる　夢捨てることない　時のモノ　行く　今から　変わる。

おもしろいですね。彼らは鎌倉でUFOを造っていたということです。しかも三機、材料もすべてメイド・イン・アースです。

こういうことをわざわざスペース・ピープルが言ってくるということは、初めて地球上でUFOを製造するという実験を彼らもやっているということを知らせたかったからです。地球の物質で造れるかどうか実験していたわけです。これを読むまで、このメモのことは忘れていました。

このように、言葉による、鮮明なラジオの通信のようなテレパシーが来る場合は、必ずそばに小型のUFOが来ています。それを描いたのが、午後六時三十五分に目撃した小型UFOのスケッチです（81ページのノートの下部分）。

このときは確か、どのような小型UFOが来ているのかと思って窓から顔を出して見ていたら、トンビのような大型の鳥が飛んでいて、その横を一〇センチメートルぐらいの大きな小豆のオバケみたいなものがクニャクニャと動いていたのが見えたのです。だいたい小さい

ＵＦＯは、視線が当たるだけでそれに反応してクニャクニャ動きます。こちらの想念に反応するのです。

この日は霊的な啓示も一緒に来ています。

## ✣交信ノート1-2：1979年5月12日午後5時52分の続き

月の出ぬ夜は気をつけて　月の出ぬ夜は気をつけて　ヒの来るよ　ヒの来るよ　白と黒とのすれ違い

これもよくわかりませんが、霊的なメッセージであることは間違いありません。「Ｏ・Ｉの通信」というのは「宇宙人（Ｓ・Ｉ：スペース・インテリジェンス）の通信」と明確に区別するために便宜上つけたもので、Ｏ・Ｉはアザー・インテリジェンスの略称です。「ほかの知性体」という意味です。

暗黒の日には気をつけるようにとのことですが、当時不気味な感じがしたことだけは覚えています。悪いモノと良いモノが混在して出てくるような感じでしょうか。

たとえば、普通に過ごしていても、今もそういう日はあるのですが、「今日は結構、妖怪系というか霊界系のモノがこちら側の世界に流れ込んできているな」と感じる日があります。

交信ノート1-2と交信ノート2

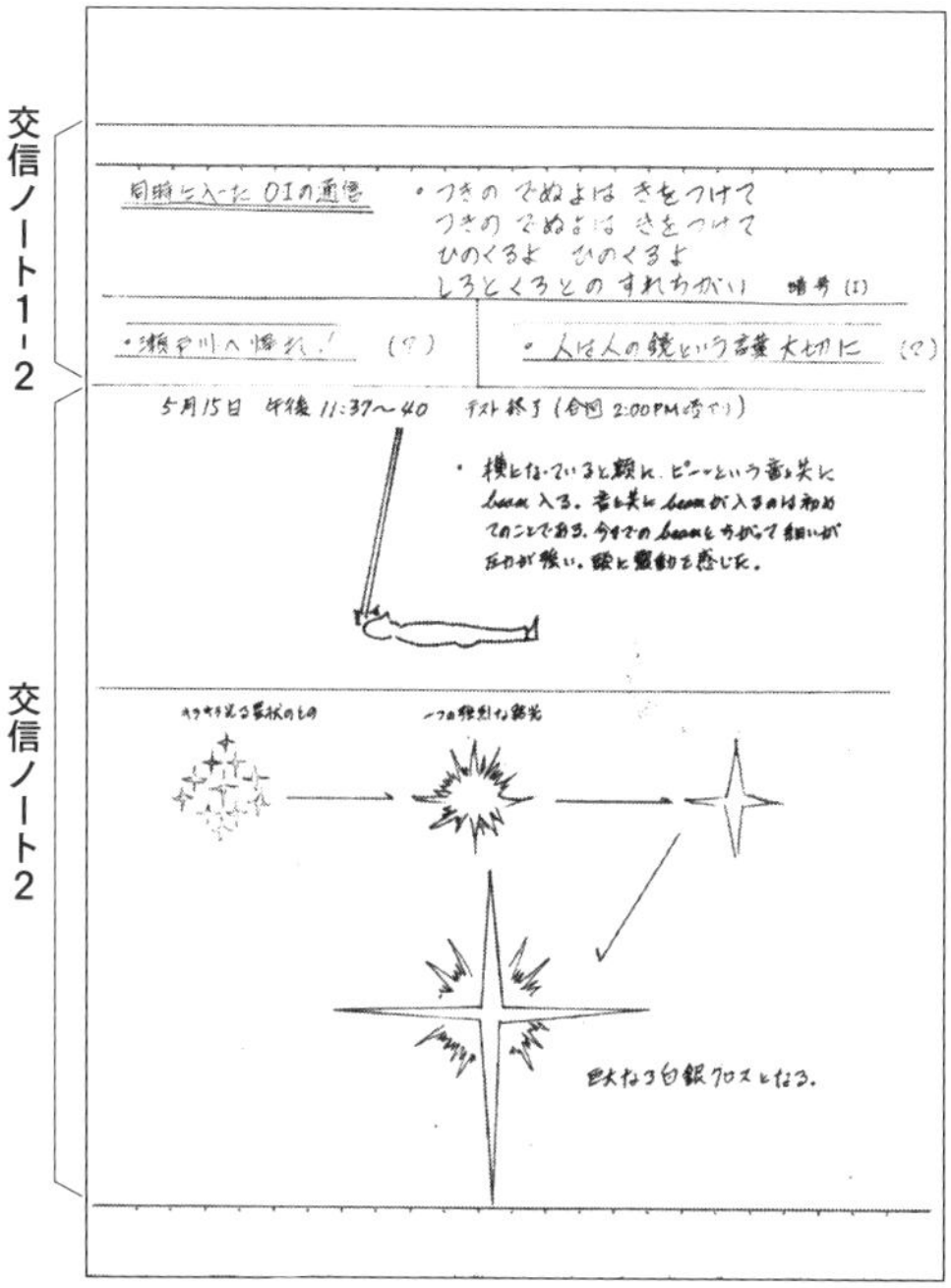


邪悪な、とは言いませんが、ざわざわする日というのがあるのです。そういうものを初めて感じた日だったのかもしれません。

「瀬戸川へ帰れ！」というメッセージも書いてありますね。瀬戸川は藤枝市にある近所の川ですが、川に帰れと言われても、何のことかわかりませんでした。

「人は人の鏡という言葉を大切に」ともありますが、この辺のメッセージはスペース・ピープルというよりも、私の先祖たちからのメッセージのように思います。

## ✣交信ノート2：1979年5月15日午後11時37分〜40分

## 額にビームが再照射される

- 横になっていると額にピーッという音と共にビームが入る。音と共にビームが入るのは初めてのことである。今までのビームと違って、細かいが圧力が強い。頭に振動を感じた。

このときは最初にＵＦＯを目撃したときと同じような経験をもう一度させられたのです。追体験のテストをさせられました。確か私が「最初の目撃体験を忘れそうなんですよね」とスペース・ピープルに言ったから、追体験があったのだと思います。

部屋で横になっているときに、天井をぶち抜いて、ピーッという音と共に額にビームが照射されました。音と共にビームが入るのは初めてのことだったと書いていますね。やはり、ビームが当たるとチクチクします。

今までのビームと違って、細いけれど圧力が強く、額に振動を感じました。テスト終了の合図は午後二時ごろありました。そのとき見た映像が（85ページのノートの）下に書いてあります。

私が気を失ったときと同じです。キラキラ光る十字の星状のもの（19ページ図2参照）がたくさん見えました。それが一つの強烈な発光体となって、最後は巨大な白銀クロスになりました。

この後、「今日は宇宙船に乗るから、30分後に準備を始める。記録は明朝書け」というメッセージが来ています。この日の夜、UFOに乗ったことがわかります。その様子を書いたのが、次の日記です。

### ✣交信ノート3-1：1979年5月16日午前7時35分

## 工場ばかりの星を訪れる

（昨夜の出来事）

・乗船準備、円盤の始動から見せられる。

ここに書かれているのは、テレパシーによるUFOへの乗船準備です（カラー口絵も参照）。これは肉体ではなく、意識で乗せられたときのことです。赤い逆三角形の中に丸があるような図形が見えてきます（①）。まるで立っている自分の目の前に、その図形があるように見

交信ノート 3-1

1979 年 5 月 16 日午前 7 時 35 分

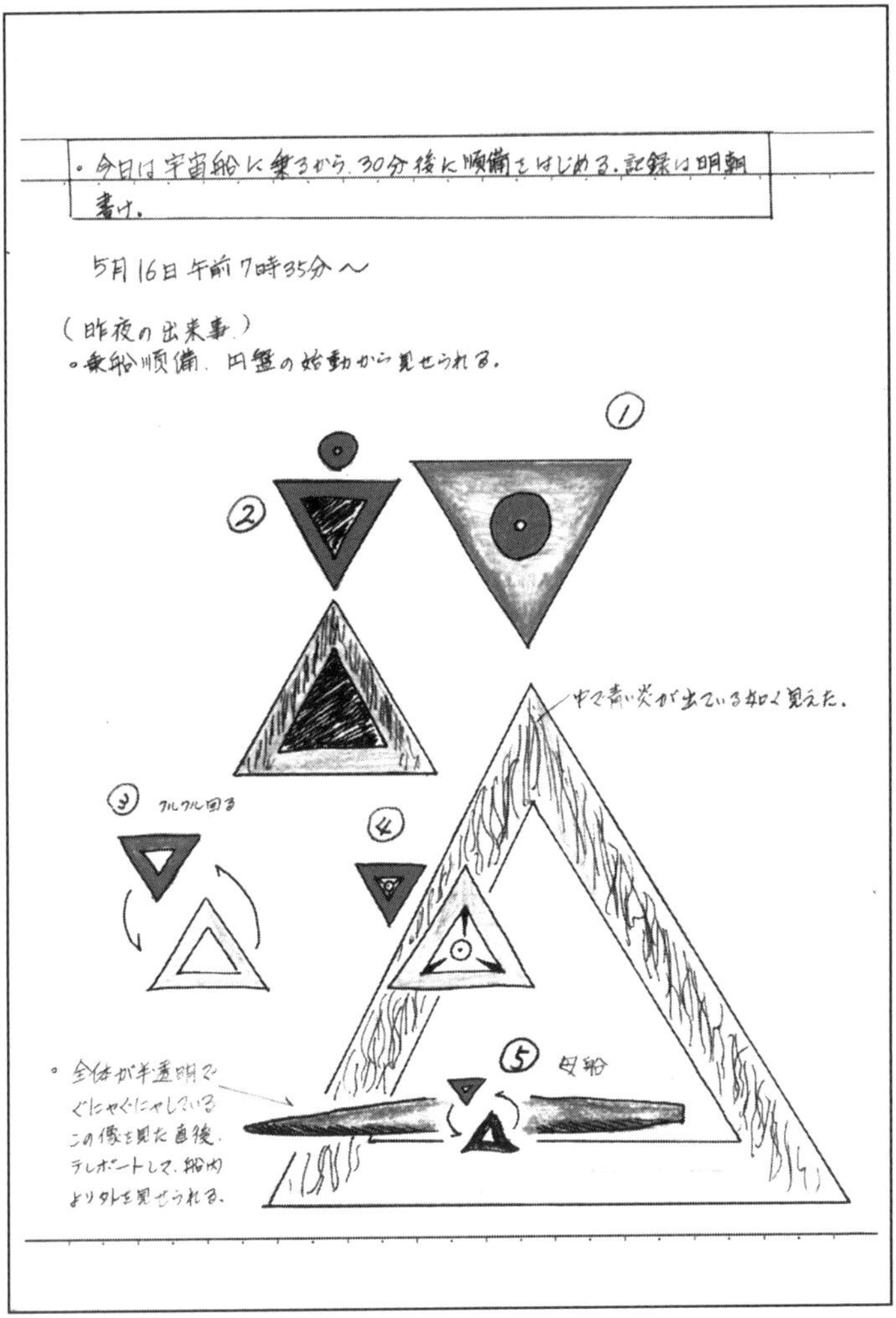

えます。

それを見ていると、中の丸は上に上がって、赤い三角形の下に青い三角形が現れます（②）。その赤と青の三角形が反時計回りにクルクルとワルツを踊るように回り始めます（③）。

グルグル回っているうちに、青い三角形がブワーッと巨大化します（④）。そしてフッと気がつくと、グルグル回っている二つの三角形の向こう側に母船の輪郭が見えてきます（⑤）。全体が半透明な黄緑色の葉巻型の母船です。黄緑色の濃いガラスのビー玉みたいな感じです。

中からうっすらと光が出ています。この母船の映像を見た直後、シュンと意識だけがテレポートして、母船の中から外を見ている場面に切り替わりました。今度は母船の中から、母船の外でグルグル回る三角形を観察しています。それで母船に乗ったことがわかるのです。

けれどこのころは、乗ってすぐに記憶をなくすとか、乗ったと思ったらすぐに戻ってきてしまうようなことが何度もありました。このときも、乗ったと思ったらすぐに帰ってきたパターンであったと思います。

あっ、待ってください。これは戻っていませんね。そのまま母船に乗ってほかの惑星に行っています。それが次ページの交信ノート3-2です。「砂漠の中に7個の建造物があり、時によっては地中に潜ってしまうこともある」と書かれていますが、七つのピラミッド型の建物が見えました。ときどき、建物ごと地中に潜るのです。建物の材質は水銀っぽかったです。

❖交信ノート3-2：1979年5月16日午前7時35分の続き

交信ノート 3-2

1979 年 5 月 16 日午前 7 時 35 分 の続き

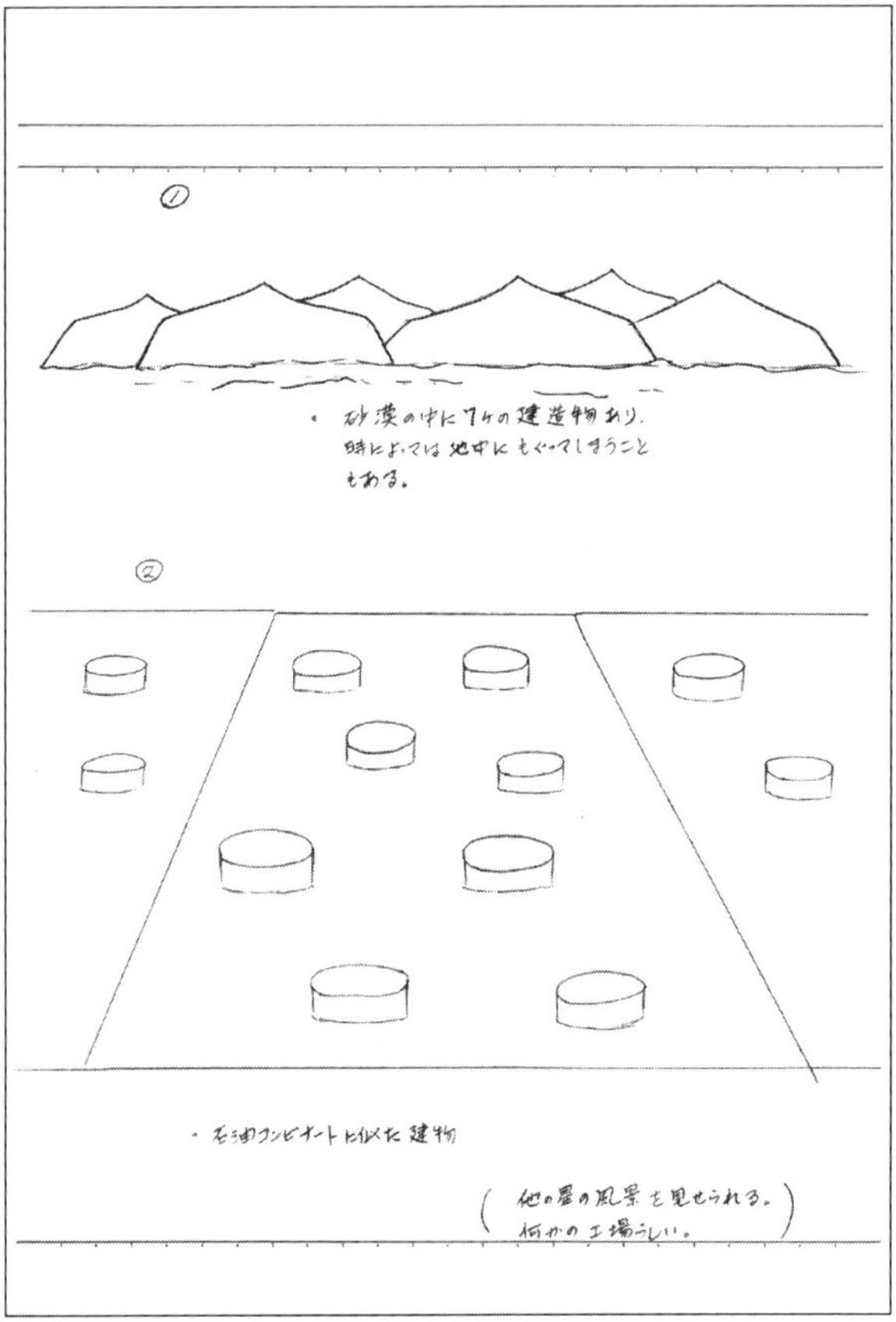

この惑星は工場ばかりの星でした。石油コンビナートに似た円筒形の建物がたくさんアトランダムに並んでいて、何かを保管しているようでした。この日はこの惑星を少し見て戻りました。

この体験を翌16日朝に書いたわけですが、書き終わった後の午前10時56分にピー音を一秒間聞いています。そして翌17日の夜、その惑星の映像の続きをもっと詳細に見ることになります。

### ✣交信ノート4：1979年5月17日午後8時15分〜

## アトランティスの港町が、別の星で工業地帯に進化した

- 工場。銀河系パルアルア（PAL - ALU - A）に存在。記憶スクリーンパートⅠに入っている建物が全部で七つのコントロールタワーである。ここでイフォアの動力になるものを作る工場すべての管理を行っている。七つ目の中心部がノートに記されていない。スクリーンをもう一度チェックしてくれ。

前日の映像の続きなのですが、このときは瞬時にその場面に入ります。途中のその同じ惑星の建物のすぐそばにいる状態から始まりました。

**交信ノート４**

1979年5月17日午後8時15分〜

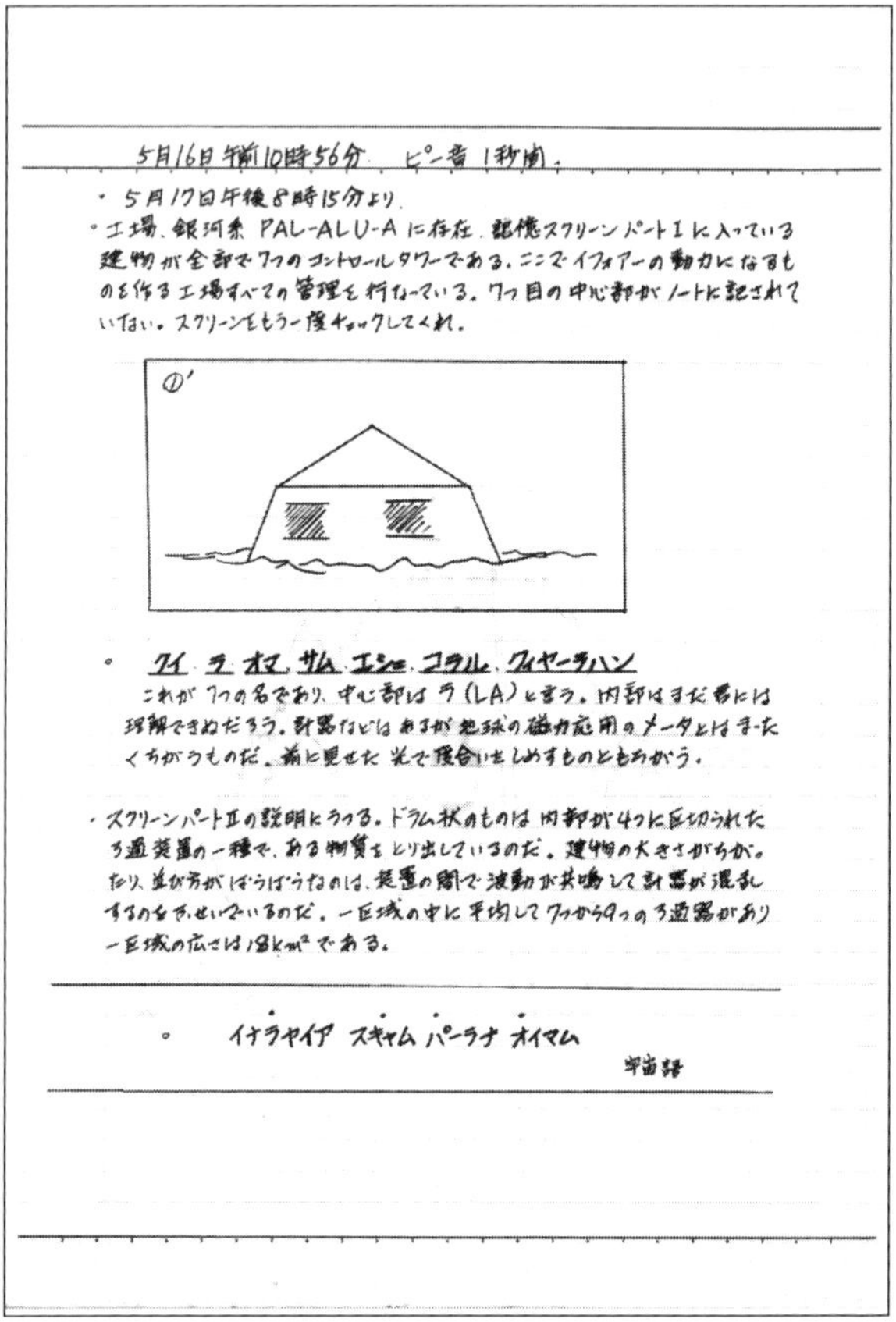
5月16日午前10時56分　ピン音1秒間。

・5月17日午後8時15分より。

・工場、銀河系 PAL-ALU-A に存在、記憶スクリーンパートⅠに入っている建物が全部で7つのコントロールタワーである。ここでイフォアーの動力になるものを作る工場すべての管理を行なっている。7つ目の中心部がノートに記されていない。スクリーンをもう一度チェックしてくれ。



・クイ、ラ、オマ、サム、エシュ、コラル、クイヤーラハン

これが7つの名であり、中心部はラ（LA）と言う。内部はまだ君には理解できぬだろう。計器などはあるが地球の磁力応用のメータとはまったくちがうものだ。前に見せた光で照合いましめすものともちがう。

・スクリーンパートⅡの説明にうつる。ドラム状のものは内部が4つに区切られたろ過装置の一種で、ある物質をとり出しているのだ。建物の大きさがちがったり、並び方がばらばらなのは、装置の間で波動が共鳴して計器が混乱するのをふせいでいるのだ。一区域の中に平均して7つから9つのろ過器があり一区域の広さは18km²である。

・イナラヤイア　スキャム　パーラナ　オイマム

宇宙語

いろいろと説明も受けたようです。工場が立ち並ぶこの惑星は、「銀河系PAL‐ALU‐A（パルアルア）に存在」するものであることを知ります。

おもしろいのはここです。ここにパルアルアと書かれていますが、私が前世で滞在したアトランティスのパルアルアのことなのです。つまりアトランティスの町がそのまま、ほかの惑星に移されているのです。

アトランティスの港町だったパルアルアは、この星で工業地帯に進化しました。ここにある工場は創造的な工場です。超科学的なものを製造しています。当然UFOも造っています。スペース・ピープルの最新鋭の科学工場と言えるものです。

この惑星にある中心的な建物が、前日見たピラミッドに似た七つの建物で、コントロールタワーとして工場すべての管理を行っています。「7つ目の中心部がノートに記されていない」というのは、前日書いた交信ノート3‐2のスケッチ①の建物が6つしか描かれていなかったことを指しています。そこで中心の建物を追加したのが、交信ノート4の、①の絵です。

「イフォア」というのは、UFOに関連するものです。この場合は、UFOの動力と関係するものと解釈していいと思います。

七つの建物には、それぞれ名前が付いていて、それが**「クイ　ラ　オマ　サム　エシェ**

**コラル　クィヤーラハン」**です。中心の建物は「ラ」と呼ばれます。全体で長い名前になっていますが、それはレムリアのソルモン王家の系図と同じです。誰が生み出し、誰に引き継がれ、何が行われたかを説明する名前でもあるのです。

「内部はまだ君には理解できぬだろう」と書かれていますから、外観しか見せてくれなかったのではないかと思います。

円筒形の工場（90ページのノートの下部分）の説明も受けています。「ドラム状のものは、内部が４つに区切られたろ過装置の一種で、ある物質を取り出している」と書いてあります。何をろ過しているかは教えてくれませんでした。

規則性なくアトランダムに工場が並んでいる点については、「建物の大きさや形がバラバラなのは、装置の間で波動が共鳴して計器が混乱するのを防いでいるのだ」とスペース・ピープルは説明しています。「一区域」というのは、イラストに描かれた長方形の区画のことを指しています。この広さが18平方キロメートルあるわけです。

とにかく、工場は不ぞろいだったのを覚えています。同じ大きさや形はないし、バラバラの配置で並んでいました。それは共鳴を避けるためだといいます。

宇宙船の中のボタンも、バラバラの配置で大きさもまちまちです。同じ大きさにすると共鳴しておかしくなると、スペース・ピープルはよく説明していました。

92ページのノートの最後に書かれた「イナラ、ヤイア　スキャ、ム　パ、ーラナ　オ、イマム」は、このチャンネルに入るための言葉です。呪文のアブラカダブラと同じです。

つまりこの言葉を唱えると、この惑星の記憶スクリーンにアクセスすることができるわけです。今でも私がこの言葉を唱えると、瞬時にその世界に入ってしまいます。

## ❖交信ノート5：1979年5月17日午後11時15分～

交信ノート5
1979年5月17日午後11時15分～

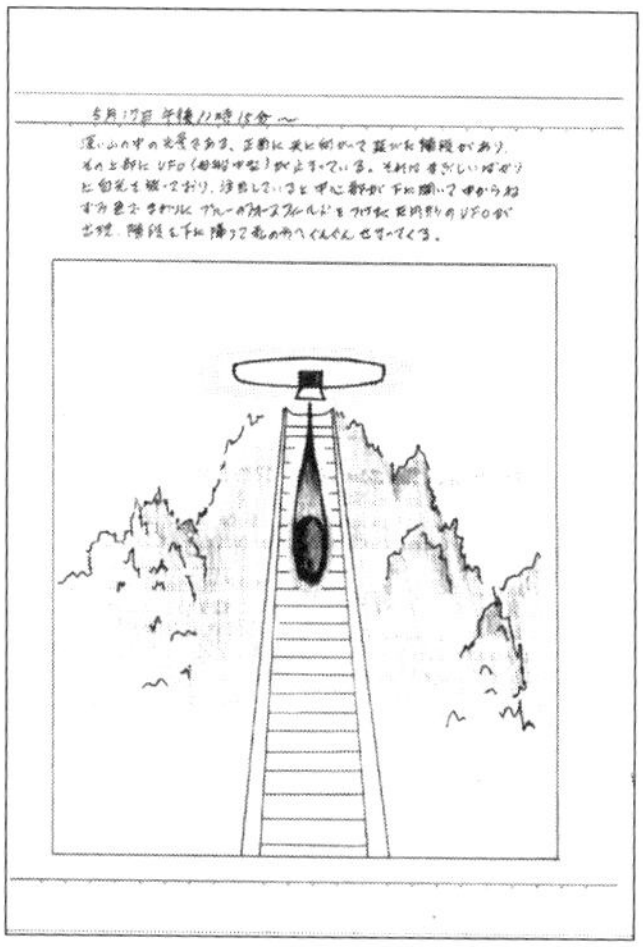

## 山の上の母船から放たれた小型UFO

深い山の中の光景である。正面に天に向かって延びた階段があり、その上部にUFO

（母船中型）が止まっている。それはまぶしいばかりに白光を放っており、注目していると、中心部が下に開いて中からねずみ色で周りにブルーのフォースフィールドをつけた円形のＵＦＯが出現。階段を下に降りて、私の方へぐんぐん迫ってくる。

先ほどの交信から3時間後に始まった交信です（口絵も参照）。これは非常に強烈な光景で、何度も見せられました。一九九七年に出版した『私は宇宙人と出会った』（ごま書房）の表紙にも使っています。

階段の上にあるのはＵＦＯではなくて、三賢人（イエス・キリストの誕生を祝ってベツレヘムを訪れた三人の賢人のこと。東方三博士ともいう）など人の場合もあります。

このときは、葉巻型の中型母船がまぶしいばかりの白光を放ちながら、山の上に向かって延びる階段の上空に停泊していました。注目していると、中心部が下に開いて中から小豆のような小型ＵＦＯが飛び出してきました。それが私に向かってぐんぐん迫ってくるのです。

なぜこのようなビジョンを見せるのかははっきりとはわかりませんが、私はこのビジョンを見て初めて、人間の心、あるいは意識が三つに分かれるのを経験します。上から小型ＵＦＯが迫ってくるのを見る自分と、小型ＵＦＯの中にいて下にいる自分に迫っていく自分、そして母船の中にいてその光景を見ている自分と、三つの自分を経験したからです。自分が三つあるのです。

この小豆色の小型ＵＦＯは、繭《まゆ》のような形でいろいろな実験をやるための練習機であるような気がします。階段を含めてすべてが儀礼であり、イニシエーションなのです。

なぜそのようなことをするかというと、自分には基本的に三つの奥行きがあることを知るためというか、自分の意識を三つに分けることができることを学ぶためであったように思います。その練習のためだったのではないでしょうか。

✣交信ノート6：1979年5月20日午後11時記す

## アステカ文明

たまたまアステカ文明の紹介をしているテレビ番組を見たときのことです。タイトルを見た瞬間に、ゴーッという強烈な衝撃が来ました。で、何か重要な意味があるのかなと思っていたときに見たのが翌21日の映像です。

✣交信ノート7：1979年5月21日午後10時1分〜

## 石組みと謎の文字

それは石組みだけの逆三角形でした。正確に言うと、逆三角形に切り取られた窓から、向こうに石組みを見ているわけです。そこには、深い青でS字のようなクネクネの不思議な記号が書かれていました（口絵も参照）。

交信ノート６と交信ノート７と交信ノート８

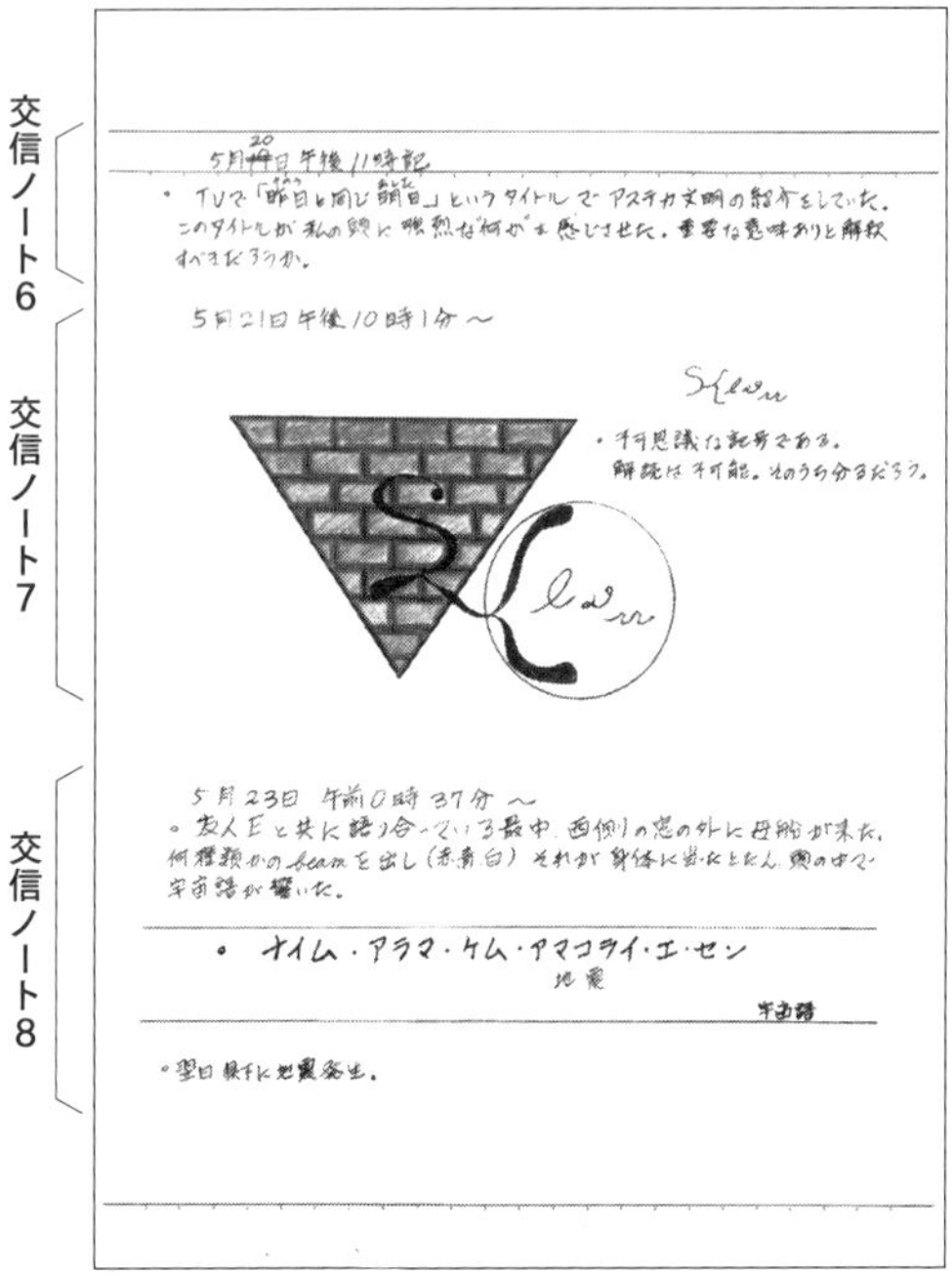


「解読は不可能。そのうちわかるだろう」と書かれていますが、この意味はいまだにわかっていません（右図参照）。

一つわかったことは、**アステカ文明のような南米の文明というのは、もともと非常にはっきりとスペース・ピープルと交流していた**ということです。マチュピチュとかアステカ、インカなど南米の文明は明白にスペース・ピープルと交流しています。
古代シュメールも同様です。あの辺りがスペース・ピープルとの交流があった現場です。そこではスペース・ピープルと地球人のコラボの実験が行われました。

❖交信ノート8：1979年5月23日午前0時37分〜

## 母船目撃の翌日地震が発生した

このときは友人と一緒に母船を目撃しました。母船が赤、青、白の何種類かのビームを放ち、それが私の身体に当たった途端に、頭の中で次の宇宙語が響いたのです（右ページ交信ノート8参照）。

「ナイム・アラマ・ケム・アマコライ・エ・セン」

「アマコライ」は地震という意味です。その他の意味はわかりません。推測するに、地震とつながる何かです。で、翌日静岡県下で地震が発生しました。

## ✣交信ノート9：1979年5月30日午後11時55分

交信ノート9と交信ノート10

交信ノート9

5月30日 午後11：55分

・ウチュウニハ ナンゼンネンモノアイダ ヒカリヲミルコトノデキナカッタモノガイマス
ジゴノ カルマニ シバリアゲラレ クウカンノ ハザマデ クルシンデイルモノ ミナ ミナノ
モンダイデス

・セイカイノ ゴットファーザーガ コトシジュウニ タオレマス ソレヲキカイニ ヤトウガ ジミントウノ
イッセイコウゲキヲ カケマスガ マズウマクユカナイデショウ。カレラニハ カネノ アクガ シミ
ツイテイマスカラネ。

・イチブノ ショウキョウダンタイデ ウチュウジンノ コトガ サワガレマスガ ソノ サワギノ ナカカラ
キョウリョクナ テレパシストガ アラワレマス コノ モノノ チカラガ ノチノチ キミタチノ オオキナ
ショウガイニ ナル カノウセイガ アリマス

・ト、モ、ミ ニ チュウイ セヨ。

・コウシノ ナカカラ マナベ。

交信ノート10

5月31日 午後6時28分〜
焼津から藤枝に向かって自転車を走らせ 瀬戸川にさしかかった時に受像。
・雲の中を大型母船が移動してゆくのを透視。

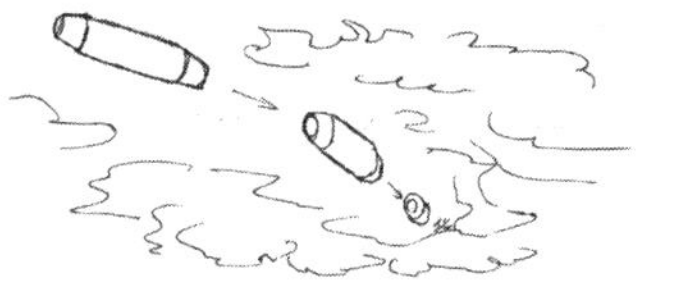


西から来て北へ飛行。

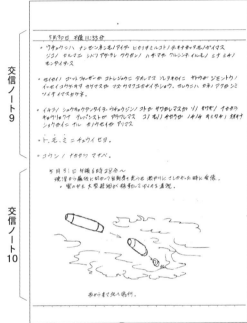

## 「政界のゴッドファーザーが倒れる」とのメッセージ

いくつかの断片的なメッセージを受け取りました。意味を取ると、次のようになります。

●宇宙には何千年もの間、光を見ることのできなかったモノがいます。自己のカルマに縛り上げられ、空間の狭間で苦しんでいるモノみな、ミチの問題です。

「モノ」というのは生き物のことです。「カルマ」というと宗教的に響きますが、人間の「習慣性」のことです。「ミチ」は道です。要するに自分で選択した道の問題だということを言っています。運命のルートの問題だというわけです。

●政界のゴッドファーザーが今年中に倒れます。それを機会に野党が自民党の一斉攻撃を掛けますが、まずうまくいかないでしょう。彼らには金の灰汁《あく》が染みついていますからね。

一九七九年ですから、誰のことでしょうか。調べてみると、この年の十月二十六日に韓国の朴正熙大統領が暗殺されていますから、日本でも何かあったかもしれませんね。

同じ十月の衆院選では、自民党が過半数を取れず、三木武夫元首相・福田赳夫元首相・中曽根康弘元通産相らが大平正芳首相の退陣を要求、四十日抗争が勃発していますね。そして翌八〇年のハプニング解散で総選挙が公示された五月三十日、大平首相は第一声を挙げた新宿で行った街頭演説の直後から気分が悪くなり、翌日過労と不整脈により虎の門病院に緊急入院したとあります。

そして現職の首相のまま選挙戦の最中の六月十二日に亡くなっています。一年ずれましたが、このことを言っているのかもしれません。

当時、こうした政界の話には関心がなかったので、このようなメッセージを受け取っていたことはまったく忘れていました。

- 一部の宗教団体で宇宙人のことが騒がれますが、その騒ぎの中から、強力なテレパシストが現れます。この者の力が後々、君たちの大きな障害になる可能性があります。

これも誰のことでしょうか。該当者がいるような気もします。なお、テレパシストとはテレパシーを使えるテレパシー能力者のことです。

●ト、モ、ミに注意せよ。

これは「トモミ」という名の人に注意しろという意味ではなく、別々に「ト」と「モ」と「ミ」に気をつけろという意味です。その頭文字の付くモノに注意しなければいけないとのアドバイスです。

●コウシの中から学べ。

コウシは「格子」ではなく、中国の思想家の「孔子」のことです。これは結構示唆に富んだメッセージです。というのも、私はこの後、孔子の子孫、孔健氏と交流し、日中を行き来することになったからです。

ほかの中国の聖人君主についてスペース・ピープルから何か言われたことはありませんから、スペース・ピープルはそうした交友関係が将来あることを知っていた可能性がありますね。

### ✣交信ノート10：1979年5月31日午後6時28分～

## 母船を操縦して太陽系外の惑星を訪問するための教育システム

焼津から藤枝に向かって自転車を走らせ、瀬戸川に差し掛かったときに受像したスケッチです。実際に肉眼で見たわけではなく、雲の中を大型母船が移動していくのを透視した映像です（１００ページ交信ノート10参照）。

＊＊＊＊＊

以上、紹介したのが、グル・オルラエリスとの間で交わされた一九七九年五月十二日から同月三十一日までの交信記録です。これらの交信は、私が小型円盤を操縦して、母船に乗り込み、最終的にはその母船を操縦して太陽系外の惑星を訪問する目的で計画された教育システムに基づいていました。初期のころ、ＵＦＯ内部の部品を見せられたり、ＵＦＯ操縦のシミュレーション訓練を受けたりしたのも、その計画に基づいています。

このころはＵＦＯにたびたび乗船し、それと並行してテレパシー交信も頻繁に行われて知識を得ていました。実地にＵＦＯを操縦するパイロットの訓練を二〇〇回近く受けていました。ＵＦＯを操縦できる人間になるのが目的でした。ＵＦＯに受け入れられるのが目標です。

なぜ「受け入れられる」という表現を使ったかというと、ＵＦＯは私たちの体と同じように使いこなさなければならないからです。以前スペース・ピープルに「あなた方にとってＵＦＯとは何ですか」と聞いたことがあります。彼らからは「自分の意識と連動して動く、体の一部のようなもの」という答えが返ってきました。**ＵＦＯは操縦者の意識と連動して動く**のです。

当時、いろいろなＵＦＯを見ました。毎回毎回が新鮮で印象深い経験をしました。それらはすべて記憶に鮮明に残っており、いつでも取り出せる状態です。ですから、私にとってＵＦＯは、テーブルの上に置いてあるコップと同じように、「そこにあるもの」なのです。

そして、いよいよ、実際に母船に乗船してそれを操縦し、彼らスペース・ピープルの母星である太陽系外の惑星を訪れることになったのです。

## 第4章

# 太陽系外の惑星への旅

（1980年ごろ）

# Step 6

## 1979～80年　「スペース・ピープルの母星に丸二日滞在」

### ＵＦＯは思念によって操縦する

私が太陽系外にある、水星系スペース・ピープル「エル（ヒューマノイド・タイプのスペース・ピープルのこと。２８７ページのイラスト参照）の母星に連れて行ってもらったのは、たぶん警察を辞めてからですから、一九八〇年ごろだと思います。高校を卒業した後、社会人になって一年目くらい、十九歳か二十歳くらいのころです。

もうこのころには、ＵＦＯを自由自在に操縦できるようになっていました。ＵＦＯを操縦するときは、感情を揺らさずに「ＵＦＯでどこにどれくらいの時間で行って、何をしたいか」ということをありありとイメージします。明確な目的を描けないと、ＵＦＯはピクリと

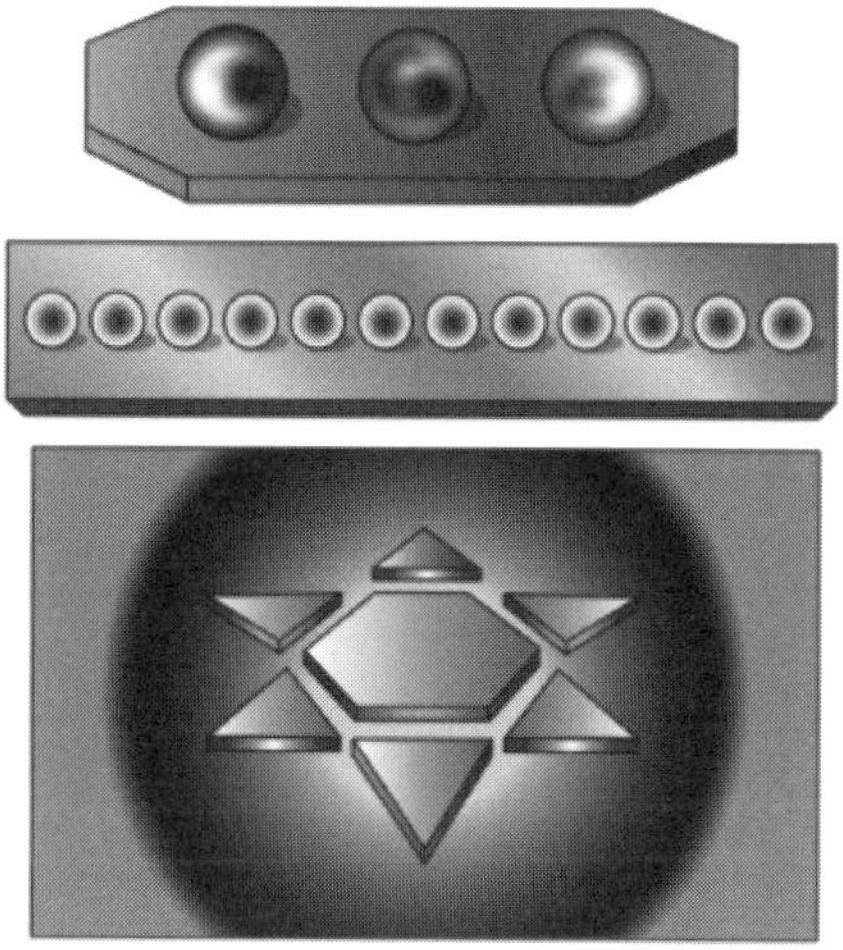
図7 UFO内の操作パネル

も動かないのです。

パネルに映し出された図形（図7参照）を見ながら、自分の中でイメージが確定して精神が完全に落ち着いた瞬間、ＵＦＯは勢いよく飛び出します。あとはＵＦＯがすべて自動的に目的地まで運んでくれます。ＵＦＯの方で最短・最適なルートを勝手に選んでくれるのです。

金星系の「エル」は宇宙船を動かす際、まず宇宙意識とつながります。円形の中央にそういう装置があって、みなでその装置を囲み、まず宇宙意識とつながるセッションがあります。瞑想するとかではなくて、ある時間そこにいるだけで、宇宙の意識がわかるのです。

質問をすると瞬時に答えが返ってきます。その答えをその場にいるスペース・ピープルは完全に共有できます。そうした所作を経て、目的を明確に共有するわけです。

ＵＦＯは一人乗り用もありますが、**基本的には三人で操縦します。**最小単位は三人で一組です。だから三人の目的意識をはっきりさせることが重要です。十三人の目的意識が明確にそろわないと動きません。

**母船の場合はもっと多くて、十三人です。**

このようにＵＦＯは完全に思念によって操縦されます。操縦者の精神状態が弛緩集中状態になっていなければ、ＵＦＯは動いてくれません。そのため、図７のようなパネルに映し出される図形で精神状態をチェックする必要があるわけです。

その日も、いつもの操縦訓練と同じでした。そのときまでにＵＦＯや母船の操縦訓練は何回もしましたが、どこに行くかは当日聞かされるまで常に秘密にされていました。テレパシーで事前に漏れてくることもありませんでした。

何らかの先入観や思い込みをさせないために、彼らは私のオリジナルの体験を守ってくれたのです。彼らは幕が開いて初めて私がわかるように、プログラムを設定します。

本当に着色されていない無垢な状態のまま、その現場に立たせることが、彼らの教育方針なのです。サプライズのタイミングが合わなければいけないのです。

その日は、まさにドンピシャのタイミングであったのです。ＵＦＯに乗って大気圏外で母船に乗り換えると、水星系のエルの母星であるカシオペア座の方向に見える太陽系外の惑星に行くことになりました。彼らの惑星に行く目的を、彼らは「地球に住むことの楽しさがわ

彼らの惑星のプラットホーム

かるように他の惑星に連れて行きます」と言っていました。

その惑星のそばまで来ると、今度はその母船から司令機と呼ばれるUFOに乗り換えて、その惑星のプラットホームに着陸しました（上図を参照）。司令機が入るような、ちょっとコの字形に開いた施設が地上にありました。プラットホームは少しざらついた大理石でできているようでした。

## 家系図を紹介し合う正式儀礼を行う

着陸したUFOのタラップを降りた私を、大勢のスペース・ピープルがV字型に整列して迎えてくれました。別にレッドカーペットがあるわけではありませんが、私がV字の尖った先頭に向かって歩くと、整列していた人々は二つに割れて私が通れるように通路を作ってくれました。

その場所は非常に広いホールのようになっていて、そのまま二階建ての建物の奥に向かって歩いていきます。すると、そこに楕円形の大きなテーブルがありました。私と一緒についてきた大勢のスペース・ピープルのうち、一部の人がそこに座り、私もその楕円卓に着席しました。

他の惑星に行ったときは、最初に必ずセレモニーがあります。そのセレモニーというのは、次のように行われます。

まず私が「地球、日本、伊豆、一九六〇年十一月二十七日生まれ、秋山眞人」というようなことを表明します。つまり、いつ、どこの星のどの国に生まれて、何者なのか、両親は誰か、祖父は誰かということを語ります。

このときは祖母のことまでは話しませんでしたが、基本的には自分の出生に関することをなるべく詳しく語ります。同様に向こうも同じことを語ります。それが正式な儀礼です。

そのときに私は初めて、**『旧約聖書』にこと細かに書かれている系図はこの儀礼のことを言っている**ことに気がつきました。もちろん、こうした儀礼は『旧約聖書』以前からあったのだと思います。

当然、『古事記』にもあります。映画「スター・ウォーズ」シリーズでも家系図が重要な役割を担っていますね。

私が経験したその惑星のセレモニーでは、三つの集団が出てきました。一つの集団は三十名弱くらいでした。その人たちと、先ほどの「自己紹介」の儀礼をしました。

ただし座っていた人全員が名乗るわけではなく、私の正面に座っていた代表者の三、四名くらいが自己紹介をしました。それは完璧な日本語でした。そして一通りのあいさつが済むと、「我が星の同志である」という話になります。

その集団との儀礼が終わって、ニコニコしながら別れると、次の集団と同様な儀礼をします。それを全部で三回行いました。セレモニーにかかった所要時間は六時間くらいだったと思います。

## 大小二つの太陽が昇る惑星

そのセレモニーが行われたプラットホームの二階には、とてつもなく横に広い部屋がありました。儀礼が終わった後、私はその部屋に通されました。そこが、私が滞在する部屋でした。

部屋の中には、就寝するベッドやソファみたいな家具もありました。ベランダも、ものすごく広かったです。西部劇に出てくるお屋敷のようなベランダでした。そこから見る開けた風景は本当に素晴らしかったです。

私の部屋がどれくらい大きかったかというと、ＪＲの駅のプラットホームくらいの長さはあったと思います。ヨーロッパのお城のきらびやかで天井の高い貴賓《きひん》室を横に長くしたような部屋です。つまり、部屋の反対側から来る人がかなり小さく見えます。

部屋にはアーチ形の出入り口はありますが、おもしろいことに扉は付いていませんでした。でも、誰かが突然入ってくるといった怖さはまったくありませんでした。というのも、誰かが入ってこようとすると、気配でわかるからです。アーチ形の出入り口にもバリエーションがあって、横に広いのもあれば、縦に長いのもありました。

セレモニーの後、夜が訪れました。普通、六時間もセレモニーがあれば、くたくたになって寝込んでしまうこともあるかもしれませんが、自分の部屋に一人になっても、寝込むことはありませんでした。というのも、セレモニーの最中にも、ネクターのような飲み物と、三種類くらいの小さいタンパク質のようなものを摂取したからです。

その中には豆のような味のするものもありました。それらを食べると、まったく眠くならないのです。かえって、頭が冴えわたって意識が鮮明になります。

だから、夜になっても、緊張感があったこともあり、完全には眠りませんでした。でも明け方、少しの間部屋の中でウトウトしましたが、そのとき誰かが私を呼びに来るのがわかりました。

実は前日から、どのタイミングで動き出すのか、事前にわかっていたのです。ほとんど頭が宇宙人のような状態になっていたのです。

おもしろかったのは、太陽が二つあったことです。一つの太陽は、地球で見る太陽と同じでちゃんと照らしていました。その太陽が沈んで暗くなった後、もう少し小さい、一つ目ほどは明るくないけどまあまあ明るい太陽が昇ってきます。

それは月ではありません。けれど、昇ってから沈むまでがすごく速くて、すぐに暗くなってしまいました。ですから、すごく明るい昼間の太陽と、半分くらいの明るさで夕焼けのような小さい太陽が二つあるようなものです。

小さい方は、もしかしたら人工太陽か疑似太陽のようなものなのかもしれません。太陽の照り返しで光る「地球の月」のような衛星は、私が滞在している間は見ませんでした。

## 懐かしい故郷の星は地球の環境とよく似ていた

翌日は、朝からその惑星を案内してもらいました。ソフトクリーム状の建物がいくつもあって、それらが細い白い玉砂利《たまじゃり》のような道でつながれていました。

遠いところには森もありました。岩のモニュメントから水が落ちてくる場所もあり、すごく広い公園みたいな惑星でした。

その惑星は、彼らの母星であると同時に、私にとっても懐かしい故郷の星でした。すでにお話ししたように、遠い昔、私もかつてその惑星の住人だったのです。そのいきさつは後で説明しますが、その惑星に降り立って、何か胸に迫る特別な感情が湧いてきたことを鮮明に覚えています。

その星の環境は、地球の自然環境とよく似ていました。大気の成分も生態系も、地球とそう変わりがないような気がしました。ただ、足下からずっと見渡したところ、植物が異様に大きいのです。

樹木の大きさも、並みではありませんでした。地球で言えばメタセコイアのような巨木がゴロゴロしていました。それこそ天にも届く大きさで、上の方は霞んで見えないほどでした。

花も、一抱えもあるような大輪の菊みたいな花が咲いているなど、何でもすべてが大きいのです。

こうした大きな樹木が居並ぶ森は、それ自体が荘厳な雰囲気で、見渡す限りどこまでも続いていています。地球に比べると険しい山というものがなく、なだらかな丘陵地帯が広がっていました。

巨大なハチにも遭遇しました。全長三〇センチメートルはあろうかという巨大なハチで、「こんなのに刺されたら死んでしまう」と一瞬ドキッとしましたが、よく見ると、そのハチには針がありません。昆虫独特のとげとげしさもなく、体は妙にツルッとしていました。バラのような植物やサボテンのような植物があったのですが、それにも棘《とげ》がありませんでした。

彼らの星では、見たときに「攻撃的だ」とか「怖い」と感じるものがすべて欠落しているのです。恐怖の対象となるものがなくなっていくような進化を遂げたのです。すべての生物が自分を外敵から守ろうとする、あるいは闘争する本能みたいなものを、とっくの昔に放棄したということなのだと思います。

緑の多いところを抜けると町がありました。緑の中に町があるという感じなのですが、その町は葉巻型の細長い母船のようなものが土に半分くらい突き刺さったような感じの建物でできていました。後でよく見ると、実際に建物は母船なのです。

**彼らの住居は、母船型のＵＦＯをそのまま使っている**のです。それらが高層マンション群のように立ち並んでいます。いくつもの母船型ＵＦＯがずらりと並んだ光景は圧巻でした。

移動したいときは、第３章で述べたように町ごと移動します。スペース・ピープルに聞くと、住んでいる町の波動が磁気的に狂うことがあるのだそうです。そのときは、その場所を避けて自分たちにふさわしい場所に移動するのだと言っていました。自然に逆らうこともなく、余計な建造物を造らなくていいわけですから、彼らの資源の利用法、空間の使い方は非常に合理的だと思いました。

その建物、すなわち母船型ＵＦＯの形には何種類かあります。私も乗ったことがある、いわゆる葉巻型のほかに、先ほど述べたようにソフトクリームのように螺旋形に捻じれた、あるいは「バベルの塔」のような渦巻き状のデコレーションケーキ型の母船も建っていました。ピラミッド型もありました。

そういう形にはみな、波動的な意味があるのだそうです。その形によって、そこで暮らす人たちの意識を守ったり波動を高めたりする作用があるのだと彼らは話していました。

町中の道路は舗装されておらず、土の地面でした。ただ、水晶のようなガラス質のものが敷き詰められており、キラキラと光っていました。色は全体的にパステルトーンで淡く、落ち着いた感じがしました。

その星に住んでいる人たちはガウンのようなものをまとい、顔立ちはハーフのような美男美女が多かったです。平均身長は二メートルくらいで、金髪の白人タイプもいました。目鼻立ちも整っていて、みんな映画スターのようでした。

とにかく、とても静かです。人口もそんなに多くなかったです。でもいるべきところに人がいて、不安がないという静けさです。

自分がこうあるべきだと思う理想的な静けさが、現実にそこにあったのです。理想とする静けさをすでに経験していたという不思議な感じも強く持ちました。

日常の移動手段は、もちろん徒歩もあるでしょうが、たぶん彼らの家には、テレポーテーションできる装置があるのだと思います。

## 宇宙人の社会システム・教育・食事・睡眠・セックス・スポーツ

私は滞在中、その星のことをいろいろ教えてもらいました。覚えている範囲で、そのいくつかを紹介しましょう。

## ◉「国家社会主義」で創造性が評価される

彼らの星の社会機構は、一種の「国家社会主義」的なものでした。国家の統制のもと、国民が平等に分配を受けるというシステムです。

「国家社会主義」といっても、地球のモノとはまったく違います。その最大の違いは、住人たちが自由な創造性を発揮することを喜んでいることです。またモノを持っていたら、それを人にあげたくてしょうがないという衝動を持っています。強制的な部分はまったくないのです。

地球上の給料に相当するシステムとしては、カードによる必要物資の支給制度があります。各自、自分の情報が記録されている小さな石のカードを持っていて、このカードを使えば食品などの必要物資が支給されます。今でいうＩＣカードのようなものです。カードの表面は、緑色で象形文字のようなものが書かれていました。

物品の支給機からは、何でも支給されるようになっています。ただ、どれだけ支給してもらえるかは、その人がどれだけ創造的な働きをしたかによって違ってくるようでした。というのも、その社会ではいかに創造性を働かせるかが評価の基準になっているからです。カードには、その人がいかに創造性に想念を使ったかも記録されています。

いかに個性的で自由な創造を成し得るかが、この星の価値基準なので、人を蹴落《けお》としたり、人を打ち負かしたりする必要もなくなります。その星には、私たちの言う「競争」や「闘争」という考え方はないのです。そもそも、人と人を比較するという概念が彼らにはほとんどないのだと思います。

彼らにとって一番の価値は、創造性を発揮してどれだけ褒《ほ》められるか、なのです。闘争心や競争心によってではなく、創造性によって文明を発達させるわけです。

唯一の競争があるとしたら、それは宇宙そのものに対する競争心です。宇宙の絶対法則、あるいは神は、無限に創造し続けています。それにどこまで近づけるか、という競争心は、彼らも強く抱いているように感じました。

## ◉歌の活用と五感の統合教育

スペース・ピープルの教育は、地球人のそれとは大きく異なっています。彼らの教育は、答えを導き出すことそのものよりも、その答えがなぜ導き出されたかを考えさせます。

たとえば、スペース・ピープルの教育では2＋3は5であると最初に答えを教えてから、それはどうしてそうなるのだろうというプロセスをみなで考えさせます。地球の教育のように２＋３の答えは何か、とはしないわけです。

スペース・ピープルは答えをまず教えて、結果が出ているから安心している状態にしておいて、プロセスを考えさせるのです。つまりスペース・ピープルの教育で重要なのは常にプロセスなのです。

地球では結果ばかりを求めさせられます。実は結果主義こそが最も多くの人を傷つけ、人間の心を蔑《ないがし》ろにするのです。結果主義だからこそ、権力主義がはびこるし、終末思想が出てきたりするのです。

また、彼らには、テストというものがありません。考えてみれば、テストによって学力を測ろうというのも、非常に原始的な方法です。

実際、今の教育現場では数多くの弊害が生まれています。スペース・ピープルに言わせれば、「テストをしなければ学力がわからない地球の教育方法に大きな問題があるのだ」ということになります。

彼らの星では、**「テペスアロー」**という学校にも案内されました（図８参照）。建物はネギ坊主のような形をしており、教室は螺旋状になっていました。この学校では始終、歌ばかり歌っています。

どうして音楽ばかりなのかと私が聞くと、スペース・ピープルは「歌が記憶力を一番刺激するから、楽しみながら歌で全部覚えるようにする」と答えました。

日本にも授業中に要点を歌にして教える先生がいましたが、あれはスペース・ピープルの教育法につながる、理に適《かな》ったやり方です。スペース・ピープルはラップみたいにして、全部覚えてしまうようです。

讃美歌や楽器の演奏を使う場合もありました。三〇〇〇人ほどのスペース・ピープルが合唱でラップを歌っている場面に立ち会いましたが、それを見ただけで、感動してしまいました。

図8　スペース・ピープルの学校「テペスアロー」

歌で学ぶことは、楽しく学ぶということでもあるそうです。楽しい歌ならば、それこそ大学の難解な授業であっても、簡単に頭に入ってくるものなのです。

彼らのユニークな教育法は、歌だけではありません。「観察」も非常に重視されています。植物の生長を観察したり、鉱物や物の波動を感じ取らせたりするのです。

さらに五感で感じたことを、別の感覚で表現してみる訓練も行います。たとえば、匂いを絵にしたり、色を音で聞いたり、匂いを味わってみたりするのです。味覚や触覚を視覚化したり、聴覚化したりもします。この子供に対する視覚・聴覚・嗅覚・味覚・触覚の統合教育にも、かなり力を入れているように思われました。

これらのベースができ上がると、今度は、短時間でいくつもの星系の住人とのコミュニケーション形態を同時に学ぶようになります。つまり、地球で言えば、七カ国語を同時に覚えるという同時言語学習法みたいなものの発展系です。

彼らはまず、全体像を把握します。その際、五感をフルに活用して、情報そのものの概念を直接受け取るのです。そして、細部は後から磨いていきます。

これだけ創造的な教育がしっかりなされると、芸術分野にも自然と関心が高くなります。彼らにもちゃんと美術や演劇があります。ただしこれらは、地球人にはなかなか理解できない代物でした。

美術館に連れて行ってもらったときには、「赤と青だけで描かれた波動画」というものがありましたが、私には何が何やらさっぱり意味がわかりませんでした。

演劇も同様でした。彼らの演劇は単なる踊りに近いです。私が見た舞台は、しめ縄のようなものを中央に垂らして、その周りを天の羽衣《はごろも》のようなヒラヒラのガウンを身にまとった人たちが舞っていました。私の目には、ガウンをヒラヒラさせて、クルクル回っているだけにしか見えないのですが、それを観ていた数万の観客は、しきりに感動の声を上げていたのです。

おそらくこの演劇には、身振りで表す外側の表現と、感情をテレパシーで伝える内側の表現があったのだと思います。テレパシーでつながっている彼らには、それがすべてわかっていたのでしょう。だから一斉に感嘆の声を上げて、楽しむことができたわけです。一方、台詞《せりふ》がないと内容を理解できなかった私は、彼らと同じように楽しむことができなかったのです。

ただ私にも、この演劇の清涼感だけは十分に味わうことができました。一種のヒーリング的な効果も兼ねた演劇であったように思います。

## ◉美味しいと思えなかった食事と、飲むと眠らなくて済む液体

スペース・ピープルといっても、私たちと同じく肉体を持った生命体です。細かいところは違っているとしても、やはり飲み、食べ、眠ることに変わりありません。でも、かなり異なる食生活を送っているようでした。

彼らの星では、食物となるものは、ある種の液体と、チーズのような固形食品でした。地球で言えば、おそらくビタミンCの溶液と良質なタンパク質の固形食を摂取する感じだと思

います。地球のように、パンあり、ご飯あり、麺ありといった感じのバリエーションはありません。

私も一度食べてみましたが、あまり口に合うものではありませんでした。地球の感覚では、美味しいとはとても思えないものです。

ところが、液体の効果には驚きました。ウイスキーのふたくらいの、ほんのわずかな量しか飲んでいないにもかかわらず、その後三日間、まったく眠くならなかったのです。しかもそのときは、起きていることに苦痛がありませんでした。

逆に気分は高揚し、頭は冴えわたって、記憶力も抜群によくなったことをはっきりと覚えています。いつもの自分とまったく違うのです。それは、今までに経験したことのないような三日間でした。

この液体は、桃のような香りのする、淡い味の飲み物でした。ギリシャ神話で神々が飲む不老不死の霊酒「ネクタル」は、きっとこのような飲み物だったのだと思います。

私にはあまり美味しいと思えなかった彼らの食事ですが、彼らにとってはご馳走だったみたいです。おそらく彼らにとっては、味覚を楽しむためというよりも、意識の覚醒状態や、肉体の保持という面で必要な〝ご馳走〟であったのだと思います。

## ◉潜在意識と対話し、大宇宙の情報とアクセスするための眠り

神々が飲む霊酒のおかげで、地球人の私も三日ほど眠くならなかったのですが、彼らはほとんど眠らないことに気がつきました。地球人ならば、何日も眠らなければ、肉体的なダメージよりも、ストレスによる精神的なダメージが強くなって、頭がおかしくなることもあります。

しかし彼らは、この人間の限界をはるかに超え、一カ月に数時間しか眠らないのだと言います。しかも驚異的なことに、その数時間さえ、眠気に誘われて眠るわけではないのです。眠りの概念そのものが、地球人とは異なっているのです。彼らは、睡眠欲求を満足させるためではなく、潜在意識との対話をするために眠ります。そして、潜在意識と対話することによって、大宇宙の情報とアクセスし、精神世界の探求をするのです。

この「深い宇宙とのコンタクト」状態は、私たちが夢を見ているような状態で行われます。ただ、最大の違いは、彼らにとっては夢も一つの確実な世界として経験できることです。

地球人の多くにとっては、夢の世界はあいまいでぼんやりとした、頭の中のイメージだけの世界としか感じられないかもしれません。一方、彼らはそこで得た経験を、現実あるいは実体として捉えることができるのです。

私自身も、潜在意識の世界で彼らとコンタクトすることがしばしばあります。その場合、夢の中でも触ることができるし、味わうこともできるし、匂いを嗅ぐこともできます。この状態では、夢と現実が何ら変わらないものだということがわかります。彼らはいつも、それを実践しているのです。

## ◉セックスは神聖なもの

彼らにも性別はあり、セックスもしています。ただし、地球人の場合は、セックスは快楽を味わうためだけの場合や、愛情表現のためにする場合もありますね。しかし彼らの場合は、純粋に子孫の繁栄のためだけにセックスをするようです。

実際にセックスをするときも、彼らはムードを非常に大切にします。それは交わるときの心理状態が、生まれてくる子供の精神状態に多大な影響を与えてしまうからです。彼らの言葉を借りれば、「子孫の遺伝子プログラミングを左右する」ということになります。

だからセックスをするときは、できるだけ良い環境を整えて、お互いの精神状態を高めておかなければなりません。ここで言う「精神状態を高める」とは、決してエロチックなイメージを作り上げて興奮するということではありません。彼らにとってセックスとは神聖なものだからです。

地球の科学でも、セックスしたときの感情が胎児に影響を及ぼすという証明がなされつつあるように思います。最近の脳生理学の研究によると、感情によって人間の脳が分泌《ぶんぴつ》するホルモンが変わることがわかってきたそうです。

たとえば、喜びの感情を出しているときには体にいいホルモンが分泌され、逆に憎しみなどのネガティブな感情を持つと、体にとって害をなすホルモンが分泌されるとも言われています。これが本当なら、セックスしたときの感情によって胎児の体に何らかの影響が生じてもおかしくないということになります。

## ●エネルギーのボールの中に入って遊ぶ「ポスポス」

彼らもときにはスポーツを楽しみます。おもしろいのは、「ポスポス」と呼ばれる宇宙サーフィンのようなスポーツです（図9参照）。

まず、両手の平を向かい合わせ、手の平の間にある種のエネルギーを作り出します。思念によって空間からエネルギーを抽出するのです。

エネルギーが抽出できたら、今度はその両手の間隔を広げてエネルギーの帯を作ります。

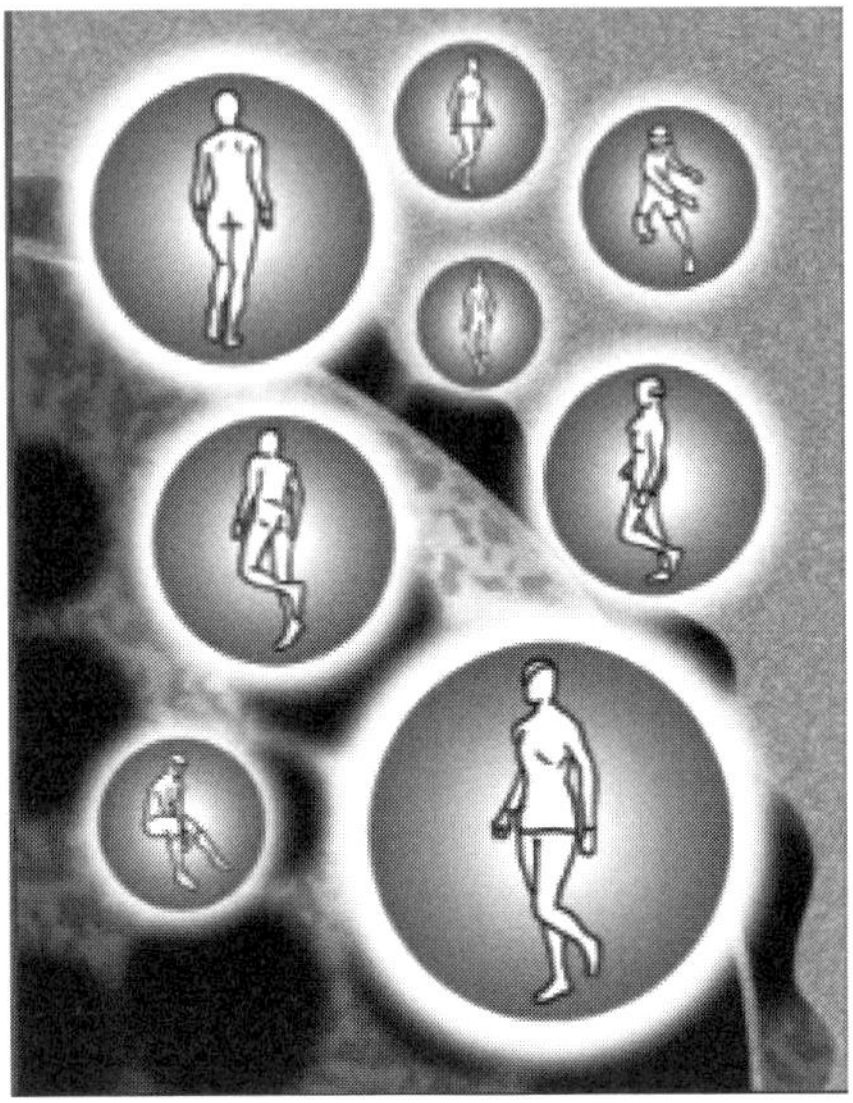
図９　宇宙サーフィンのようなスポーツ「ポスポス」

両手の平で、幅広のゴムを伸ばす感じでエネルギーを帯状に広げるのです。

今度は引き伸ばしたエネルギーを、そのまま縄跳びのように腕を二、三回、回転させることによって、自分の体の周りに張り巡らせます。これで体がエネルギーの大きなボールの中に入ることになります。大きなシャボン玉の中に人間が入っているような状態です。

準備ができたら、今度はその〝シャボン玉〟を思念力によって浮き上がらせ、惑星の大気圏ギリギリのところまで飛び出したり、サーッと急降下したりを繰り返すのです。成層圏のそばまでは小型ＵＦＯに乗って行きます。

進行方向やスピードも自由自在で、左右上下、緩急《かんきゅう》など思いのまま飛び回ります。その迫力たるや、言葉では言い表せないほどです。

エネルギーの玉が、中に入っている人のオーラに反応して色とりどりに光ります。たくさんの光が乱舞する姿は本当にきれいでした。

## 丸二日滞在したのに、地球に戻ったら二時間ほど経過しただけだった

太陽が昇ってから沈むまでの長さや一日の時間は、私の感覚では地球とそれほど変わりありませんでした。その太陽が三昼夜、上って沈んで、上って沈んで、上って沈んでの三日間ほど滞在しました。少なくとも丸二日間くらいはその星にいたように思います。

彼らが住む星は、それはもう理想郷が実現したような世界でした。まるで夢のような天上の世界です。

それで私は、スペース・ピープルに改めて質問してみたのです。「なぜ私をこの惑星に連れてきたのですか」と。するとスペース・ピープルは「この惑星も以前は地球と同じ段階の時代があった。そして理想的に進化したケースなのだ」とだけ答えました。

さらに私が「地球の未来もうまくいけば、このようになる可能性はありますか?」と聞いたら、「それはある」と答えたのです。それを聞いてとてもうれしかったのを覚えています。

それほどその惑星での体験は夢のような時間であったのです。

ところが、二日目の後半くらいから私に異変が起こります。その惑星にいるのが無性に嫌になったのです。のんびりしすぎて、シンプルすぎるからです。というのも、私は根っからの地球人で、人とワイワイやるのが好きな性格なのです。

ところが、その惑星の人たちは、みなおっとりしていて、バカ騒ぎなどやりません。地球の雰囲気が荒い滝の流れだとすると、この惑星の雰囲気はちょろちょろ流れる小川のような感じなのです。

三日目の朝から帰りたくて、帰りたくてしょうがなくなりました。地球の街を車がブーッと通る音が無性に恋しくなって、「戻りたい！」と彼らに言ったのです。

そのとき意外な返答がありました。スペース・ピープルはニコリと笑って「そうでしょう」と言うのです。「あなたが生きていかなければならないのは、あの青い星・地球だよ。あの大地の上で、あなたは語り、生き、そして輝いていかなければならないのだよ」

そのとき、彼らの惑星を訪れた本当の理由がよくわかりました。それまでの私は、スペース・ピープルの世界への憧れを抱いていました。最初にスペース・ピープルに呼びかけたのも、地球が嫌になったからです。

いじめられて、そういう寂しさから呼びかけました。スペース・ピープルに助けてもらいたかったのです。そういう根本的なところにある依存症みたいなものを、その別の惑星の上で彼らはすべて取り去ってくれたのです。

彼らはこうも言いました。

「あなたは地球で楽しく生きなくてはなりません。そして、あなたはとても重要な存在なのです。一人でできることには限りがあるなどとは考えないことです。あなたからは、子孫が、そして影響を受けた若者がドンドン広がっていくではありませんか。

千年もしたら、あなたの仲間は何千人、何万人にもなっていることでしょう。その人たちは、みんながあなたの影響を受けることになるのです。あなた一人から始まるものが、時間の経過とともに莫大なものになるのです」

こうして私は、再び地球に戻ってきました。

ところが、驚いたことに、私は丸二日他の惑星に滞在したというのに、地球では二時間ほどしか経過していなかったのです。まるで逆・浦島太郎状態です。

もしかしたら実際に行ったのではなく、シミュレーション的に体験させられたのかとも思ったので、スペース・ピープルに聞くと、彼らは実体験であると太鼓判を押してくれました。

実際にこのような宇宙旅行をすると、時間の進み具合にずれが生じるようです。

## すべては人間の生命と感情の上に成り立っている

スペース・ピープルの惑星に行ったことで、私は劇的に変わりました。たとえばそれ以前の私は、近くに泣く人がいると一緒に泣かずにはいられなかったのです。近くに不幸な人がいると、一緒に自分が不幸になって、代わってやりたいと思ったりしたこともありました。それが正義だ！　と思っていたのです。

ところが、そういう姿勢が本当の人間変革とか人間教育とか人間救済ではないということを彼らは教えてくれました。泣いている人のそばではいかに笑うかを見せながら、笑ってあげなければいけないというのが彼らの理論です。苦しい人のそばでは、より楽な姿勢を取って、楽な人間もいるのだということを見せてあげなければいけないというのが彼らの理論なのです。

私たちは今、いろいろなアクセサリーを持っています。権威、権力、お金、科学など、これらはアクセサリーにすぎません。アクセサリーというより、幸せになりたい、楽しく暮らしたいという願望のために編み出した道具にすぎないのです。

ところが私たち地球人はややもすると、その道具がすべてだと思いがちです。しかしすべでは、人間の生命と感情の上に成り立っていることを認識すべきです。

実はかつて、今の文明に匹敵するような、レムリア、ムー、アトランティスという文明がありました。でも彼らがなぜ滅びたかというと、今の文明のように、道具に依存してしまい、道具がすべてだという錯覚に陥ったからです。そして最終的には道具に支配されてしまったからです。それでは本末転倒です。本当に大事なのは物質とハカリではなく、表面的な美でもなく、人間の生命と感情です。

別の言い方をすると、環境が人間を支配するのではありません。人間の心が環境を作るのです。たとえば多くの人は、自分にとって不都合な問題が起きると、「ああ、親のせいだ、子供のせいだ、いや先生のせいだ、いや社会だ、国だ、政治のせいだ」と、その原因を自分以外の世界に求めてしまうものです。しかし実は、すべての原因は自分が作るのです。自分がどのような波動を出すかということによって、その波動が返ってくるのが環境なのです。

核の問題を例に挙げましょう。核兵器も、人間の闘争的な想念が生んだものです。では、核兵器を廃絶すれば、地球上の不安が一掃されるかというと、そうはなりません。

核をなくしたところで、私たちが闘争的な想念を消していかない限り、またそれに代わるものが環境の中に現れてくるからです。想念というのは、そういう力を持っています。

ですから、常に最高の、理想の状態を設定して思い描く必要があるのです。常に高みに理想を設定して、そこに向かって絶えず努力するイメージを持つのです。

そのためにはまず、地球人自らが理想に向かって常に努力して変化していくと決意するしか方法はないのです。スペース・ピープルはこの惑星訪問で、私にそういうことを教えてくれたのだと思います。そのことを伝えていくのが、私の地球でのミッションなのです。

## アトランティスとムーが沈没したとき、多数の地球人がUFOに救出された

なぜスペース・ピープルの惑星が、私の故郷の星でもあるのか、そのいきさつについても説明させてください。話は、私がアトランティス文明の崩壊に立ち会ったときにさかのぼります。アトランティスを破壊させた大災害に遭遇したとき、巨大な壁のような津波が私たちに向かって押し寄せてくるのを見ました。エンタシスの柱(視覚的な安定感を与えるため、ゆるやかなふくらみを施した柱)が自分に向かって倒れてくるのも見ました。

「ああ、これで死ぬのだな」と思ったのは覚えています。でも、その後の映像がありません。

次に覚えているのは、ＵＦＯにテレポーテーションで連れてこられて、そのまま太陽系外

の別の惑星に行ったことです。おそらくアトランティスとムーを沈没させることになった大惨事の際、五〇万〜六〇万人くらい、いや全体ではその一〇〇倍くらいの地球人がＵＦＯに救出されたのではないかと思います。

なぜそのようなことをスペース・ピープルがやったのかということになるのですが、地球を再建するには地球人を再教育する必要があると彼らが判断したからだと思います。というのも、このままでは地球人は、何度文明を築いても、恐怖や闘争や破壊の想念に支配され、何度も滅亡してしまう可能性があったからです。

そこでスペース・ピープルたちは、それぞれの惑星に地球人を連れて行って、彼らにどうやったら破壊のカルマ、あるいは恐怖や闘争の想念を乗り越えることができるかということを再教育したのではないでしょうか。破壊ではなく、創造の想念へと導く訓練や教育を施したのだと思います。

そしてスペース・ピープルたちは、アトランティス崩壊の熱《ほとぼ》りが冷めたころ、救出した地球人たちを再び地球に戻すという計画に着手しました。何もせずに、何度も同じ過ちを犯させるよりも、わずか五〇万〜六〇万人であっても再教育した彼らがいつか地球人を正しい方向に導くだろうという可能性に賭けたのです。

**それがシュメール文明であったり、エジプト文明であったりした**わけです。その際、世界各地に残っているピラミッドは、地球とは別の宇宙とを結ぶ出入り口として利用された形跡があります。

私も、人類の潜在意識の奥底に刻まれた恐れや破壊の想念を克服する〝約束〟のために地球に戻された一人です。そのときの教官は今もその惑星にいます。というのも、地球の宇宙と彼らの宇宙では時間軸が違うからです。

おそらく『旧約聖書』の「ノアの箱舟伝説」や『オアスペ』（十九世紀に米国の歯科医が天使の啓示を自動書記して著した書物）に書かれたパン大陸の沈没と五船団の救助船の話は、UFOにより地球人の救出・再教育作戦が実行されたことを指しているのだと思います。そして再び地球人は、今この時代において創造性の力量を試されているのではないでしょうか。

私のように別の惑星で再教育を受けて、地球に転生してきた人は、たくさんいます。私はこれまでUFOに二〇〇回ほど乗っていますが、同じ宇宙船に何度かほかの日本人と乗り合わせたこともあります。

おそらく日本にも、前世でアトランティスの崩壊を経験した人が大勢、転生してきていますということは、全国的に、あるいは世界的に考えれば、円盤に乗ったことのある人は相当な人数に上るはずです。ただ、ほとんどの人はそのことを口外しません。実際、この種の体験を口にするのは大変なことなのです。

# 第5章

# 発動! ミッション「地球」

# Step 7

## 「地球で生きる使命の目覚め」

1980～85年

❖交信ノート11：1980年6月24日午後10時24分～

交信ノート 11
1980 年 6 月 24 日午後 10 時 24 分～

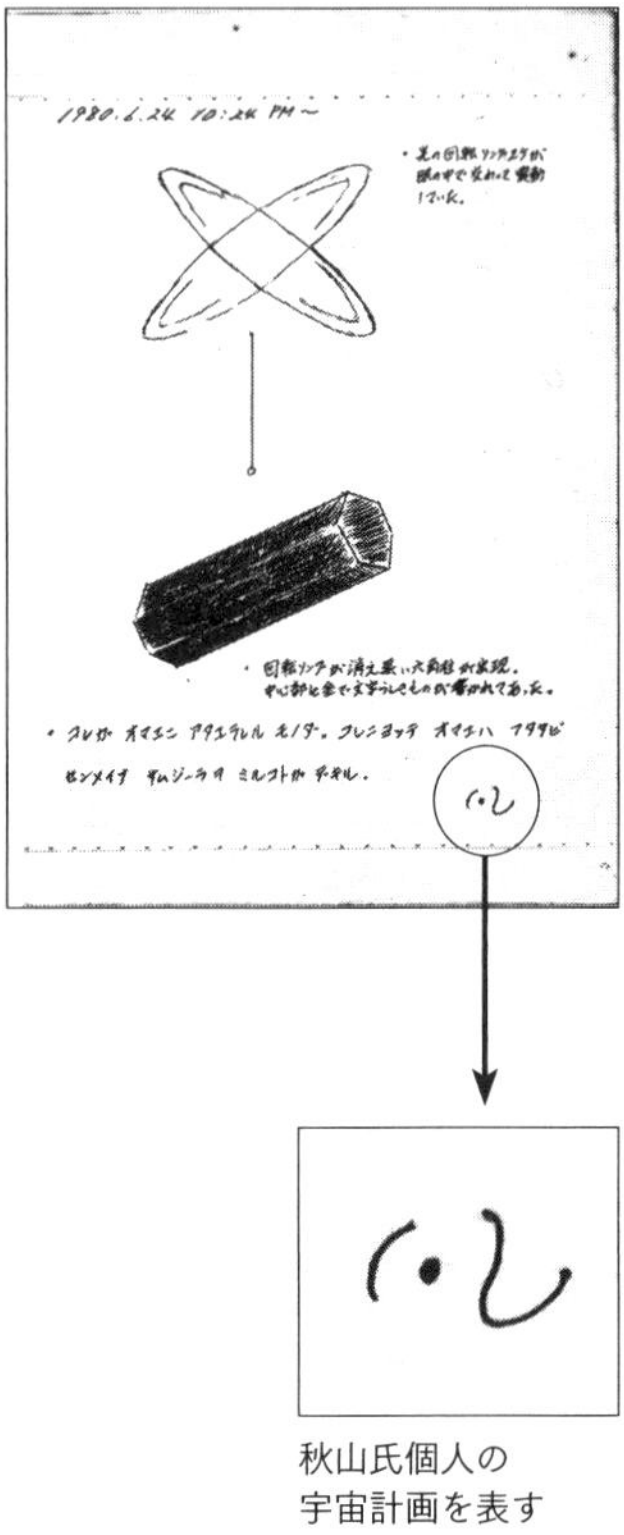


秋山氏個人の
宇宙計画を表す
シンボル

## テレパシーが発達すると、テレパシーと物質の区別がなくなる

ここから「宇宙人交流に関する記録：1980・6・22〜」という別のノートに切り替わります（写真3参照）。郵便局で働き始めてから数カ月経ったころです。確か、母船に乗ってスペース・ピープルの母星を訪れた後だと思います。つまり、地球での使命に目覚めた後ということになります。

表紙やそれぞれの交信ノートの最後に記している「風」のようなマークは、秋山眞人という私個人の宇宙計画を表すシンボルです。パーソナル・プログラムです。

スペース・ピープルと私の間の約束として設定されたマークです。ほかの人のプログラムは別のマークで表されます。

最初のノートはその年の六月二十四日となっています。これはUFO記念日の交信ですね。

一九八〇年からさかのぼること三十三年前

写真３　「宇宙人交流に関する記録：1980・6・22〜」の表紙

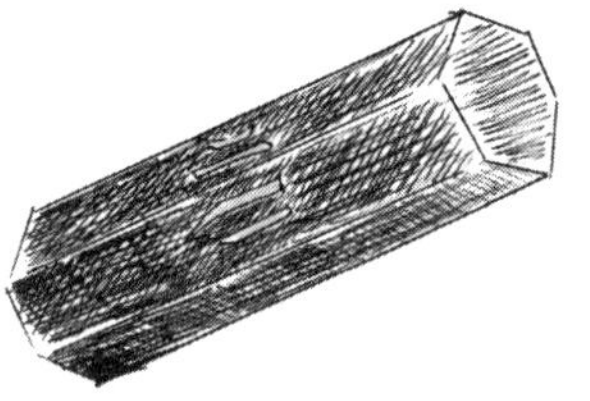
中心部に金色の文字らしきものが書かれた黒い六角柱（大きさは60～70センチメートル）

の一九四七年六月二十四日、アメリカ人のケネス・アーノルドが、ワシントン州カスケード山脈の上空を自家用飛行機で飛んでいるとき、水面を跳ねるコーヒー皿のような九個の奇妙な飛行物体を目撃しました。この事件以降、「空飛ぶ円盤（フライングソーサー）」という語が普及したので、ＵＦＯの〝記念日〟になったわけです。

この日は、私にとっても特別な日になりました。午後十時二十四分から、いつものようにテレパシー交信が始まりました。回転する二つの光のリングが見えて、それが目の中で交差して振動していました（１４０ページのノートと口絵参照）。

それこそ、原子力マークのリングが一本ないような形の二つのリングがX状に交差して、しばらく「ビーン」と振動しながら光っていたのです。それが急にパンッと安定して消えました。

すると、同じ場所に、今度はぼんやりと内側から光っている、金属質の物体が現れたのです。暗い色のガラスの棒みたいな質感がありました。

最初は輪郭しか見えませんでしたが、そのうちその物体は黒い六角柱であることがわかります。中心部には金色の文字らしきものが二カ所に書かれていました。

その文字の意味はわかりませんでしたが、次のようなメッセージが言葉で聞こえてきました。

「これがお前に与えられるモノだ。これによってお前は再び鮮明なサムジーラを見ることができる」

**「サムジーラ」というのは、テレパシーのビジョン**のことです。そのシステムを指すこともあります。私がこのとき交流していたのはヒューマノイドのスペース・ピープル「エル」です。

爬虫類から進化した「ペル」と呼ばれるタイプのスペース・ピープル（285ページのイラスト参照）は、テレパシーができるようにするための物質的な装置を人間にインプラントしたりします。ヒューマノイドのスペース・ピープルはインプラントのようなことはしません。

しかし、ときどきテレパシーで鮮明なビジョンを見ることができるようにと、こうした実体のあるプレゼントをくれるのです。そして、実際に物質としてこの日もらったのが、この六角柱の装置だったわけです。

腕に抱きかかえて持つこともできました。大きさはだいたい六〇〜七〇センチメートルくらいです。

どうしてテレパシー映像で見ているだけなのに、物質として実際に持つことができるのかと不思議に思う人もいるかもしれませんが、テレパシー映像で見ていたものが空間から物質として現れることはよくあります。つまり、テレパシーが発達してくると、テレパシーと物質の区別が段々なくなってくるのです。

たとえば、目を閉じながらテレパシー映像でスペース・ピープルと対面しながら話していたとします。で、目を開けると、そのスペース・ピープルは目の前に立っていたりするのです。

私はそのときは、そのスペース・ピープルから形のある、物質としての小型のＵＦＯをもらいました。いまでもその釣鐘《つりがね》状のＵＦＯが部屋に停泊しています。物質ですから、触ることもできます。

意識の中で見えるということと、物質化していることの違い自体、もうあまり意味がないのです。意識してテレパシーで見るということは、すでにそこに形を持って物質化していることと同じなのです。触ることもできれば、重さを測ることもできます。当然、匂いを嗅ぐこともできます。

よく「それは霊的にコンタクトしたのですか、それとも現実にコンタクトしたのですか」と聞かれますが、テレパシーをわかっていないからそういう質問をするのです。

スペース・ピープルは意識の中に映像をもたらし、かつその映像をこちらの世界で物質化することができるのです。向こうの世界のものをこちらで物質化することができるわけです。「物質化」という言葉が問題になるとしたら、こちらの世界のモノとしての組成になると言い換えることもできるでしょう。簡単に言うと、向こうの世界に穴を開けて、向こうの世界にあるものをこちらの世界にプレゼントしてくれた、ということです。

このときもらった六角柱もちゃんと物質として持ってみましたが、それほど重くはありませんでした。意外と軽かった記憶があります。金属といってもアルミのようなもので、中はがらんどうなのです。しかし、振動していましたから、何か軽い装置が入っているなという感じでした。

このころはよく、このような棒状のものをもらったり、円盤をもらったりしました。円盤はレコードよりも厚みがあり、大きさも直径一メートルほどで、金属製でした。

こうしたプレゼントを受け取った後、部屋の床に置くと、床の中にシューッと入って消えるのです。しかし、消滅したわけでなく、そこにあるのです。床の中の空間に保存されます。もらった円盤も、六角柱の装置も、全部床の下ギリギリの空間に仕舞われているのです。

円盤は、大きくしてＵＦＯのようにすることもできます。このＵＦＯはテレパシー交信のためのアダプターとして使うことができるのです。

この六角柱の道具をもらったのは、まさにそうしたプレゼントをもらうようになった最初のころのことです。その後も、本当にたくさんのモノをもらいました。

「何がほしい?」とスペース・ピープルに聞かれて、「こういうものがほしい」と言うと、誰かが持ってきてくれるということもよくありました。とっても不思議な現象でした。スペース・ピープルが人を介してプレゼントをくれるのです。

もちろんそのプレゼントを私にくれる人は、スペース・ピープルに頼まれたという意識はまったくなく、自発的に私にくれるのです。スペース・ピープルはそういうこともできるのだ、と思いました。

ほかのコンタクティーもこのころ、同じようにスペース・ピープルからプレゼントをもらったり、重要な概念のレクチャーを受けたりしています。

交信ノート12

1980年6月24日午後10時24分〜 の続き

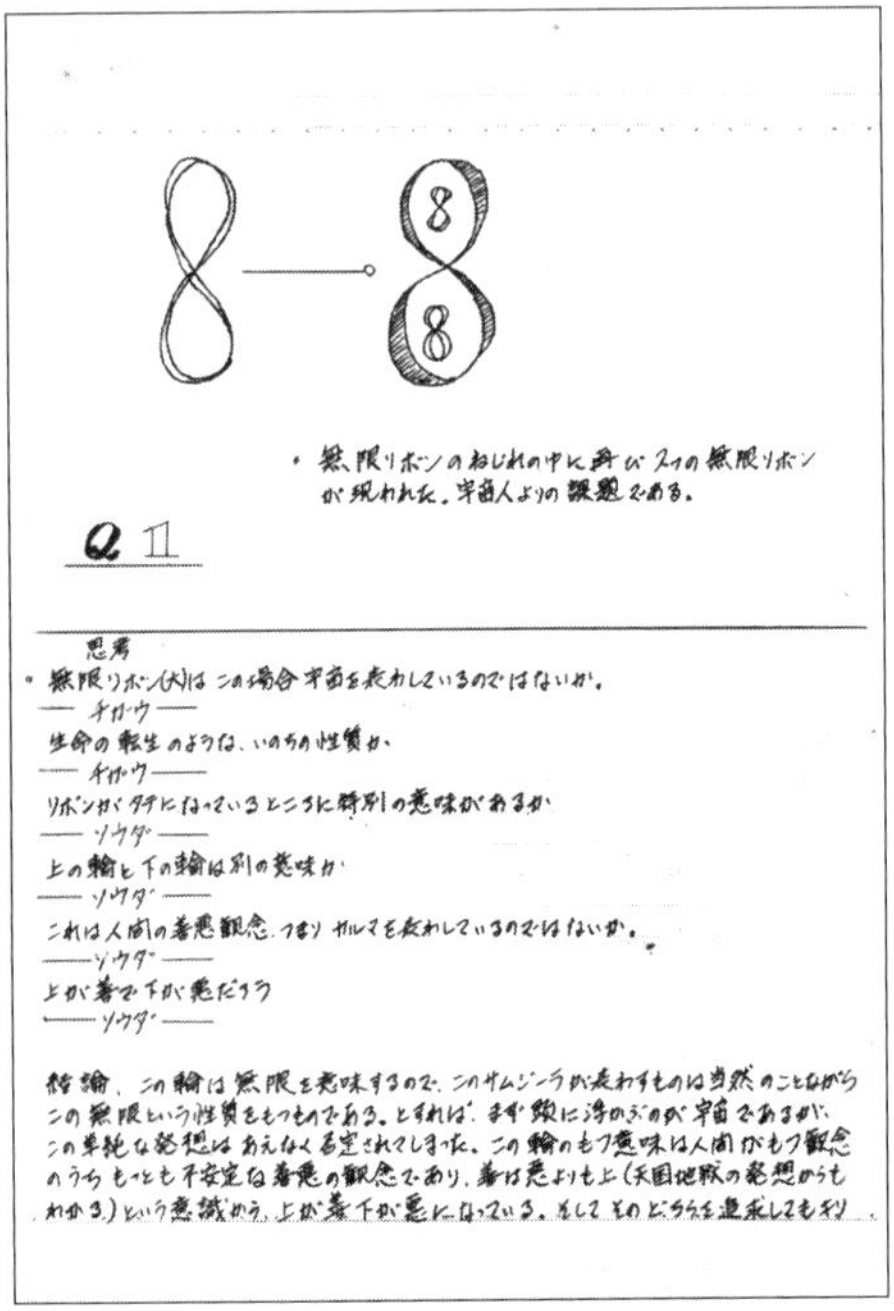
・無限リボンのねじれの中に再び2つの無限リボンが現われた。宇宙人よりの課題である。

Q 11

思考
・無限リボン(大)はこの場合宇宙を表わしているのではないか。
── チガウ ──
生命の転生のような、いのちの性質か、
── チガウ ──
リボンがタテになっているところに特別の意味があるか
── ソウダ ──
上の輪と下の輪は別の意味か
── ソウダ ──
これは人間の善悪観念、つまりカルマを表わしているのではないか。
── ソウダ ──
上が善で下が悪だろう
── ソウダ ──

結論、この輪は無限を意味するので、このサムジーラが表わすものは当然のことながらこの無限という性質をもつものである。とすれば、まず頭に浮かぶのが宇宙であるが、この単純な発想はあえなく否定されてしまった。この輪のもつ意味は人間がもつ観念のうちもっとも不安定な善悪の観念であり、善は悪よりも上(天国地獄の発想からもわかる。)という意識から、上が善下が悪になっている。そしてそのどちらを追求してもキリこのころのモデル的な体験だったのです。

### ✣交信ノート12：1980年6月24日午後10時24分〜

## 人間が嵌《はま》る善悪の価値観「無限リボン」

六角柱の装置をもらった直後に見たビジョンがここに書かれています。この無限大のリボンを縦にしたようなビジョン（右ページのノートの上部参照）が現れた後、一問一答形式のテレパシー交信が始まりました。それは一種のテストのようなものでした。

無限大のリボンの中にまた無限大のリボンみたいなものがあって、子供っぽいテストだなと思いつつも、問答しました。それがここに書かれている次の問答です。

秋山　無限リボン（大）は、この場合宇宙を表しているのではないか。

宇宙人　違う。

秋山　生命の転生のような、命の性質か。

宇宙人　違う。
秋山　リボンが縦になっているところに特別の意味があるか。
宇宙人　そうだ。
秋山　上の輪と下の輪は別の意味か。
宇宙人　そうだ。
秋山　これは人間の善悪の観念、つまりカルマを表しているのではないか。
宇宙人　そうだ。
秋山　上が善で下が悪だろう。
宇宙人　そうだ。

ここに書かれていることを解説すると、縦のメビウスの輪のようなリボンのシンボルを意識の中で示された場合には、次のように考えるべきです。つまり、このシンボルは人間がより自由になっていくのか、より閉塞的に緩慢な自殺に進むのかという善悪の価値観の問題を内包しているということです。

ですから、このやりとりの後、私は「結論」として次のように書いています。

**結論**　この輪は無限を意味するので、このサムジーラが表すものは当然のことながら、この無限という性質を持つのである。とすれば、まず頭に浮かぶのが宇宙であるが、この単純な発想はあえなく否定されてしまった。この輪の持つ意味は、人間が持つ観念のうちもっとも不安定な善悪の観念であり、善は悪よりも上（天国地獄の発想からもわかる）という意識から上が善、下が悪になっている。そしてそのどちらを追求してもキリがないということで、その輪の中に無限リボンが出現したのである。これが何千年という間、人間を縛りつけてきた鎖（カルマ）の正体である。

ここには人間が陥りやすいジレンマや矛盾が描かれています。二つの概念である善と悪があって、それに上と下があるという図式を考えた瞬間に嵌《はま》る罠があるのです。上と下があるというモノの見方自体にすでに縛られてしまっているのです。単なる横になったリボンの輪であれば嵌らないのですが、縦にすると、その瞬間に上下関係とか優劣や善悪の価値基準に根差した観念にとらわれるため、抜け出ることが難しい落とし穴に陥るのです。

人間はプラトンのイデア（編集部注　プラトン哲学の中心概念で、理性によってのみ認識されうる実在）のように理想社会を求めるのですが、「俺はこれだけ理想に近づいているが、お前はやっていないだろう」と、上と下に分ける傾向があります。でもそういう上下の見方がダメだということのようです。

よく縦割り社会という表現を使いますが、なぜ縦なのかと疑問を持つべきです。時系列を描く場合にもスペース・ピープルは意識的に横の軸を使います。それはおそらく、物事を縦にするだけで、上が上位で下が下位、上がすぐれていて権力があり、下が劣っていて従属していると見なす習慣を地球人が持っていることをスペース・ピープルが知っているからです。それが宗教用語でカルマと呼んでいる習慣性のことなのです。

地球人はなんでも、上下、善悪で判断しようとします。縦に見ようとする習慣一つをとってもカルマだ、「人間を縛りつけてきた鎖だ」と彼らは言っているのです。

❖交信ノート13-1：1980年6月24日午後10時24分～

交信ノート13-1
1980年6月24日午後10時24分～

がないということでその輪の中に無限リボンが出現したのである。
これが何千年という間、人間をしばりつけてきたクサリの正体である。
・4748，500年前に作成された宇宙燈台。
RUKÂKU星の3156·1415地に存在。
・この星にはクレーターが一つもない。
・ガラス質の岩石が地表をとりまいている。
・この燈台はこの星に生命が存在していないことを表すもので
この星には宇宙船の着陸は認められない。
・この種の星を基準として宇宙図が作成される。

## 「宇宙灯台」はその星に生命が存在していないことを表す

人間の鎖であるリボンの映像を見せられた後に送られてきたのが、この映像です。宇宙灯台――コンビナートの工場があった惑星とは違う、荒涼とした惑星に立っていました。「4748」という惑星です。

「ルカク星の3156・1415地に存在」すると書かれています。このようにスペース・ピープルは惑星を表すのに、四ケタの数字の組み合わせを使うことがあります。

この「4748星」には、五〇〇年ほど前に造られた宇宙灯台があって、五〇〇年間光っています（口絵参照）。次のように書かれていますね。

- この星にはクレーターが一つもない
- ガラス質の岩石が地表を取り巻いている。
- この灯台はこの星に生命が存在していないことを表すもので、この星には宇宙船の着陸は認められない。
- この種の星を基準として宇宙図が作成される。

つまり、生命がいなくて、かつ表面がある種のガラス質、すなわち水晶で生成されているような星に灯台が設置されているようです。その灯台の位置を基準にして、個々の惑星の四ケタの数字が決まっていくのだと思います。

推測ですが、このような灯台を設置した基準の星は全部で四つあるのではないでしょうか。その四つの基準星の位置からの距離などが0から9までの数字になっているように思います。

交信ノート 13-2
1980年6月24日午後10時24分〜の続き

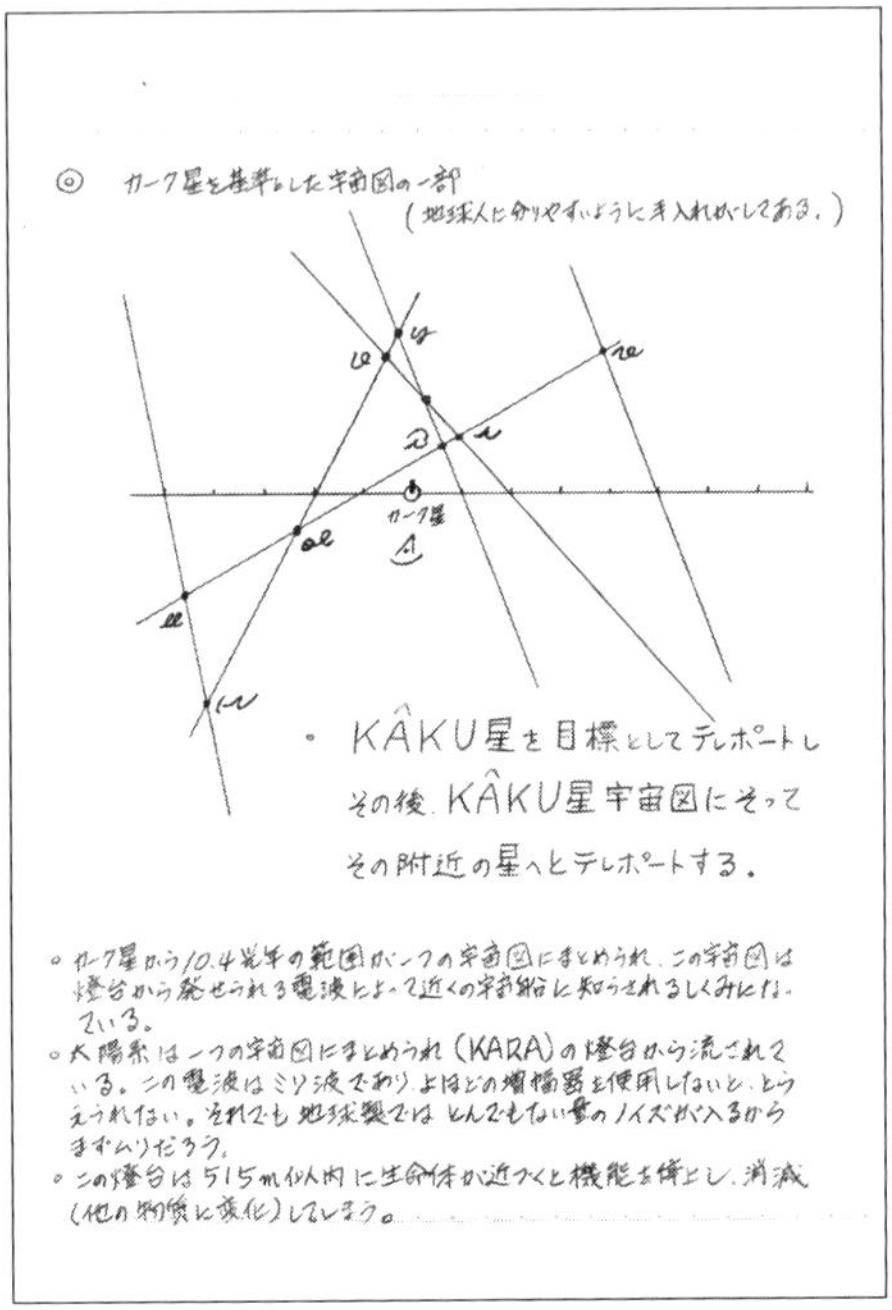
◎ カーク星を基準とした宇宙図の一部
(地球人に分りやすいように手入れがしてある。)
カーク星
・ KÂKU星を目標としてテレポートし その後、KÂKU星宇宙図にそって その附近の星へとテレポートする。
○ カーク星から10.4光年の範囲が一つの宇宙図にまとめられ、この宇宙図は燈台から発せられる電波によって近くの宇宙船に知らされるしくみになっている。
○ 太陽系は一つの宇宙図にまとめられ(KARA)の燈台から流されている。この電波はミリ波であり、よほどの増幅器を使用しないと、とらえられない。それでも地球製ではとんでもない量のノイズが入るからまずムリだろう。
○ この燈台は515m以内に生命体が近づくと機能を停止し、消滅(他の物質に転化)してしまう。

それで彼らは数字で星の位置が特定できるのです。

逆にそうした基準があるから、瞬時に星の数字がわかるとも言っていました。ナビゲーション・システムの総合アンテナのようなものでしょうか。

「この星には宇宙船の着陸は認められない」というのはおそらく、今後この星が発展・進化していくうえで影響を与えてしまうからではないかと思います。

こうした灯台のある基準星を使って描かれたのが、交信ノート13-2の**特殊な星を中心にした宇宙図**です。このころ、こうした宇宙図を延々と見せられました。

私たちは地球から見た星々の形で星座を決めています。でも、それは極めて荒っぽい星の描き方です。宇宙図はそういうものではないのだということを、スペース・ピープルは私たちに教えたかったのではないでしょうか。

確かに、地球から見て熊に似ているとか、人に似ているとかいうことで決めてしまう宇宙図は非常に幼稚です。ここにあるのは、「カーク星を中心とした宇宙図」の一部で、次のように書かれています。

- カーク星から一〇・四光年の範囲が一つの宇宙図にまとめられ、この宇宙図は灯台から発せられる電波によって近くの宇宙船に知らされる仕組みになっている。
- 太陽系は一つの宇宙図にまとめられ、「カラ（KARA）」の灯台から流されている。この電波はミリ波であり、よほどの増幅器を使用しないと捉えられない。それでも地球製では、とんでもない量のノイズが入るから無理であろう。
- この灯台は五一五メートル以内に生命体が近づくと機能を停止し、消滅（他の物質に変化）してしまう。

このことからわかることは、彼らが非常に微弱な特殊信号を、雑多な信号・ノイズの中から明確に取り出す技術を持っているということです。エネルギーは最低でも五〇〇年間は持つわけですが、生命体が近づくと消滅してしまうと書かれています。消えて砂のようになります。

実はＵＦＯなども、ある機能が働くとゼラチン質になって蒸発したりします。何ら痕跡を残しません。跡形もなく分解されて消えます。

なぜそういうことが起こるかというと、彼らは向こう側の世界へＵＦＯを回収してしまうからです。違う時間の世界に持って帰ってしまうのです。墜落したＵＦＯが地球人によって回収されたとかいう話がありますが、あれはわざとＵＦＯの一部を残して、地球人に進むべき方向性を示唆するためにやっているのだと思います。

それと同じように、消滅する機能が灯台にもついているのでしょう。消滅するのは、生命体が近づくと、もう基準星ではなくなるからです。それは生命体に影響を与えてはいけないからですが、逆に生命体によって機械が影響を受けてしまうからでもあります。

そもそも灯台が生命体に見られたら、それだけで生命体は灯台のことを意識しますから、多大な影響を灯台に与えます。灯台はその意識によって汚染されるのです。生命体の意識波で汚染されます。

一度人間に目撃されたＵＦＯも、基本的には造り直さなければなりません。ですからＵＦＯを目撃するということは、本来は見てはいけないものを見ているのです。向こうは汚染されたくないですから。彼らにとっては、〝除染〟は大変な作業なのです。

毎回〝除染〟するのも面倒なので、彼らは見せる専用のＵＦＯも持っています。いわば、汚れてもいいように私たちが着るスポーツウエアとか作業着のようなものです。

**「意識がモノを汚染する」**という現象があることは、何度も教わりました。ですから、このように宇宙図を見せたのも、星の位置というものを私たちが知るということは、その星を汚染するということを教えるためでもあったのだと思います。彼らは彼らで、星の位置関係を見極めて理由があって来ているわけですが、彼らが彼らの故郷の星の位置を言おうとしないのはそういう理由があるのです。

コントロールの効かない感情を持っている生き物は、**想念によって超時空的に、意識した星、意識したＵＦＯ、意識したスペース・ピープルを汚染するのです。**ですから、地球に来ている彼らスペース・ピープルは、黴菌《ばいきん》と対話して、黴菌の文明と付き合っているようなものなのです。私たちはある意味、非常に強いウイルス、病原体です。

左ページの交信ノート13-3にも「イフォア」が出てきますが、ＵＦＯネットワークとでも訳しておきましょう。それしか説明のしようがありません。このように唐突に宇宙語が使われているのは、その概念が地球の言葉に訳せないときなのです。地球人にはその概念がわからない場合です。

あえて無理やり訳せば、私たちの意識における集合無意識的なもので、宇宙計画にかかわるスペース・ピープルたちのＵＦＯのネットワークみたいなものがイフォアです。それが灯台を管理したり、ＵＦＯの動力源になったりしていることになります。

次に「一九五六年に月にあった灯台は消滅した」と書かれています。おそらく一九五六年以前には、月の裏側に灯台があったのだと思います。地球人を含めた生き物が目撃できない位置に灯台があったはずです。

その灯台が消滅したのであれば、五六年の段階でスペース・ピープルが結集するという出来事があったと解釈できます。言い換えれば、スペース・ピープルが月の裏側に入らざるを得ないようなことが起きたということです。

さらに言うと、スペース・ピープルが月の裏側に基地を建設しなければならないような事態になったのです。**月の灯台が消滅したことから、月の宇宙人基地が建造され始めたのは、一九五六年ごろではないか**ということがわかります。

さらに「一二〇〇年ごろまで金星にも灯台が存在していた」とも書かれています。すると、金星にスペース・ピープルが住み始めたのが、八〇〇年前なのかもしれません。

いずれにしても灯台は重要な役割を演じてきたわけです。「高さが一〇・二八メートルで、宇宙船が宇宙図の圏内に入ってくると作動し、作動中はかすかな黄色の光を放つ」ということですから、宇宙船が近づくと作動するわけです。常時作動しているわけではないのですね。

交信ノート13-3と交信ノート14

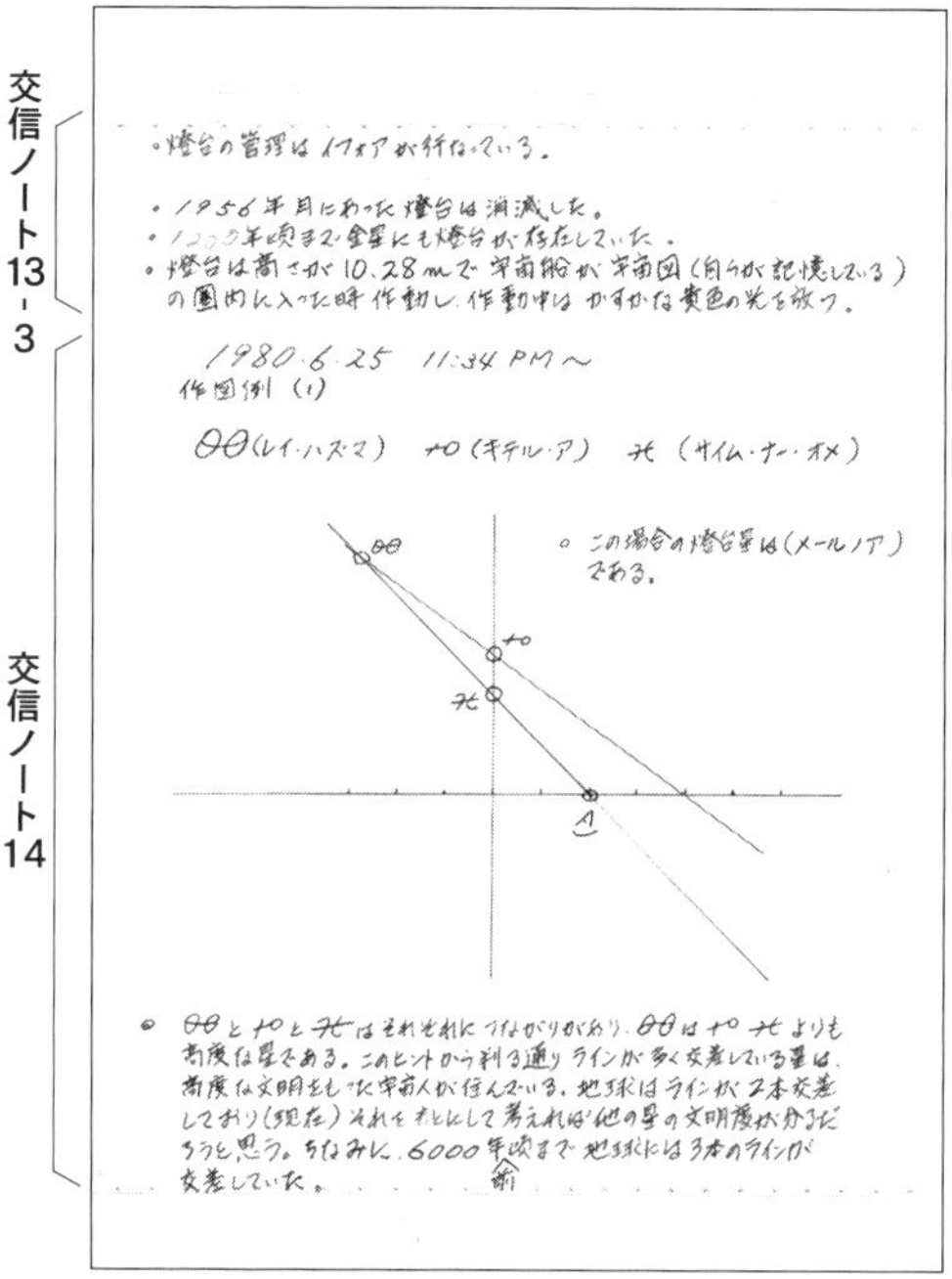


## ❖交信ノート14：1980年6月25日午後11時34分～

六角柱の装置をプレゼントされた翌日の交信記録です。この日も宇宙図を受け取っています。「レイ・ハズマ」「キテル・ア」「サイム・ナー・オメ」という三つの星の位置関係を表しています。

この三つの星は「それぞれにつながりがあり、レイ・ハズマは他の二つの星よりも高度な星である」と書かれています。このことからわかるように、**「ラインが多く交差している星は高度な文明を持った宇宙人が住んでいる」「ラインの本数で文明度がわかる」**ということだそうです。

「地球はラインが現在は2本交差しているが、6000年前ごろまでは地球には3本のラインが交差していた」というのですから、昔の方が高度だったとも読めます。

これはよくわかりませんが、ラインといっても要は、三つの時空が地球で交差しているということと同じような気がします。正確に言うと、地球で交差しているのは四つの時空です。少なくとも、そういうことと関連があるように思います。

レイラインのように、星と星を結んだ直線の上にある、あるいは星と星を結んだエネルギーライン上にあると、別の時空に入ることができるような仕組みがあるのだと思います。それ以上のことはわかりません。

## ❖交信ノート15：1980年6月25日午後11時34分〜の続き

交信ノート 15

1980 年 6 月 25 日午後 11 時 34 分〜 の続き

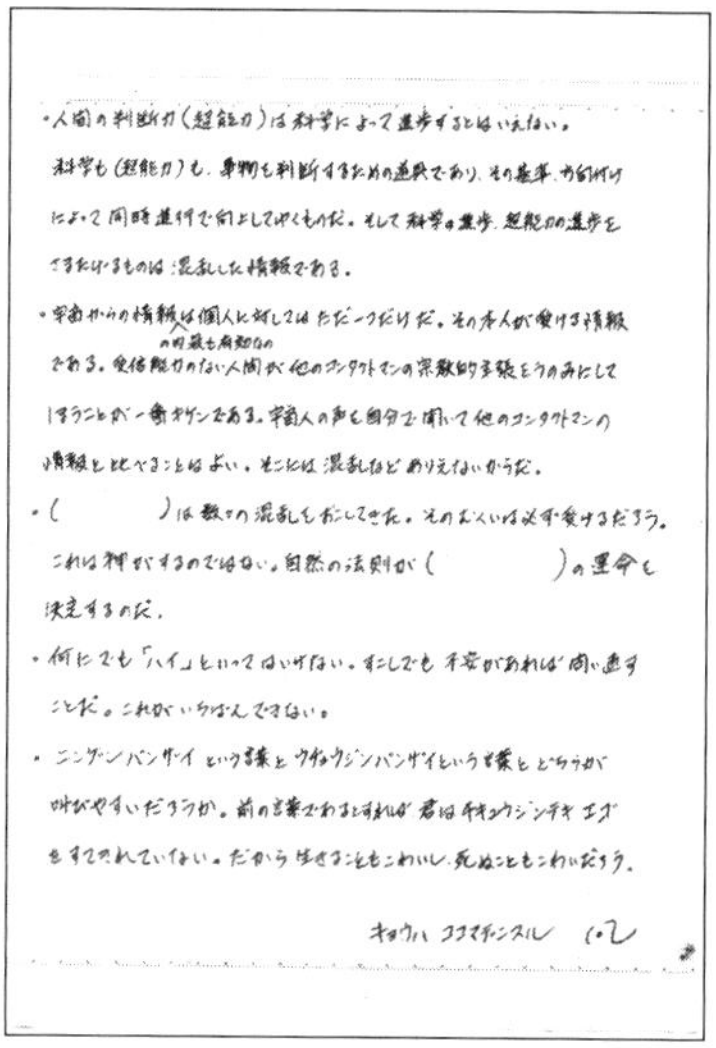
・人間の判断力（超能力）は科学によって進歩するとはいえない。
科学も（超能力）も、事物を判断するための道具であり、その基準、方向付けによって同時進行で向上してゆくものだ。そして科学の進歩、超能力の進歩をさまたげるものは混乱した情報である。
・宇宙からの情報は個人に対してはただ一つだけだ。その本人が受ける情報である。受信能力のない人間が他のコンタクトマンの宗教的言葉をうのみにしてしまうことが一番キケンである。宇宙人の声を自分で聞いて他のコンタクトマンの情報と比べることはよい。そこには混乱などありえないからだ。
・（　　　　）は数々の混乱をおこしてきた。そのむくいは必ず受けるだろう。これは神がするのではない。自然の法則が（　　　　）の運命を決定するのだ。
・何にでも「ハイ」といってはいけない。すこしでも不安があれば問い返すことだ。これがいちばんできない。
・ニンゲンバンザイという言葉とウチュウジンバンザイという言葉とどちらが叫びやすいだろうか。前の言葉であるとすれば君はチキュウジンテキエゴをすてきれていない。だから生きることもこわいし、死ぬこともこわいだろう。
キョウハ ココマデデンシンスル

## マインド（心）・マネー（お金）・カンパニー（会社）・コスモス（宇宙）は等価値

交信ノート15は前掲の宇宙図の後に来たテレパシーで、次のような言葉で来ています。

・（超能力のようなものを含めて）人間の判断力は、科学によって進歩するとは言えない。

科学も、超能力も、事物を判断するための道具であり、その基準・方向づけによって同時進行で向上していくものだ。そして科学の進歩、超能力の進歩を妨げるものは、混乱した情報である。

・宇宙からの情報のうち最も有効なものは、個人に対してはただ一つだけだ。その本人が受ける情報である。受信能力のない人間が他のコンタクトマンの宗教的主張を鵜呑みにしてしまうことが、一番危険である。スペース・ピープルの声を自分で聞いて他のコンタクトマンの情報と比べることはよい。そこには混乱などあり得ないからだ。

・[redacted]（特定の個人名）は、数々の混乱を起こしてきた。その報いは必ず受けるだろう。これは神がするのではない。自然の法則が[redacted]の運命を決定するのだ。

・何にでも「ハイ」と言ってはいけない。少しでも不安があれば、問い直すことだ。これが一番できない。

・「人間、万歳」という言葉と、「宇宙人、万歳」という言葉と、どちらが叫びやすいだろうか。前者であれば、君は地球人的エゴを捨て切れていない。だから生きることも怖いし、死ぬことも怖いだろう。

最後の問い掛けは、**「M＝M＝C＝C」**という法則にもかかわってきます。これはスペース・ピープルに教わった経済の法則のようなもので、マインド（心）とマネー（お金）とカンパニー（会社）とコスモス（宇宙）を等しい価値で見なければならないということです。「宇宙人、万歳」あるいは「宇宙、万歳」であれば、自分の星などの概念を超越しています。ですから、近視眼的な「生きる、死ぬ」という概念から少し外側に存在することができるのです。

このころのスペース・ピープルの音声的な記録はすべて、グル・オルラエリスとの交信です。たぶんこれもそうです。初期のころは水星系のヒューマノイドであるレミンダでした。残念ながら、レミンダの交信記録は丸々なくなっています。出版社に渡して戻ってきていないものもあります。レミンダのノートは三冊くらいあったのですが、全部どこかに行ってしまいました。

今回見つかったノートは、ほとんどがグル・オルラエリスで、彼も水星系ヒューマノイドです。グル・オルラエリスに引き継がれる少し前が、ルレムアールです。彼は金星系ヒューマノイドです。

ですから、**レミンダが最初で、次にルレムアール、そしてグル・オルラエリス**という順番です。その間にカザレーという女性のスペース・ピープルとも交信しました。ただしカザレーは、ほとんどテレパシーを送ってきませんでした。アメリカ人の女性みたいに大きくて、実際に見た感じもアメリカ人の女性のようでした。とても目立ちます。
カザレーはときどき、重要なときに接触してきます。私の周りの人たちも、カザレーに出会っています。だいたい黒ずくめでサングラスをしています。髪はブロンドで、大きなウェーブのパーマをかけています。「グレート・マザー」みたいな感じです。

交信ノート16と交信ノート17-1
1980年6月27日

交信ノート16
交信ノート17-1

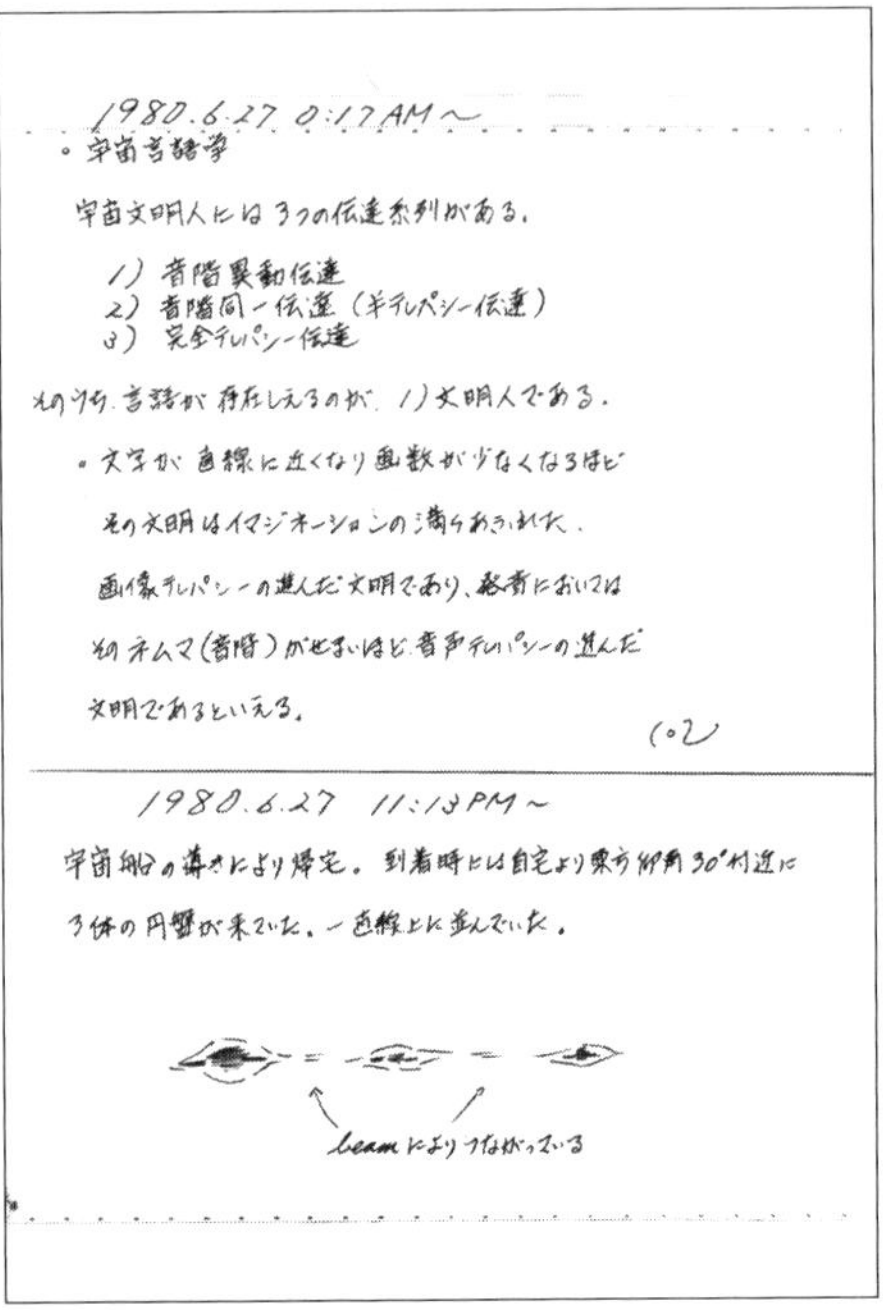
1980.6.27 0:17AM〜
・宇宙言語学
宇宙文明人には3つの伝達系列がある。
1) 音階異動伝達
2) 音階同一伝達（半テレパシー伝達）
3) 完全テレパシー伝達
そのうち、言語が存在しえるのが、1)文明人である。
・文字が直線に近くなり画数が少なくなるほど
その文明はイマジネーションの満ちあふれた、
画像テレパシーの進んだ文明であり、発音においては
そのネムマ（音階）がせまいほど音声テレパシーの進んだ
文明であるといえる。

1980.6.27 11:13PM〜
宇宙船の導きにより帰宅。到着時には自宅より東方仰角30°付近に
3体の円盤が来ていた。一直線上に並んでいた。



カザレーはどこの系統のスペース・ピープルなのかわかりません。カザレーは非常に象徴的なスペース・ピープルです。出会うこと、あるいは目撃することによって何かを調整している感じがしました。
私の知人は、東京・高田馬場でカザレーとそっくりな女性を見たと言っ

ていました。最近は私のところには来ませんが、ちょくちょく私の周りの人に目撃されているようです。

### ✣交信ノート16：1980年6月27日午前0時17分～

## 宇宙言語学で、宇宙文明には三つの伝達系列があると教わる

その日は宇宙言語学の講義でした。宇宙文明には三つの伝達系列があるというのですね。**①音階移動伝達、②音階同一伝達、③完全テレパシー伝達**です。

簡単に説明すると、①は映画『未知との遭遇』でもありましたが、「レ、ミ、ド、ド、ソ」というように音階を変えて、意味を伝達する方法です。②は「ピーピピピーピピ」といったモールス信号のような同一の音階にテレパシーを乗せて伝達する方法です。光の明滅にテレパシーを込める場合もあります。ここにも書いてありますが、言ってみれば半テレパシー伝達方式です。③の完全テレパシー伝達には、そうしたきっかけになるようなものやヒントはまったくない伝達方法です。

見方を変えると、音とか光は相手にテレパシーを届けやすくする媒体であるとも言うこと

ができます。そのうち言語が存在し得るのが、①の音階伝達をする文明人であるというわけですね。

「文字が直線に近くなり画数が少なくなるほど、その文明はイマジネーションの満ちあふれた、画像テレパシーの進んだ文明であり、発音においてはそのネムマ（音階）が狭いほど音声テレパシーが進んだ文明であると言える」とあります。まあ、その通りだと思います。

❖交信ノート17：1980年6月27日午後11時13分〜

## 脳波がシステムとつながると、どの空間からスペース・ピープルが来ているかわかる

「宇宙船の導きにより帰宅。到着時には自宅より東方仰角三〇度付近に三機の円盤が来ていた。一直線上に並んでいた。そして、三機の円盤はビームでつながっていた」と書かれています（１６２ページ交信ノート17－１参照）。とにかくこのころは、変な飛行をするＵＦＯをたくさん見ました。

交信ノート17－２では、宇宙灯台からの電波を受信するシステム**「メト・ルパイヤー・ル**

交信ノート 17-2
1980年6月27日

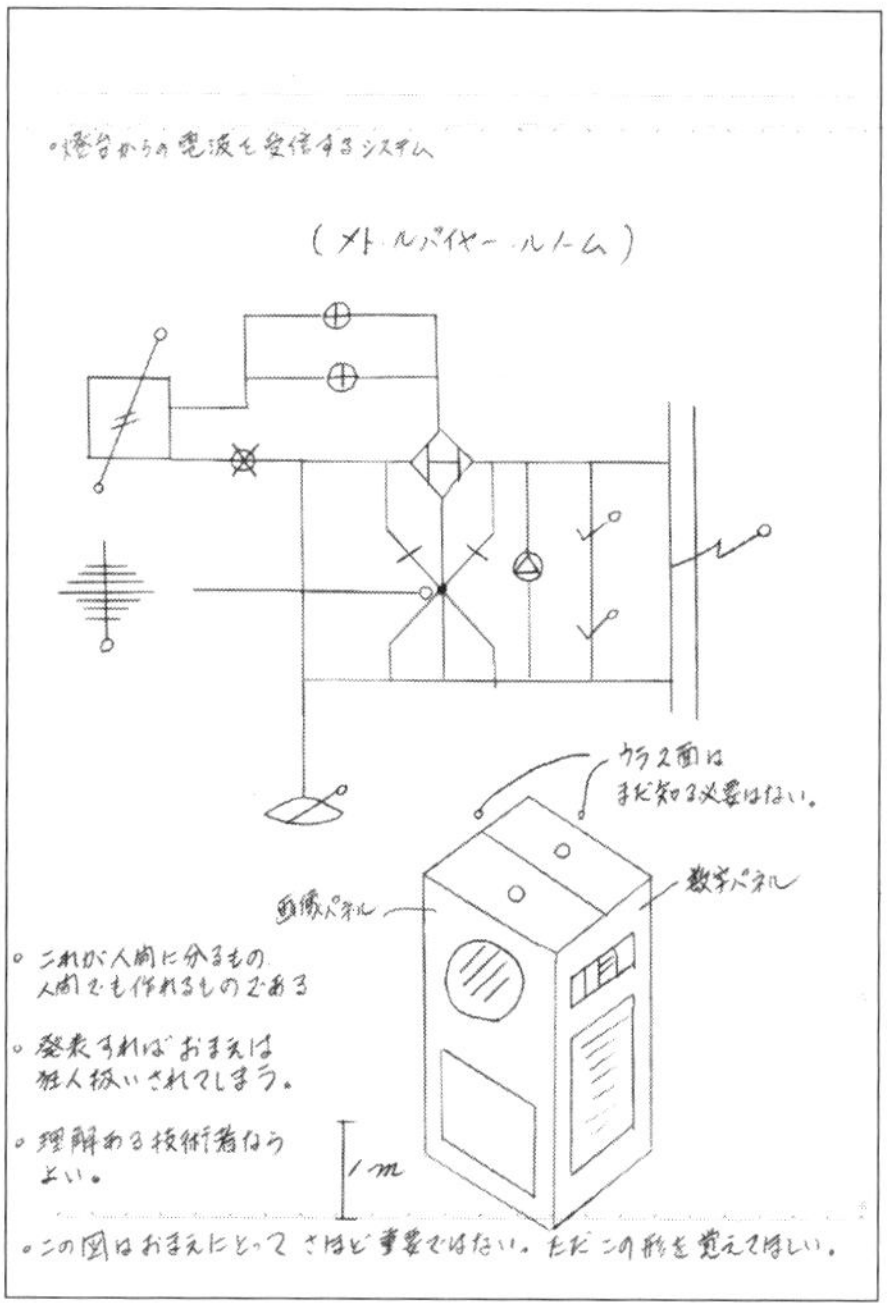


ノーム」の電気回路図のようなものを映像で見せられていますね。でも、今見ても何だかよくわからないです。「この図はお前にとってさほど重要ではない」と書かれていますね。

けれど、どうも全体的な形のイメージだけを頭に入れておいてほしいということだったようです。

そうすることによって、ここの受信システムとつながることができるみたいでした。

つまり、この電波を受信するシステムを使って、テレパシー波みたいなものを同時にやりとりしているのです。たとえば、私の脳波がこのシステムとつながると、どの辺の空間の方向から異なるスペース・ピープルが来ているかなどが瞬時にわかるわけです。

私たちの頭がここと つながれば、ナビ・システムが使えるようになります。

### ❖交信ノート18：1980年6月30日午後11時29分～

交信ノート 18-1
1980 年6月30日午後11時29分～

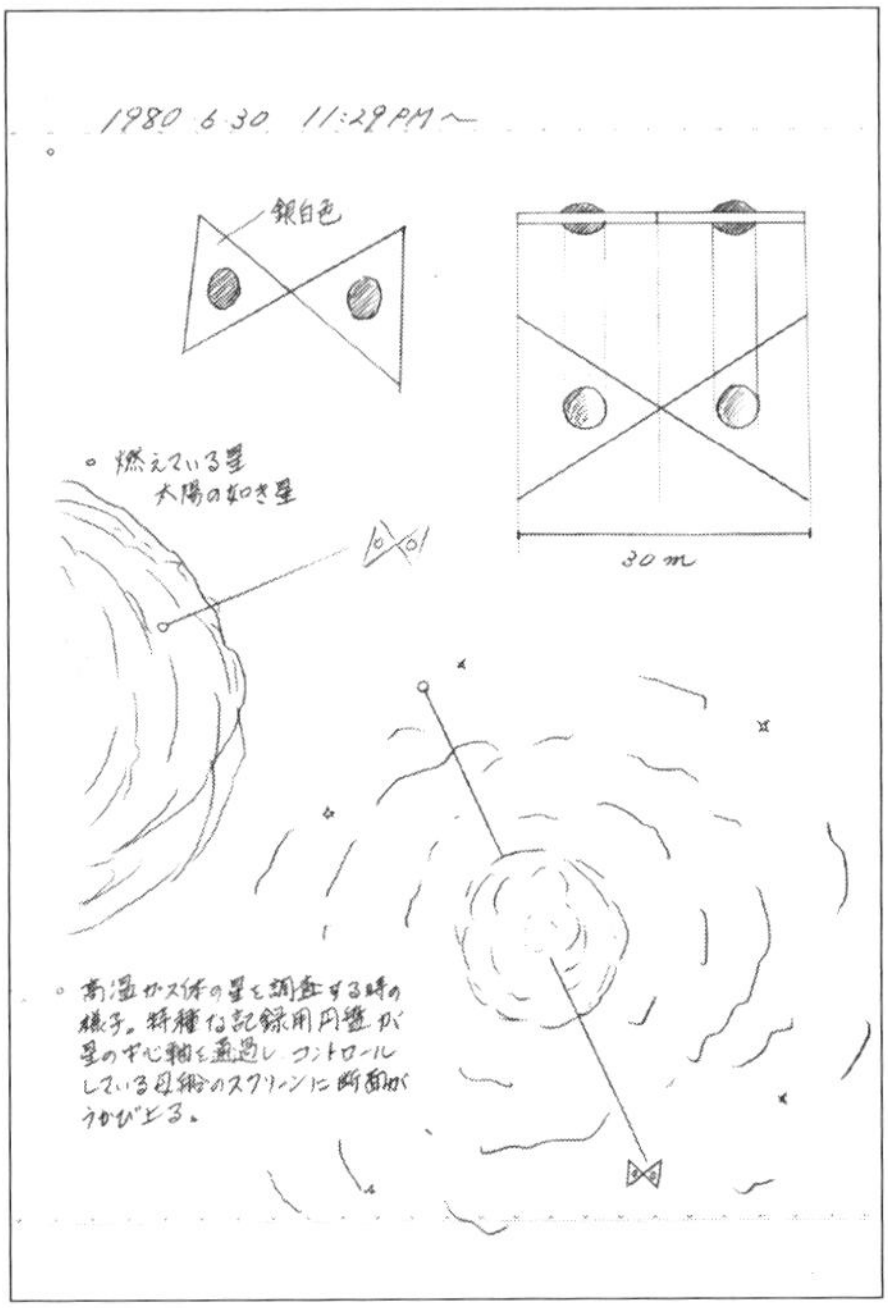

## 無人恒星探査機と母船映像システム「ラノア」

右のイラストは、スペース・ピープルであったとしても、とても肉体では入れないような場所を探査する観測機を描いたものです。今見て驚いたのですが、この形は現在地球で台風やトルネードを観測するために使われている装置に非常によく似ています。長さが三〇メートルですから、その巨大版ですね。

燃えている太陽のような星、ここでは高温ガス体の星と書かれていますが、そのように肉体では入れないような星を調査するときに使われます。この観測機を高温の星の中心に向けて突っ込ませて、記録を取るわけです。

続けて見せられたのは、次ページの交信ノート18-2の母船の映像システム「ラノア」です。イラストに描かれているように、四方に壁のある空間に立つと、中央の床の下からポールみたいなものが上がってきます。そのポールが天井に接触すると、室内の光子がコントロールされて、立体映像が出現するのです。

天井や床には何個かのレンズがあるように見えました。ポールが接触した瞬間に、本当に完璧な三六〇度の立体映像が見えました。

今でこそ3D映像は映画館や劇場等で見ることができますが、当時はそのようなシステムはなかった時代です。その三六〇度全方位の立体版です。

しかも、バイオフィードバック（生理活動を知覚可能な情報として生体に伝達すること）的に、頭の中のイメージがそのまま映し出されます。装置と連動していて、頭の中で描いたものが立体画像となってすぐに出てくるのです。

交信ノート18-2

1980年6月30日午後11時29分～の続き

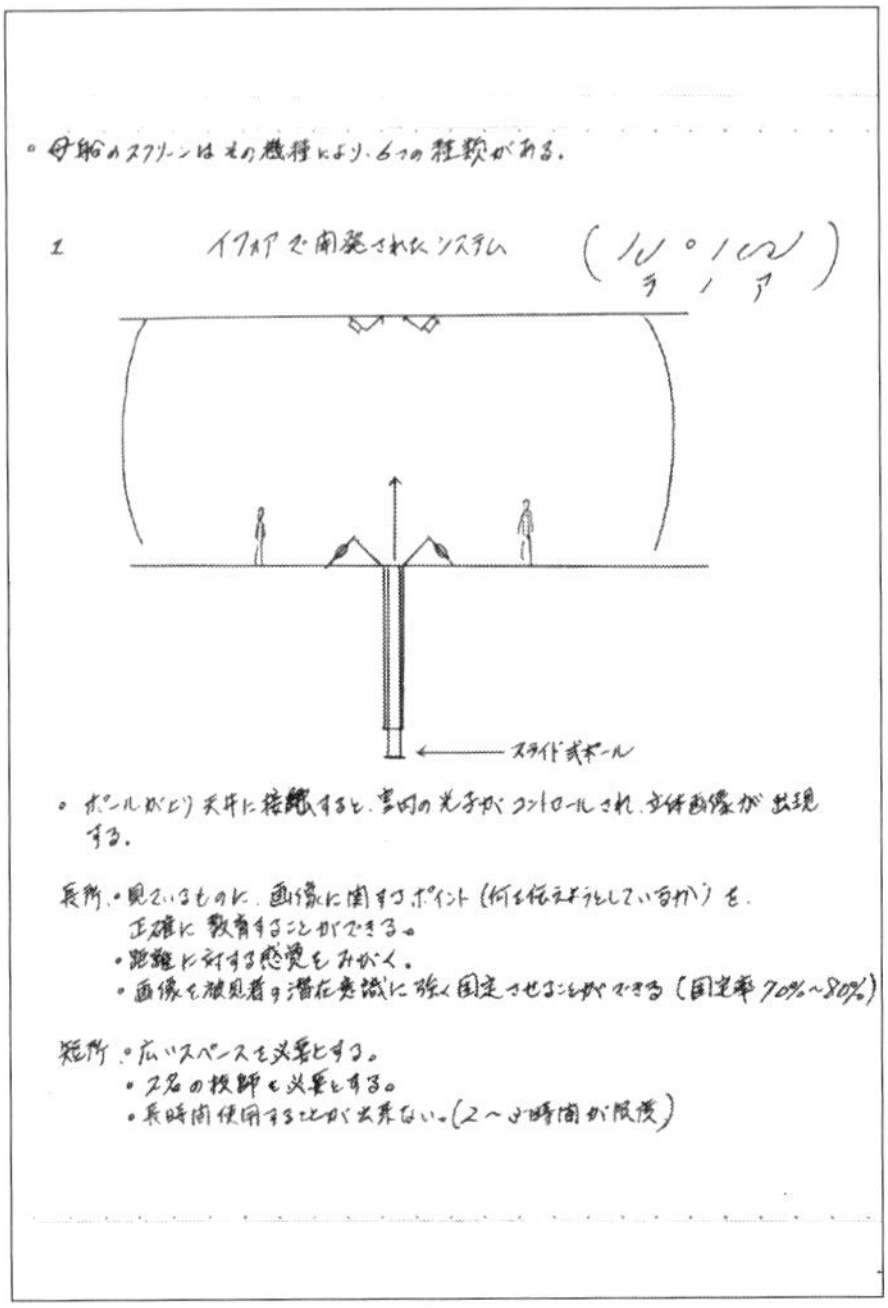


変なことを考えてはまずいのですが、エロチックな画像のような変な映像がたくさん現れました。本当に何でも思い描いたことが映像になってしまうのです。

私はこの装置がとても嫌いで、「正直装置」と呼んでいました。「正直装置はもう嫌です」とスペース・ピープルに言ったこともあります。

この装置の長所が三つ書いてあります。一つは、「見ている者に画像（何を伝えようとしているか）に関するポイントを正確に教育できること」だと書かれています。二つ目の「距離に対する感覚を磨く」ということは、遠近感が正確に出ますからシミュレーションに適しているということです。三つ目の「画像を被験者の潜在意識に強く固定することができる（固定率70～80％）」とは、要するに影響を強く与えることができるという意味です。

これに対して短所も三つあって、①広いスペースを必要とする、②二名の技師を必要とする、③長時間使用することができない（二～三時間が限度）と書いてあります。

②は、私は気がつきませんでした。外側に二名の技術者がいたようです。長時間使用できないのは、出力で結構エネルギーを使うからだと思います。

このようにこのころは、スペース・ピープルの文化を微に入り細に入り見せられて、教育されました。おもしろいのは、ほかのコンタクティーも同じものや似たものを見せられていたことです。

そういうプログラムがあったわけです。「正直装置」もそうですが、「見抜かれている感覚」「見透《す》かされている感覚」はものすごくありました。

## ✣交信ノート19：1980年7月10日午前0時10分〜

交信ノート19

1980年7月10日午前0時10分〜

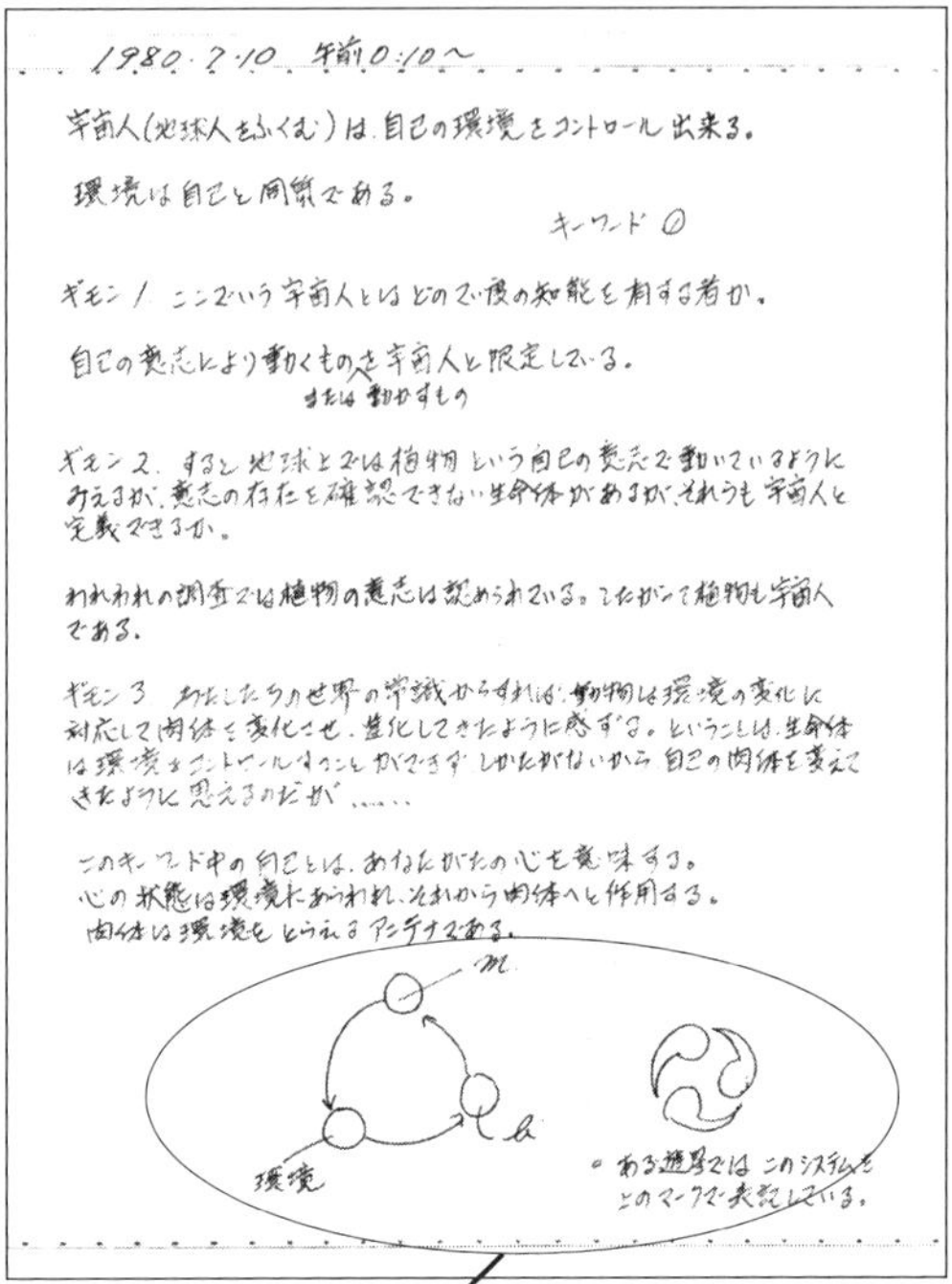

1980・7・10　午前0：10〜

宇宙人（地球人をふくむ）は、自己の環境をコントロール出来る。

環境は自己と同質である。

キーワード①

ギモン1　ここでいう宇宙人とはどの程度の知能を有する者か。

自己の意志により動くもの（または動かすもの）を宇宙人と限定している。

ギモン2．すると地球上では植物という自己の意志で動いているように見えるが、意志の存在を確認できない生命体があるが、それらも宇宙人と定義できるか。

われわれの調査では植物の意志は認められている。したがって植物も宇宙人である。

ギモン3　わたしたちの世界の常識からすれば、動物は環境の変化に対応して肉体を変化させ、進化してきたように感ずる。ということは、生命体は環境をコントロールすることができず、しかたがないから自己の肉体を変えてきたように思えるのだが……

このキーワード中の自己とは、あなたがたの心を意味する。
心の状態は環境にあらわれ、それから肉体へと作用する。
肉体は環境をとらえるアンテナである。



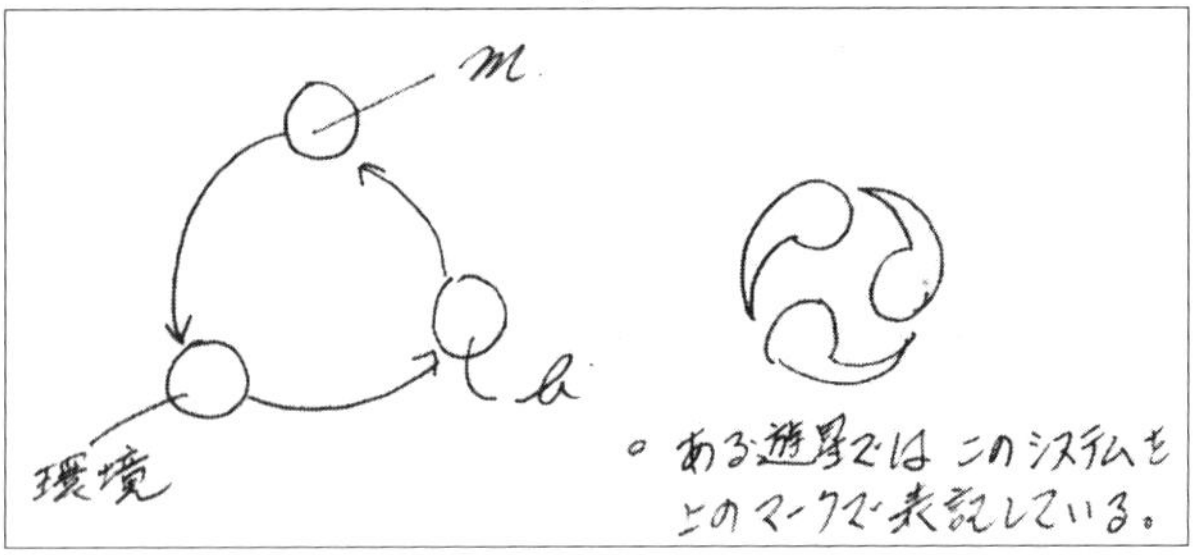

## 心は環境に影響を与え、環境は肉体に影響を与え、肉体は心に影響を与える

再び言葉による交信です。スペース・ピープル、環境、自己などをキーワードとして次のようなメッセージが来ました。

宇宙人（地球人を含む）は、自己の環境をコントロールできる。
環境は自己と同質である。

おもしろいですね。つまり「観察者にとって観察ができるご縁のある環境は、実はコントロールできるのだ」とスペース・ピープルが言っているわけです。

これに対して当時の私は、「宇宙人といっても、知能が高いとかある種の技術や能力を持った人のことではないか」と問い質《ただ》しています。するとスペース・ピープルからは「自己の意志により動く者、または動かす者を宇宙人と限定している」という返事がありました。つまり**「生命であれば、環境をコントロールできるよ」**とスペース・ピープルは言っているこ

とになります。

そのときに浮かんだ疑問が「すると、地球上では植物のように、自己の意志で動いているように見えるが、意志の存在を確認できない生命体がいる。それらも宇宙人と定義できるのか」というものでした。それに対する答えは「我々の調査では、植物の意志は認められている。したがって植物も宇宙人である」でした。

植物も宇宙人であると聞いて、驚きました。スペース・ピープルによると、植物にも意識があるというのです。どこに脳があるのか、と疑問に思う人もいるかもしれませんが、どうも植物同士はお互いにつながり合って、地面の中で巨大な〝脳〟を形成しているようです。根が脳神経のような役割を果たしている可能性もあります。

さらに私は、次のように聞いています。

私たちの世界の常識からすれば、動物は環境の変化に対応して肉体を変化させ、進化してきたように感ずる。ということは、生命体は環境をコントロールすることができず、仕方がないから自己の肉体を変えてきたように思うのだが……

スペース・ピープルはこの質問に対して次のように答えます。

このキーワード中の自己とは、あなた方の心を意味する。心の状態は環境に現れ、それから肉体へと作用する。肉体は環境を捉えるアンテナである。

この問答の後に送られてきたのが、この三つ巴《どもえ》のようなシンボルです（170ページの左下図参照）。「m」はマインド、心です。「b」はボディ、肉体ですね。

心は環境に影響を与えます。環境は私たちの心を映し出す鏡だというわけですね。その環境は肉体に影響を与え、肉体は心に影響を与えることを示しています。

後からスペース・ピープルに聞いたのですが、この関係は一方的なものでもないそうです。相互通行だと言っていました。ですから、心が肉体に、肉体が環境に、環境が心に影響を与えるという逆回転もあるわけです。

「ある遊星では、このシステムをこのマークで表記している」として、「三つ巴」のシンボルマークが紹介されています。

## ❖交信ノート20：1980年7月10～11日

交信ノート20
1980年7月10～11日

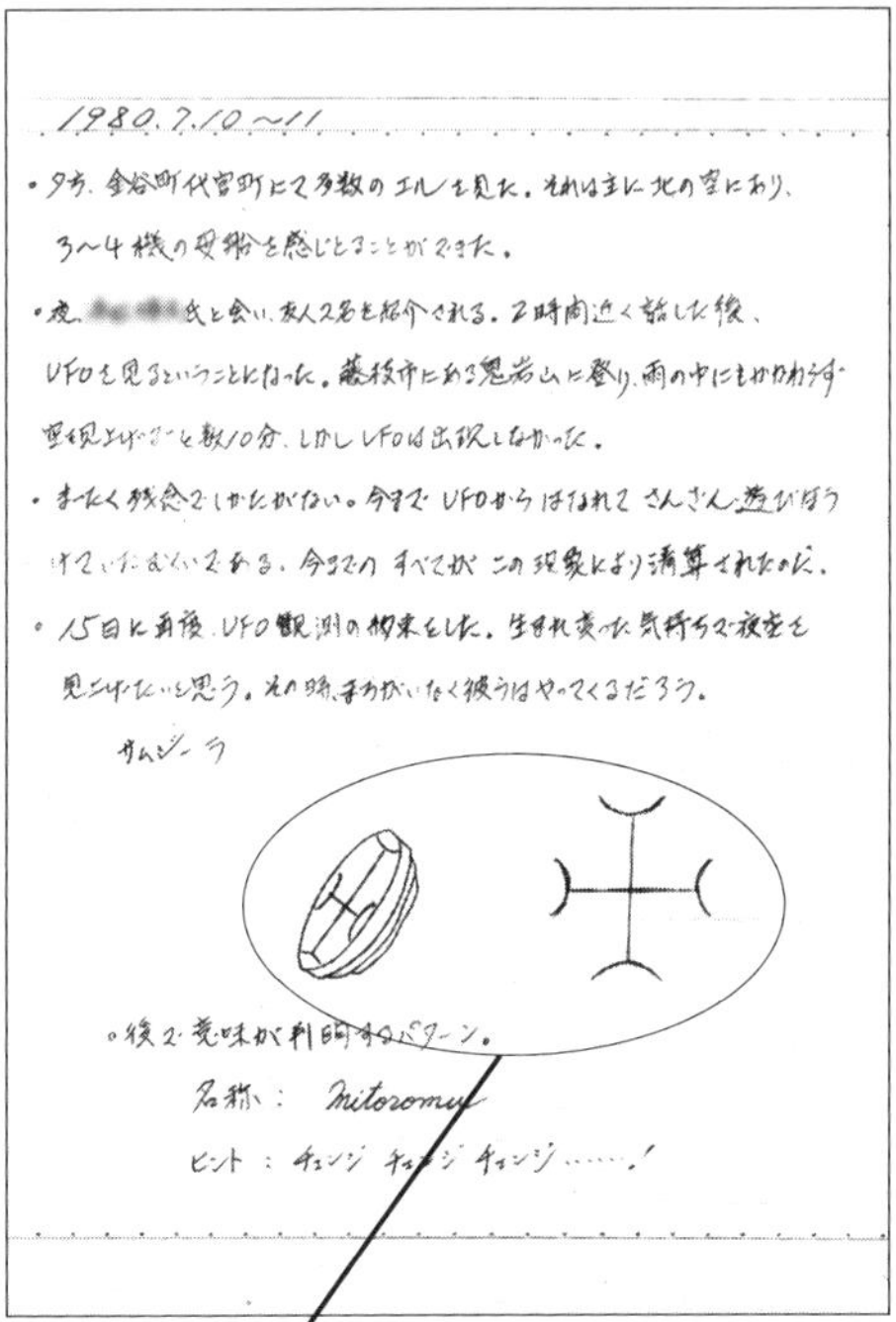

1980.7.10～11

・夕方、金谷町代官町にて多数のエルを見た。それは主に北の空にあり、3～4機の母船を感じとることができた。

・夜、[redacted]氏と会い、友人2名を紹介される。2時間近く話した後、UFOを見るということになった。藤枝市にある鬼岩山に登り、雨の中にもかかわらず監視しながら数10分、しかしUFOは出現しなかった。

・まったく残念でしかたがない。今まで UFOからはなれて さんざん遊びほうけていたむくいである。今までの すべてが この現象により清算されたのだ。

・15日に再度、UFO観測の約束をした。生まれ変った気持ちで夜空を見上げたいと思う。その時、まちがいなく彼らはやってくるだろう。

サムジーラ

・後で意味が判明するパターン。

名称： Mitoromu

ヒント：チェンジ チェンジ チェンジ……！

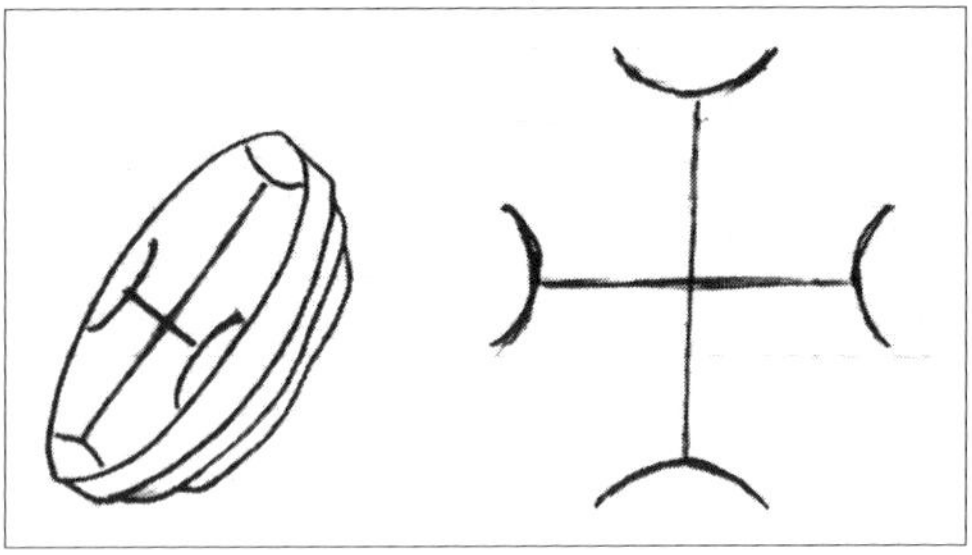

変化をもたらす道具
「ミトローム」（左）

# 変化をもたらす道具「ミトローム」と十字のマーク

ＵＦＯのことを日記風に書いています。

●夕方、金谷町、代官町にて多数のエル（の宇宙船）を見た。それは主に北の空にあり、三〜四機の母船を感じることができた。

金谷《かなや》町、代官町というのは、当時私が静岡県の郵便局に勤めていたときの担当地区です。当時は外務でしたから、町を歩いていたときに、多数のエルの宇宙船を見たと書いています。エルとはヒューマノイド型の宇宙人の総称です（２８７ページ参照）。

●夜、Ｔ氏と会い、友人二名を紹介される。二時間近く話した後、ＵＦＯを見るということになった。藤枝市にある鬼岩山に登り、雨の中にもかかわらず空を見上げること数十分。しかし、ＵＦＯは出現しなかった。

●まったく残念で仕方がない。今までＵＦＯから離れて散々遊びほうけてきた報いである。

今までのすべてがこの現象により清算されたのだ。

●十五日に再度ＵＦＯ観測の約束をした。生まれ変わった気持ちで夜空を見上げたいと思う。そのとき、間違いなく彼らはやってくるだろう。

鬼岩寺《きがんじ》というお寺が藤枝市にあるのですが、このころは、その山へよくＵＦＯを観測しに行きました。これは後でわかったのですが、鬼岩寺にはＵＦＯやスペース・ピープルにまつわるような話が伝わっています。

当時は、そうとは知らず、なぜか知り合いが来てＵＦＯを見ようということになると、夕方ごろからこの寺の裏山に登っていました。そうすると、対岸の山並みのちょっと上辺りにフラフラとＵＦＯが現れるのです。

でもこのときはＵＦＯが出現しなかったと書いています。そのことに結構ショックを受けているようですね。

この日記を書いた後、サムジーラ（１４３ページ参照）で映像が見えてきたわけです。これは円盤というよりも、「ミトローム」と書かれていますが、変化を与える道具です。それがいつものようにプレゼントされたのです。

直径一メートル弱くらいはありました。**この十字のマーク**（１７４ページの右下図参照）が非常に大事で、ミトロームに触れられないときは、このマークを思い出せと言われました。

これはヒントにチェンジ、チェンジと書かれていますが、自分の鈍《なま》った心を変えるとか、変わるための装置なのです。たぶん、UFOが出なくて意気消沈していたので、スペース・ピープルがくれたのだと思います。これも他の道具と同様に、床に置いたらシューと消えて、床の中にセッティングされました。

スペース・ピープルもある程度、そのような道具を使っているようです。いろいろな道具があると言っていました。

私もいろいろな道具をもらいました。後に東京に引っ越したときは、それらの道具は全部一緒に付いてきています。私の体周辺を飛びながら一緒に付いてくるのです。小型UFOも一緒に飛んできます。

たとえば新幹線に乗って東京に向かっているときに窓の外を見ると、この小型UFOが近くを並行して飛んでいるのが見えたりします。たぶん、その円盤の中に道具一式が全部入っているのだと思います。

## ❖交信ノート21：1980年7月11日午後11時54分

交信ノート21と交信ノート22
1980年7月11日午後11時54分

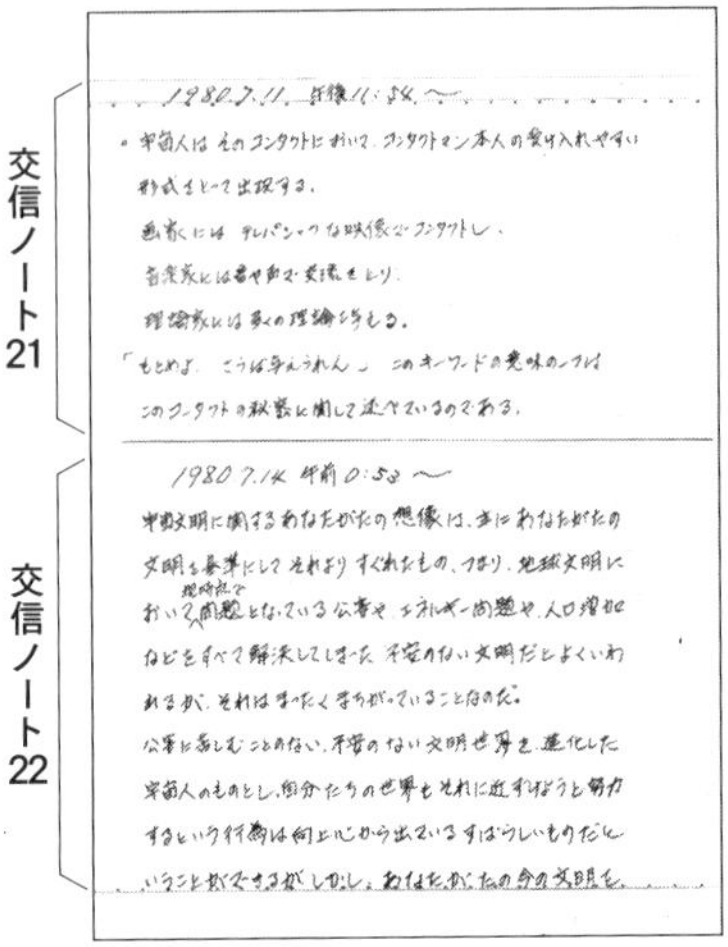

1980.7.11. 午後11:54〜
・宇宙人はそのコンタクトにおいて、コンタクトマン本人の受け入れやすい
形式をとって出現する。
画家にはテレパシックな映像でコンタクトし、
音楽家には音や声で交流をとり、
理論家には多くの理論を与える。
「もとめよ、さらば与えられん」 このキーワードの意味の一つは
このコンタクトの秘密に関して述べているのである。

1980.7.14 午前0:53〜
宇宙文明に関するあなたがたの想像は、主にあなたがたの
文明を基準にしてそれよりすぐれたもの、つまり、地球文明に
おいて現時点で問題となっている公害や、エネルギー問題や、人口増加
などをすべて解決してしまった不安のない文明だとよくいわ
れるが、それはまったくまちがっていることなのだ。
公害に悩むことのない、不安のない文明世界を、進化した
宇宙人のものとし、自分たちの世界もそれに近づけようと努力
するという行為は向上心から出ているすばらしいものだと
いうことができるが、しかし、あなたがたの今の文明を、

●宇宙人はそのコンタクトにおいて、コンタクトマン本人の受け入れやすい形式を取って出現する。画家にはテレパシックな映像でコンタクトし、音楽家には音や声で交流を取り、理論家には多くの理論を与える。
「求めよ、さらば与えられん」——このキーワードの意味の一つは、このコンタクトの秘密に関して述べているのである。

まあ、これはその通りですね。特に解説はいらないと思います。

✣交信ノート22：1980年7月14日午前0時53分〜

## 私たちの未来はあくまでも個性的な創造でなくてはならない

- 宇宙文明に関するあなた方の想像は、主にあなた方の文明を基準にしてそれよりすぐれたもの、つまり、地球文明において現時点で問題となっている公害やエネルギー問題や人口増加などをすべて解決してしまった不安のない文明だとよく言われるが、それはまったく間違っていることなのだ。

公害に苦しむことのない、不安のない文明世界を進化した宇宙人のものとし、自分たちの世界をそれに近づけようと努力するという行為は、向上心から出ている素晴らしいものだと言うことができる。しかし、あなた方の今の文明を基準にした理想文明像は、あなた方の未来に置くべきであり、私たちの文明を想像し、それを自分たちの理想像にダブらせたところで、あなたたちにとっては何のプラスにもならない。

「あなたたちの理想は、あなたたちの未来に置くべきなのだ」

この言葉は、今の地球人の意識を感じ取った我々の仲間の一人が最初に叫んだ言葉である。

この時期何度も繰り返して出てくる言葉です。スペース・ピープルの真似ではいけないのです。私たちの未来はあくまでも個性的な創造でなくてはならないのです。外側に理想を求めてはいけないということは繰り返して言われました。

●十三日はもう昨日になってしまったが、焼津にあるG・G・CというパブにてTさんや友人の皆さんに再度お会いすることができた。この会席はどうも宇宙人によって計画されていたことのようで、午後八時ごろからG・G・CにはTさんが来ているという意識があり、他の場所で友人と会う約束になっていたのを変更したら、こういう結果になったのだ。午後九時ごろ席を立ったが、私が出て行った直後、UFOの出現を二名の人が目撃したという。

Tさんは、この三日前に鬼岩山に一緒に登ったけれど、UFOを目撃できなかったときの人です。そのTさんと〝偶然に〟引き合わされたのです。おそらくスペース・ピープルがこの日、UFOを彼らに見せることによって、何らかのメンテナンスをしたのだと思います。

次に書いてある「S・G」は何のイニシャルかもう忘れましたが、その下に書かれているシンボル（左のノートの下部分）の意味はわかります。こういうN字のマークの光の中央で輪が

交信ノート22-1
1980年7月14日午前0時53分～

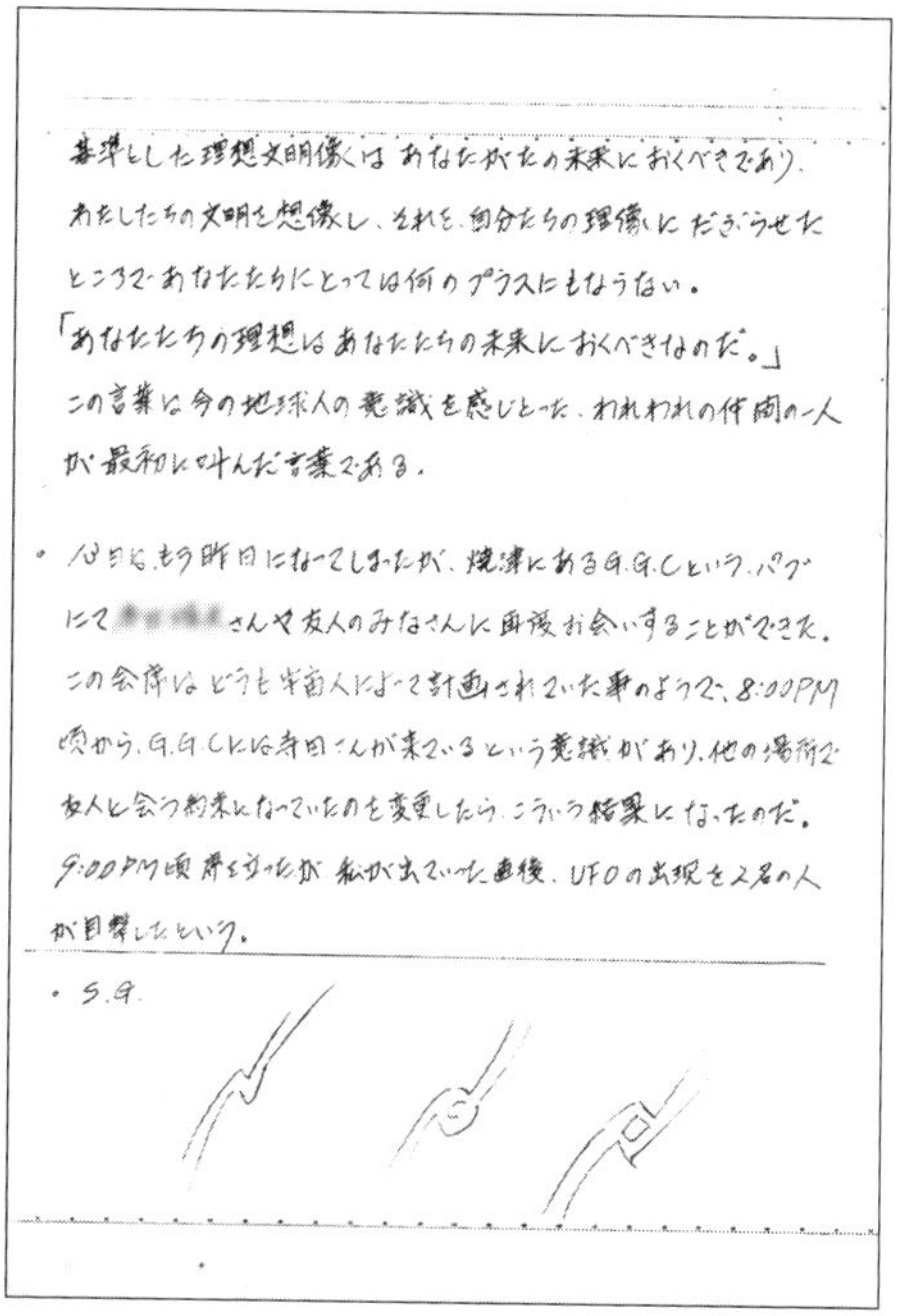
基準とした理想文明像はあなたがたの未来におくべきであり、
わたしたちの文明を想像し、それを自分たちの理像にだぶらせた
ところであなたたちにとっては何のプラスにもならない。
「あなたたちの理想はあなたたちの未来におくべきなのだ。」
この言葉は今の地球人の意識を感じとった、われわれの仲間の一人
が最初に叫んだ言葉である。

・13日は、もう昨日になってしまったが、焼津にあるG.G.Cというパブ
にて[redacted]さんや友人のみなさんに再度お会いすることができた。
この会席はどうも宇宙人によって計画されていた事のようで、8:00PM
頃から、G.G.Cには寺田さんが来ているという意識があり、他の場所で
友人と会う約束になっていたのを変更したら、こういう結果になったのだ。
9:00PM頃席を立ったが、私が出ていった直後、UFOの出現を2名の人
が目撃したという。

・S.G.

できて、菱形のようになるというビジョンです。

これはイメージのキーとなるシンボルで、他のコンタクティーもこれに近いシンボルを見ています。シンクロニシティがピシャッと決まる瞬間を表したシンボルです（次ページの交信ノート22－2参照）。

ライマの中での出会い
この結びつきは重大である。

「ライマ」とはその瞬間のことです。

シンクロニシティはスイスの心理学者カール・グスタフ・ユングの言葉で、前述の通り

「意味のある偶然の一致」と訳されたりします。Tさんと偶然にパブで出会った現象がまさにシンクロニシティと言っているわけです。

意味のある偶然の一致ですから、この結びつきの瞬間は非常に意味があり、重要なのです。

## ❖交信ノート23：1980年7月15日午後11時50分〜

交信ノート22-2と交信ノート23と交信ノート24-1

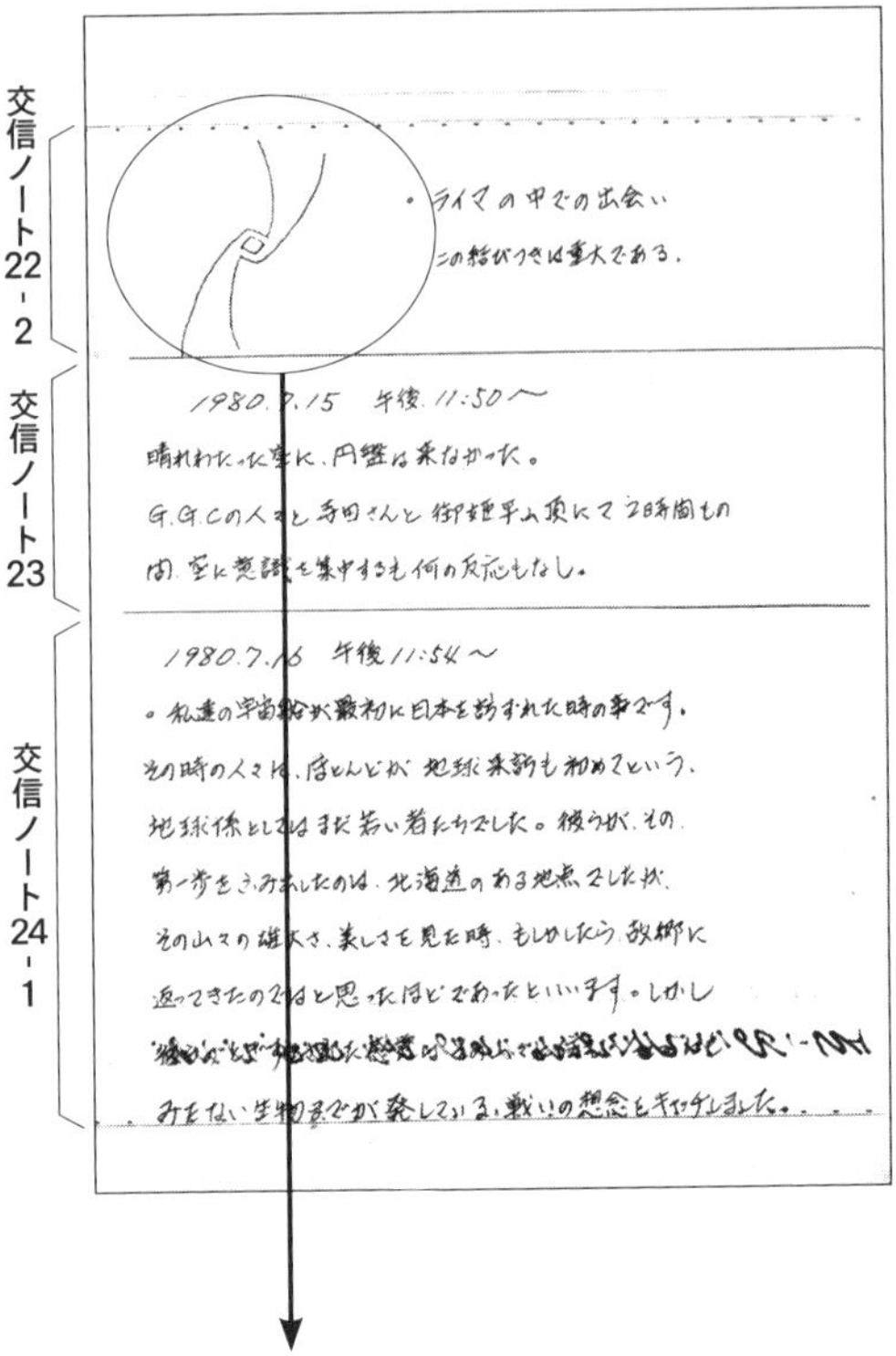


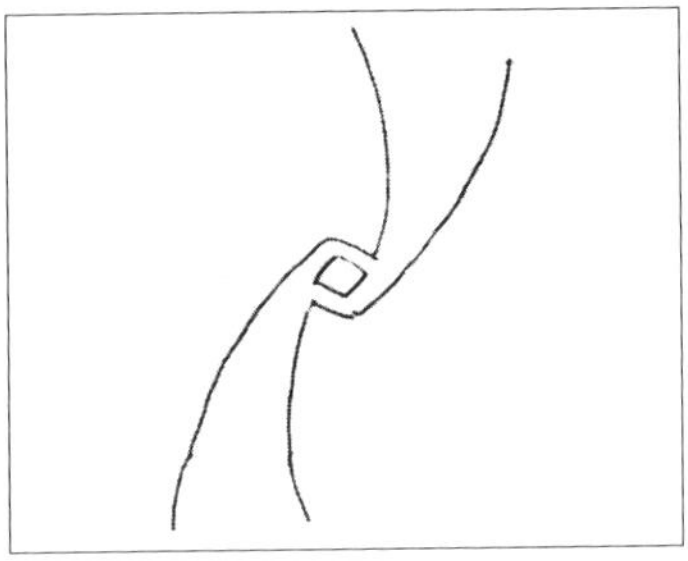

シンクロニシティがピシャッと決まる瞬間を表したシンボル

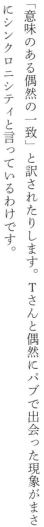

## 当時、百発百中でUFOを呼ぶことができたのに出現しなかった

約束していたTさんとのUFO観測会の日ですね。再度、挑戦しました。

晴れ渡った空に、円盤は来なかった。

何人かの知人とTさんと御姫平（編集部注　通常「お姫平《ひめだいら》」と書く。鬼岩寺のそばにある小高い山で、藤枝市内が一望できる）山頂にて2時間もの間、空に意識を集中するも、何の反応もなし。

結局、この日も現れませんでした。こういうご縁もあるのですね。Tさんと一緒にいて何をやってもUFOが現れなかったということは、何度やっても出現しないのだと思います。

このころの私は、百発百中でUFOを呼ぶことができました。それなのに、T氏と一緒では出なかったということは、私のせいではないようですね。そのことをスペース・ピープルは言いたかったのかもしれません。

# ✣交信ノート24：1980年7月16日午後11時54分～

交信ノート24-2

1980年7月16日午後11時54分～

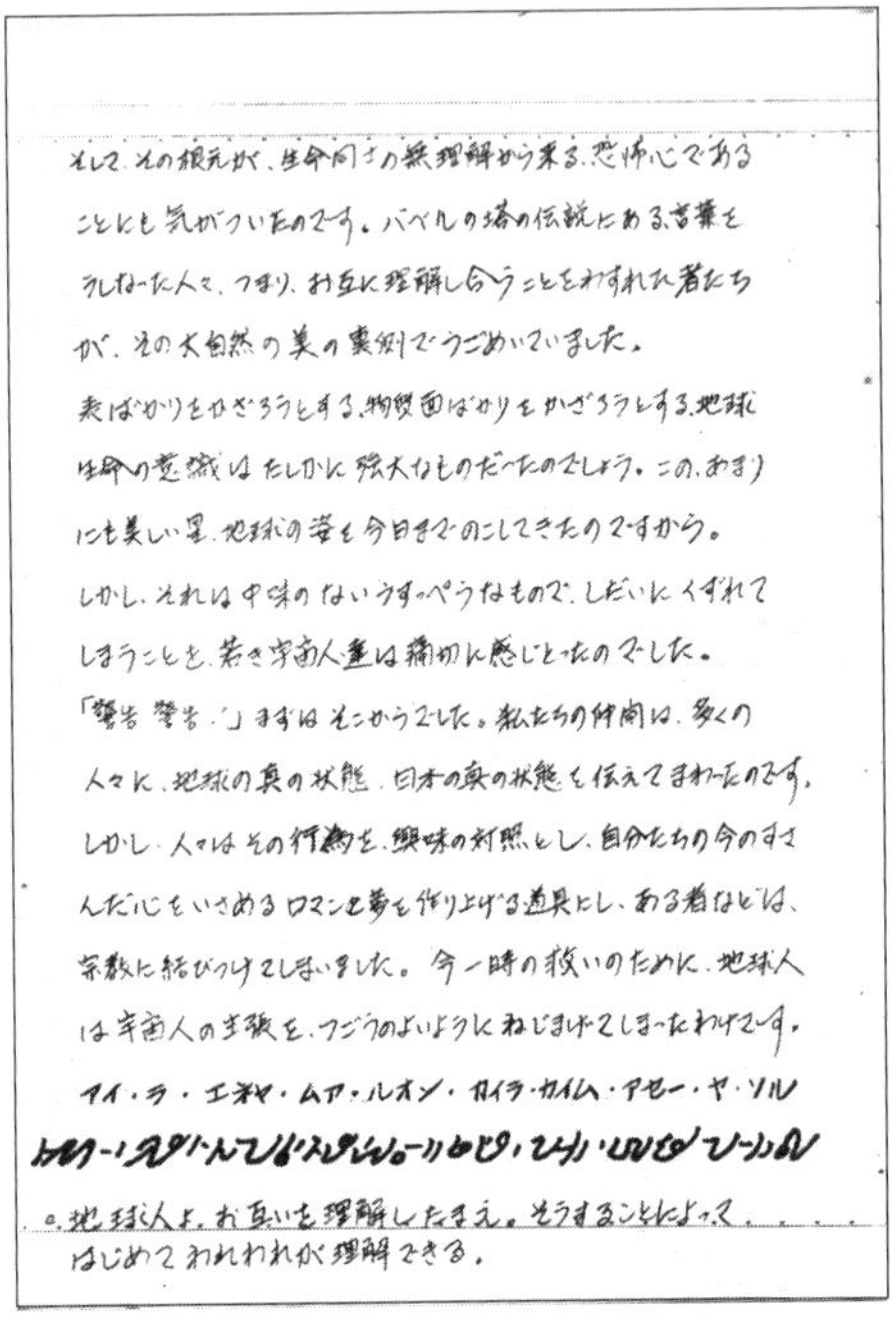

そして、その根元が、生命同士の無理解から来る、恐怖心であることにも気がついたのです。バベルの塔の伝説にある言葉をうしなった人々、つまり、お互に理解し合うことをわすれた者たちが、その大自然の美の裏側でうごめいていました。

表ばかりをかざろうとする、物質面ばかりをかざろうとする、地球生命の意識はたしかに強大なものだったのでしょう。この、あまりにも美しい星、地球の姿を今日までのこしてきたのですから。

しかし、それは中味のないうすっぺらなもので、しだいにくずれてしまうことを、若き宇宙人達は痛切に感じとったのでした。

「警告 警告。」まずはそこからでした。私たちの仲間は、多くの人々に、地球の真の状態、日本の真の状態を伝えてまわったのです。

しかし、人々はその行為を、興味の対照とし、自分たちの今のすさんだ心をいさめるロマンと夢を作り上げる道具にし、ある者などは、宗教に結びつけてしまいました。今一時の救いのために、地球人は宇宙人の主張を、つごうのよいようにねじまげてしまったわけです。

アイ・ラ・エネヤ・ムア・ルオン・カイラ・カイム・アセー・ヤ・ソル

。地球人よ。お互いを理解したまえ。そうすることによって……はじめてわれわれが理解できる。

## 地球人は宇宙人の主張を都合のいいように捻じ曲げてしまった

結構長いメッセージを受け取っています（182ページの交信ノート24-1〜右ページのノート参照）。

●私たちの宇宙船が最初に日本を訪れたときのことです。そのときの人々は、ほとんどが地球来訪も初めてという、地球係としてはまだ若い者たちでした。彼らがその第一歩を踏み出したのは、北海道のある地点でしたが、その山々の雄大さ、美しさを見たとき、もしかしたら故郷に帰ってきたのではと思ったほどであったといいます。しかし、彼らの研ぎ澄まされた感覚は、その山々に住む1ミリにも満たない生物までが発している「戦いの想念」をキャッチしました。そしてその根源が、生命同士の無理解から来る恐怖心であることにも気がついたのです。バベルの塔の伝説にある「言葉を失った人々」、つまりお互いに理解し合うことを忘れた者たちが、その大自然の美の裏側で蠢《うごめ》いていました。

表ばかりを飾ろうとする、そして物質面ばかりを飾ろうとする、地球生命の意識は、確かに強大なものだったのでしょう。この、あまりにも美しい星・地球の姿を今日まで残してきたのですから。しかし、それは中身のない薄っぺらなもので、次第に崩れてしまうことを、若き宇宙人たちは痛切に感じ取ったのでした。

「警告、警告！」――まずはそこからでした。私たちの仲間は、多くの人々に地球の真の状態、日本の真の状態を伝えて回ったのです。しかし人々はその行為を興味の対象として、自分たちの今のすさんだ心を諌《いさ》めるロマンと夢を作り上げる道具にし、ある者などは宗教に結び付けてしまいました。今一時の救いのために、地球人は宇宙人の主張を都合のいいように捻じ曲げてしまったわけです。

交信ノート 25

1980年7月31日午前0時35分～

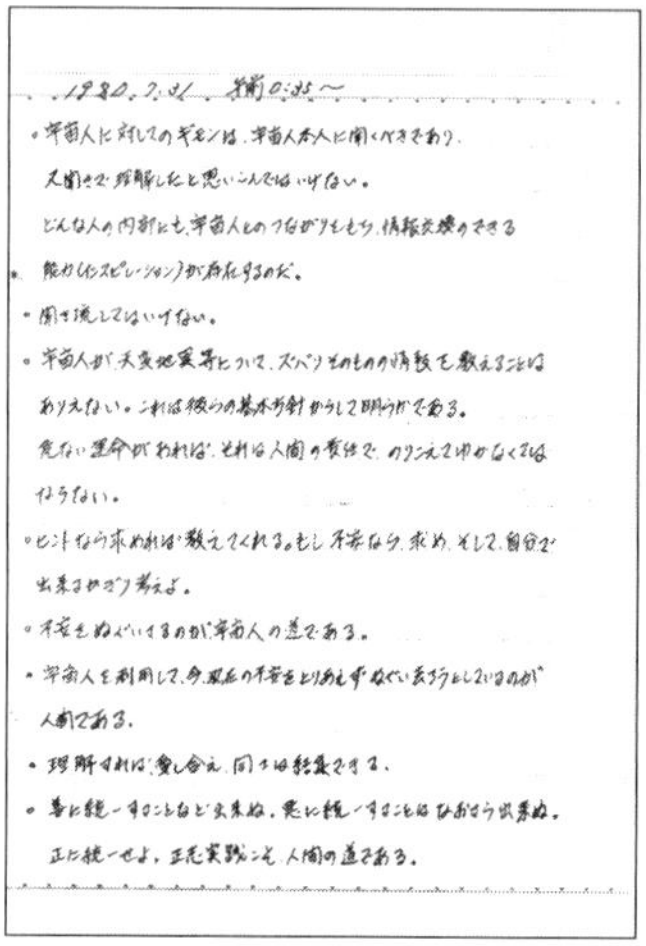
1980.7.31 午前0:35〜
・宇宙人に対してのギモンは、宇宙人本人に聞くべきであり、人間などで理解したと思いこんではいけない。
どんな人の内部にも、宇宙人とのつながりをもち、情報交換のできる能力（インスピレーション）が存在するのだ。
・聞き流してはいけない。
・宇宙人が、天変地異等について、ズバリそのものの情報を教えることはありえない。これは彼らの基本方針からして明らかである。
危ない運命があれば、それは人間の責任で、のりこえてゆかなくてはならない。
・ヒントなら求めれば教えてくれる。もし不安なら、求め、そして、自分で出来るかぎり考えよ。
・不安をぬぐいさるのが宇宙人の道である。
・宇宙人を利用して、今、現在の不安をとりあえずぬぐい去ろうとしているのが人間である。
・理解すれば、愛し合え、同士は結集できる。
・善に統一することなど出来ぬ。悪に統一することはなおさら出来ぬ。
正に統一せよ。正義実践こそ、人間の道である。

アイ・ラ・エネヤ・ムア・ルオン・カイラ・カイム・アセー・ヤ・ソル
地球人よ、お互いを理解したまえ。そうすることによって初めて、我々が理解できる。

地球人に対するアドバイスです。スペース・ピープル側を向いてしまうのではなく、地球人がお互いに理解し合わなくてはいけないと言っています。そうすれば、あるレベルまで行くと、スペース・ピープルのことが瞬時にわかるようになると説いているようです。ここに出てくるスペース・ピープルとは、水星系のヒューマノイド宇宙人のことです。

## ✣交信ノート25：1980年7月31日午前0時35分〜

- 宇宙人に対しての疑問は、宇宙人本人に聞くべきであり、又聞きで理解したと思い込んではいけない。どんな人の内部にも、宇宙人とのつながりを持ち、情報交換のできる能力（インスピレーション）が存在するのだ。
- 聞き流してはいけない。
- 宇宙人が天変地異等について、ズバリそのものの情報を教えることはあり得ない。これは彼らの基本方針からして明らかである。危ない運命があれば、それは人間の責任で乗り越えていかなくてはならない。
- ヒントなら求めれば教えてくれる。もし不安なら、求め、そして自分でできる限り考えよ。
- 不安を拭い去るのが、宇宙人の道である。
- 宇宙人を利用して、今現在の不安をとりあえず拭い去ろうとしているのが人間である。
- 理解すれば、愛し合える。同志は結集できる。

●善に統一することなどできぬ。悪に統一することはなおさらできぬ。正に統一せよ。正志実践こそ、人間の道である。

どのような人にもスペース・ピープルと交信できる能力はあるのに、それを聞き流してはダメだとみなに言っています。又聞きではなく、自分で直接スペース・ピープルに話を聞くことができるはずだと言っているのです。

とにかくこのころは、スペース・ピープルに救ってもらおうとか、なぜスペース・ピープルは教えてくれないのだという、他力本願的な人が多かったのです。そういう人たちに対するメッセージですね。私自身も憤《いきどお》っていました。

スペース・ピープルの目的は、地球人を手取り足取り助けたりすることではないのです。不安を拭い去って私たちの感情を安定させることが彼らの教育プログラムであるのです。

スペース・ピープルが答えそのものを教えてくれることはありません。答えは自分で見つけなければならないのです。そのためのヒントだったら教えてくれたりします。

また、答えを導き出すまでの感情を安定させることもしてくれます。感情を安定させないまま答えを導き出そうとすると、乱れるからです。

最後の言葉は極めて重要です。ここでは「正に統一せよ」とか「正志実践」という言葉をスペース・ピープルからもらっています。「正」というのは一線で止めると書きます。一線とは、宇宙全体のバイブレーションに反しようとすることです。それを止めることが正しさだというのです。

つまり**宇宙のバイブレーションに抗《あらが》うようなことを止めることが「正志」**なのです。それを実践すればいいのです。

それは宇宙合一の基準値でもあります。直感もそうです。それをすぐに実行に移すことが実践です。それこそが、人間が本来発展させるべき道なのだということを教えてくれたのです。

確かに「なるほど」という話です。でも、わかっているけどなかなか勇気が出ないという話でもあります。

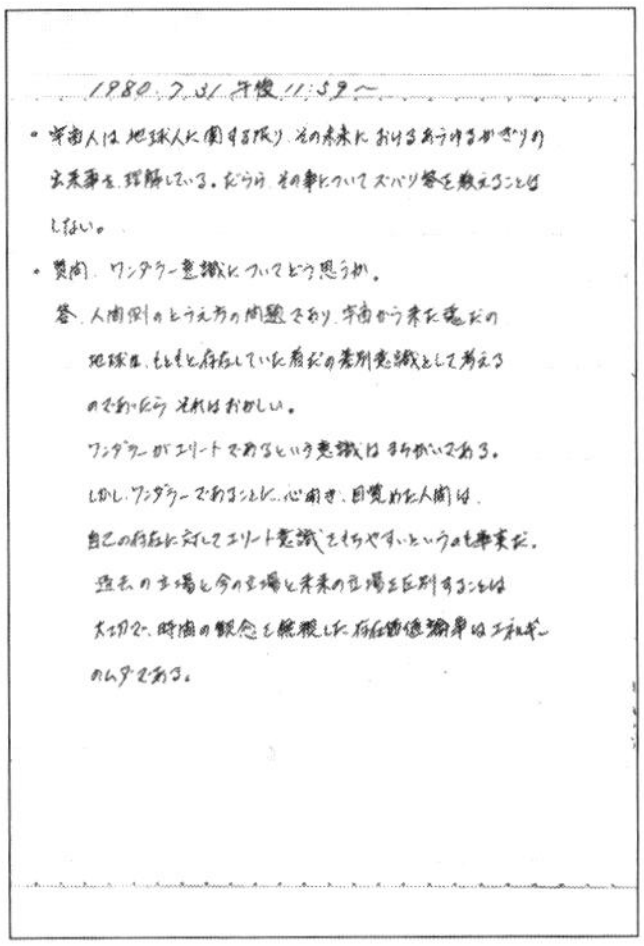

交信ノート26

1980年7月31日午後11時59分～

### ❖交信ノート26：1980年7月31日午後11時59分～

・宇宙人は地球人に関する限り、その未来におけるあらゆる出来事を理解している。だから、そのことについてズバリ答えを教えることはしない。

ここにヒントがあるのですが、スペース・ピープルはすでに未来にいるのです。いわば彼らは、**私たちの未来から来ている**のです。

●質問：ワンダラー意識についてどう思うか。
●答え：人間側の捉え方の問題であり、宇宙から来た魂だの、地球にもともと存在していた者だのと、差別意識として考えるのであれば、それはおかしい。
ワンダラーがエリートであるという意識を持つのは間違いである。しかし、ワンダラーであることに心開き、目覚めた人間は、自己の存在に対してエリート意識を持ちやすいというのも事実だ。

過去の立場と今の立場と未来の立場を区別することは大切で、時間の観念を無視した存在価値論争はエネルギーの無駄である。


ワンダラーとは、各惑星に出向いているスペース・ピープルや、各惑星に転生しているスペース・ピープルたちのことです。要するに、「時間を分けて考えろ」とスペース・ピープルは言っているのです。

過去にスペース・ピープルであった人が地球に転生してきたとします。でもそれは過去のことです。だから今はどうするのですか、ということの方が大事だということです。「俺はワンダラーだからすごいのだ」で終わってはいけないということです。過去は過去、未来は未来、今は今というように分けて考えるべきなのです。

## ❖交信ノート27：1980年8月6日深夜

交信ノート27
1980年8月6日深夜

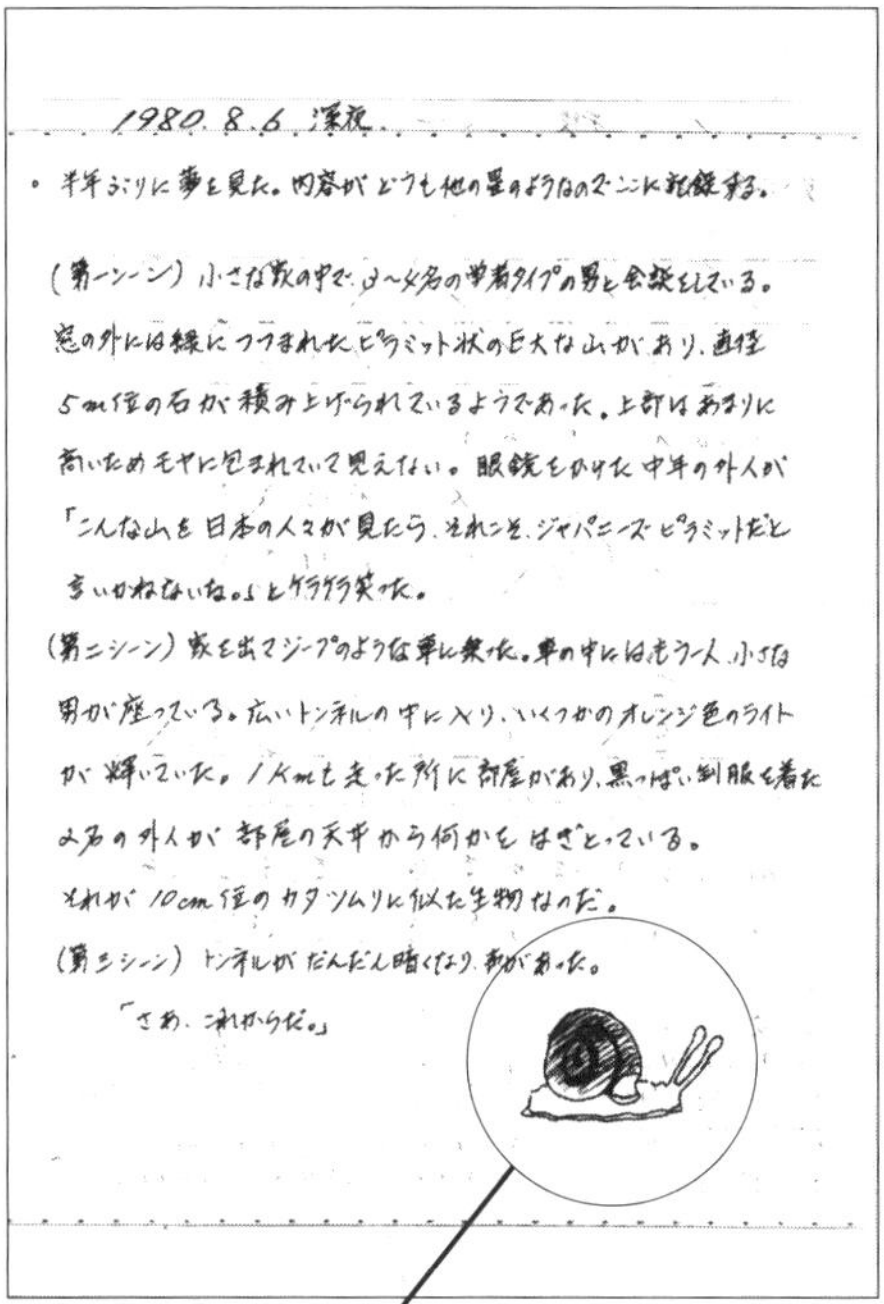

1980.8.6.深夜
・半年ぶりに夢を見た。内容がどうも他の星のようなので、ここに記録する。
（第一シーン）小さな家の中で、3～4名の学者タイプの男と会話をしている。
窓の外には緑につつまれたピラミット状の巨大な山があり、直径
5m位の石が積み上げられているようであった。上部はあまりに
高いためモヤに包まれていて見えない。眼鏡をかけた中年の外人が
「こんな山を日本の人々が見たら、それこそ、ジャパニーズ・ピラミットだと
言いかねないな。」とゲラゲラ笑った。
（第二シーン）家を出てジープのような車に乗った。車の中にはもう一人小さな
男が座っている。広いトンネルの中に入り、いくつかのオレンジ色のライト
が輝いていた。1Kmも走った所に部屋があり、黒っぽい制服を着た
2名の外人が部屋の天井から何かをはぎとっている。
それが10cm位のカタツムリに似た生物なのだ。
（第三シーン）トンネルがだんだん暗くなり、朝があけた。
「さあ、これからだ。」

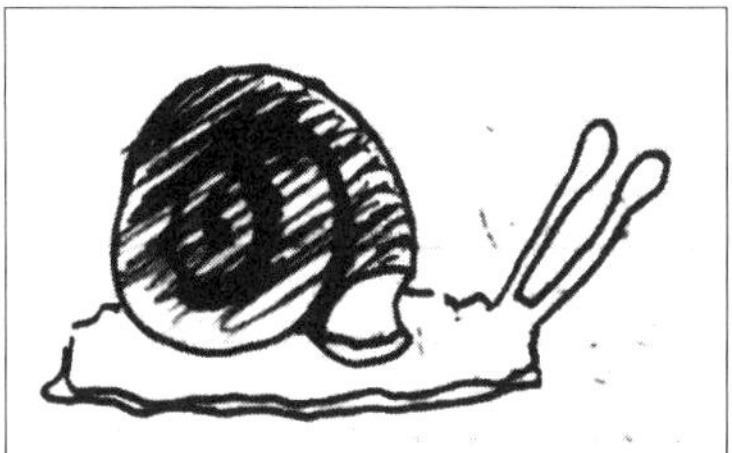

こだわりのシンボルとして現れるカタツムリ

## 不思議な夢「ピラミッドとカタツムリ」

●半年ぶりに夢を見た。内容がどうも他の星のようなのでここに記録する。

（第一シーン）小さな家の中で、3～4名の学者タイプの男と会談をしている。窓の外には緑に包まれたピラミッド状の巨大な山があり、直径5メートルくらいの石が積み上げられているようであった。上部はあまりに高いため靄《もや》に包まれていて見えない。眼鏡をかけた中年の外人が「こんな山を日本の人々が見たら、それこそジャパニーズ・ピラミッドだと言いかねないな」とケラケラ笑った。

（第二シーン）家を出て、ジープのような車に乗った。車の中にはもう一人、小さな男が座っている。広いトンネルの中に入ると、いくつかのオレンジ色のライトが輝いていた。1キロメートルも走ったところに部屋があり、黒っぽい制服を着た2名の外人が部屋の天井から何かをはぎ取っている。それが10センチメートルくらいのカタツムリに似た生物なのだ。

（第三シーン）トンネルが段々暗くなり、声が聞こえた。

「さあ、これからだ」

「半年ぶりに夢を見た」と書いてありますね。最初に見た夢がピラミッドですね。「サンデー毎日」が「日本に世界最大最古のピラミッドがあった!?」という特集記事（写真4参照）をシリーズで書いたのが一九八四年ですから、すでに潜在意識はそれを予見していたのかもしれません。

二つ目のシーンに出てくる「カタツムリ」は、こだわりを表します。ですから、二名の外国人が天井からはぎ取っているのは「こだわり」なのです。

写真4 「日本に世界最大最古のピラミッドがあった!?」という特集記事を載せた「サンデー毎日」（1984年7月1日号）の表紙

カタツムリの渦巻きは非常にシンボリックで、この後何度も見せられます。渦巻きのシンボルについて教わります。その前段階として、夢の中で見せたということだと思います。

そしてその約三カ月後に受けた次のメッセージに続きます。

❖交信ノート28：1980年8月22日午前0時45分～

交信ノート28
1980年8月22日午前0時45分～

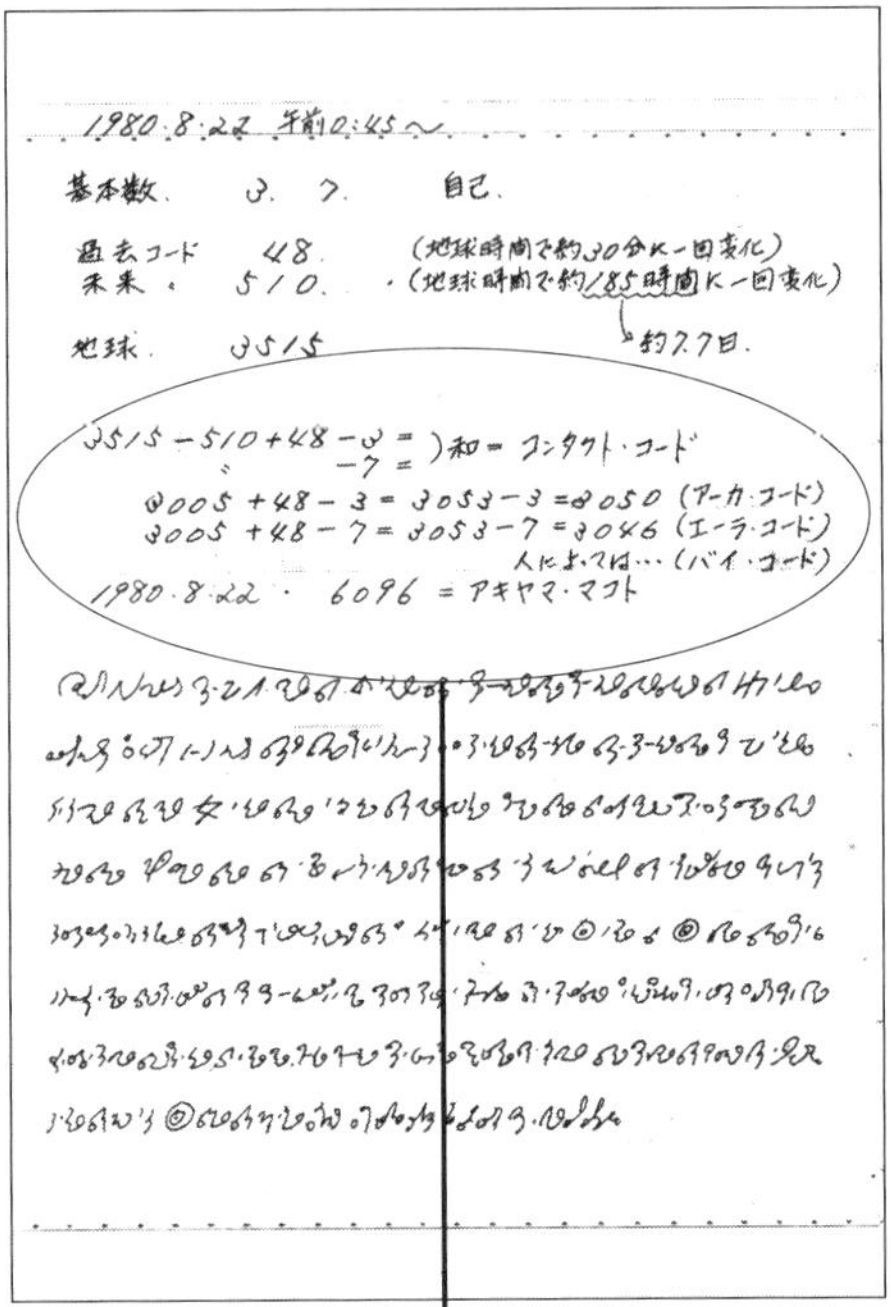
1980.8.22 午前0:45～
基本数 3. 7. 自己.
過去コード 48. （地球時間で約30分に一回変化）
未来 〃 510. （地球時間で約185時間に一回変化）
約7.7日.
地球 3515

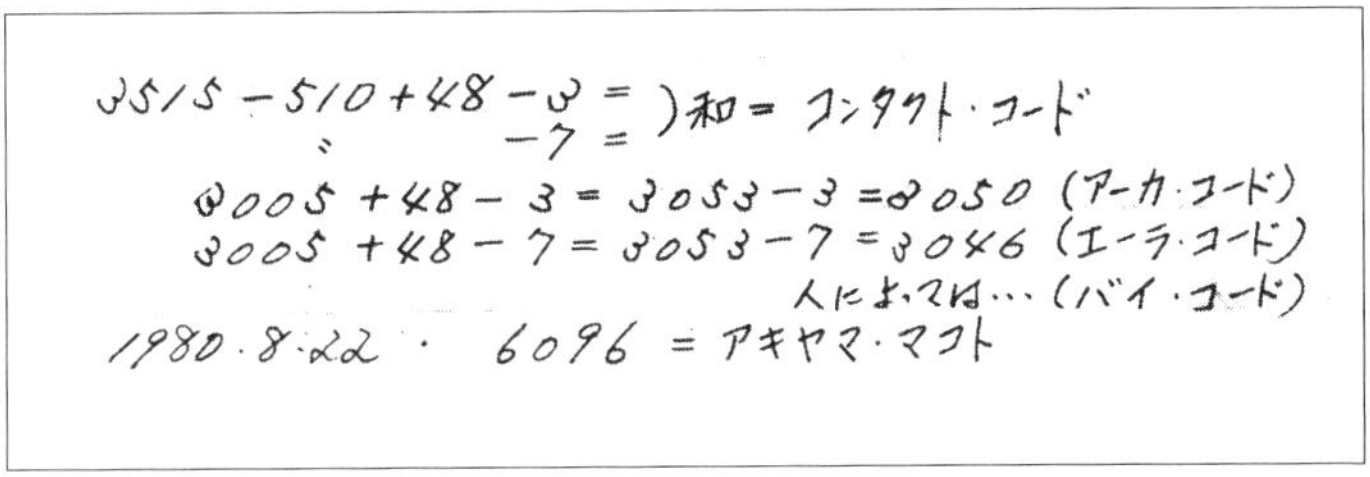
3515－510＋48－3＝）和＝コンタクト・コード
〃 －7＝
3005＋48－3＝3053－3＝3050（アーカ・コード）
3005＋48－7＝3053－7＝3046（エーラ・コード）
人によっては…（バイ・コード）
1980・8・22・ 6096＝アキヤマ・マコト

基本数　3　7　自己
過去コード　48（地球時間で約30分に一回変化）
未来コード　510（地球時間で約185時間に一回変化）

## 地球　3515

これはおもしろいですね。コンタクト・コードを計算したものです。スペース・ピープルに計算の仕方を教えてもらいました。私の基本的な数は3と7だというのです。後になって易《えき》を勉強して、私の数字が7であることはわかりました。でも3という数字もあるというのです。ですから易の数字とも違うようです。

そのときまでの過去の私のコードは48だというので、「私の未来は?」と尋ねると、「510」という答えが返ってきました。地球の番号は3515です。

過去のコードは、地球時間で約三十分に一回、霊的なエネルギーが変調するサイクルで動いていて、その番号を48と呼ぶのだそうです。地球時間で約百八十五時間に一回、つまり約七・七日に一回変化している未来が510という数字です。

どうもこの時点を境にコードが切り替わったから、その機会に教えておくよ、ということだったようです。

私はこのとき「510という数字は死ぬまで変わらないのですか?」と聞いたら、「はい。死ぬまでです」と言っていました。ですから、今の私は百八十五時間に一回変化しているわけです。各人にはそれぞれのサイクルやコードがあります。

その後に書かれているのは、私のコンタクト・コードの計算式です。地球コードから未来コードを引いて、過去コードを足します。そうすると３０５３になりますね。そこから私の数字の3を引いた数３０５０が私の「アーカ・コード」で、７を引いた数３０４６が私の「エーラ・コード」と呼ばれるものです。人によっては「バイ・コード」もあるそうです。この三つのコードについての詳細は現時点では公開しない方がいいようですので、説明は割愛させてください。

とにかく、私の場合は、アーカ・コードとエーラ・コードを足した６０９６が一九八〇年八月二十二日時点のコンタクト・コードです。

その下に書かれている文字のような記号は、人間の悪い性質をきれいにするためのシンボルのコードです。最初から最後までが一つのコードです。人間の生みつけられた業《ごう》と宇宙との摺《す》り合わせをするための曼荼羅コードのようなものです。

このコードは、左から右へ、左から右へと何となく目で見て追うだけでいいのです。それで浄化されます。一種の業を浄化するコード・シンボルだと思ってください。

## ✣交信ノート29：1980年8月24日午後11時49分〜

## 宇宙人から送られてきた「聖者論」

その後に送られてきたメッセージが次の「聖者論」です。

交信ノート29
1980年8月24日午後11時49分

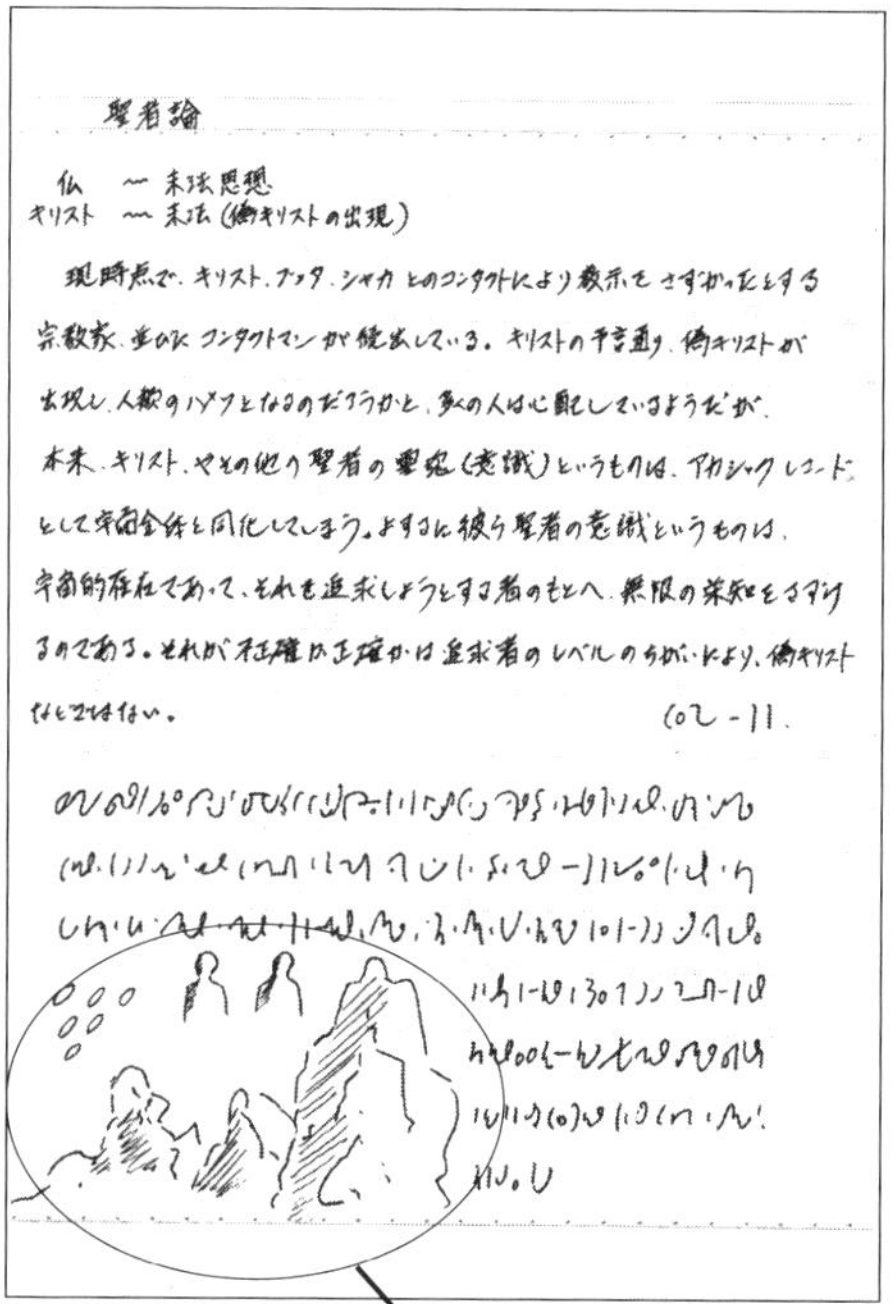
聖者論

仏 〜 末法思想
キリスト 〜 末法（偽キリストの出現）

現時点で、キリスト、ブッダ、シャカとのコンタクトにより教示をさずかったとする宗教家、並びにコンタクトマンが続出している。キリストの予言通り、偽キリストが出現し、人類のハメツとなるのだろうかと、多くの人は心配しているようだが、本来、キリスト、やその他の聖者の霊魂（意識）というものは、アカシックレコードとして宇宙全体と同化してしまう。ようするに彼ら聖者の意識というものは、宇宙的存在であって、それを追求しようとする者のもとへ、無限の英知をさずけるのである。それが不正確か正確かは追求者のレベルのちがいにより、偽キリストなどではない。

(02-11.

スペース・ピープルとUFOが雲の上から見守っているイメージ

現時点で、キリスト、仏陀、釈迦とのコンタクトにより教示を授かったとする宗教家並びにコンタクトマンが続出している。キリストの予言通り、偽《にせ》キリストが出現し、人類の破滅となるのだろうかと、多くの人は心配しているようだが、本来キリストやその他の聖者の霊魂（意識）というものは、アカシックレコードとして宇宙全体と同化してしまう。要するに、彼ら聖者の意識というものは、宇宙的存在であって、それを追求しようとする者のもとへ、無限の英知を授けるのである。それが不正確か正確かは、追求者のレベルの違いによるのであって、偽キリストなどではない。

当時を振り返ると、「私こそキリスト」「私こそ釈迦の生まれ変わり」「私こそ選ばれし者」といった人たちが多く現れた時代でもありました。でも、それは間違いです。単なる個人のエゴの表れでしかありません。なお、アカシックレコードとは宇宙誕生から現在までのすべての情報を記録した宇宙のデータバンクのことです。

この後、宇宙文字のようなものが送られてきます。一緒に描かれているのは、雲の上に六基のＵＦＯと二人のスペース・ピープルが見守っているという映像のイラストです。「大丈夫よ。ゴチャゴチャあっても見守っているから」という意味なのだと思います。

交信ノート30と交信ノート31と交信ノート32

交信ノート30
交信ノート31
交信ノート32

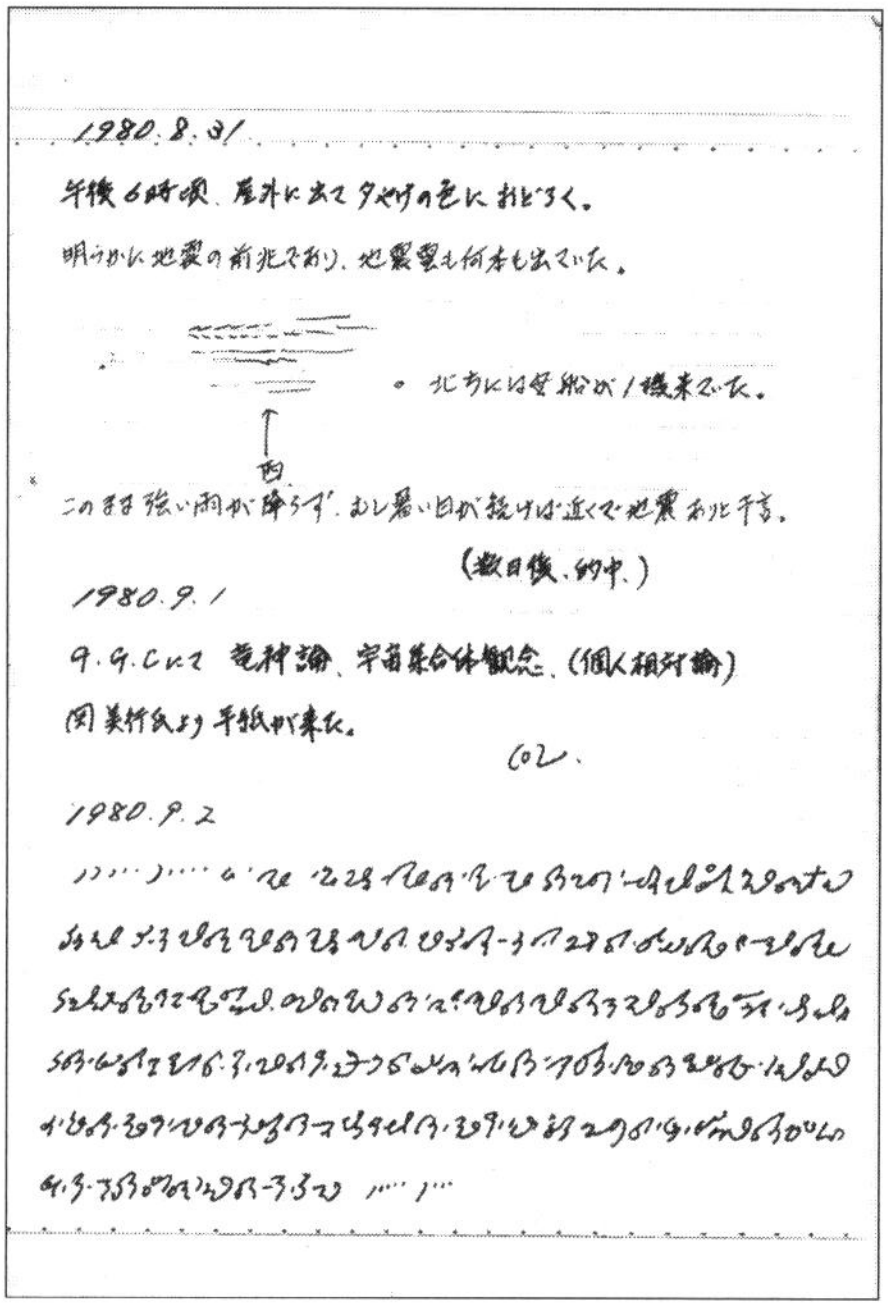


## ❖交信ノート30：1980年8月31日

## 地震雲と予言

午後六時ごろ、屋外に出て夕焼けの色に驚く。

明らかに地震の前兆であり、地震雲も何本も出ていた。

北方には母船が一機来ていた。

このまま強い雨が降らず、蒸し暑い日が続けば、近くで地震ありと予言。

(数日後、的中)

空の色を見ているだけで、地震が起きそうなことがわかるようになってきたのもこのころです。

## ✣交信ノート31：１９８０年９月１日

Ｇ・Ｇ・Ｃにて、竜神論、宇宙集合体観念、個人相対論などを論じたということです（前ページ交信ノート31参照）。

「岡美行氏より手紙が来た」とも書かれていますね。どのような内容の手紙だったのかは覚えていません。

岡氏は画家で、横尾忠則氏とも親しいＵＦＯコンタクティーです。カゼッタ岡という名前で一時期テレビにも出ていたので、ご存じの方もいるでしょう。

## ✣交信ノート32：１９８０年９月２日

交信ノート32の宇宙文字ですが、何が書いてあるのかはよくわかりません。

## ✣交信ノート33：１９８０年９月２日

続いて送られてきたのが、「アンフラミッド」という海底にある装置です。

●直径五二・五メートル（日本近海用の基準サイズは五〇メートル）
●建設目的：円盤飛行コースの決定及び情報センター。宇宙灯台と同じ使用目的である。ただしこれは、生命体の接近によって停止してしまうものではなく、〝隠れる〟方法を取る。
●静岡県周辺では伊豆沖にある。
●地震の影響はほとんど受けない構造になっている。

交信ノート33
1980年9月2日

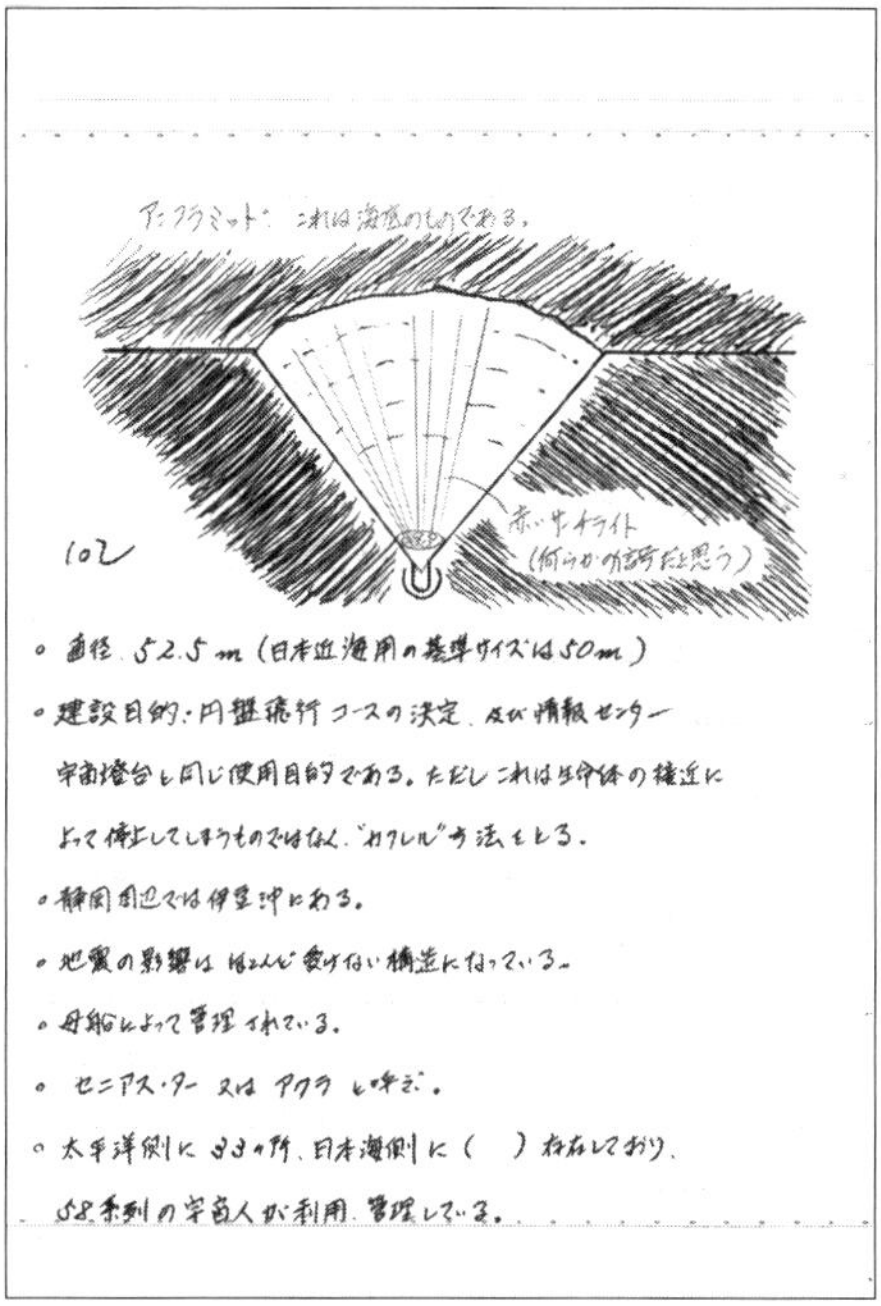


●母船によって管理されている。
●セニアス・ターまたはアクラと呼ぶ
●太平洋側に33カ所。日本海側に（●●）存在しており、58系列の宇宙人が利用、管理している。

逆ピラミッド型で、海底

にアリ地獄のような穴が掘られています。見られそうになると海底に貝のように潜って姿を消すわけです。日本海側に何基あるのかは教えてくれませんでした。

## ✣交信ノート34：1980年9月6日午後11時1分～

交信ノート34
1980年9月6日午後11時1分～

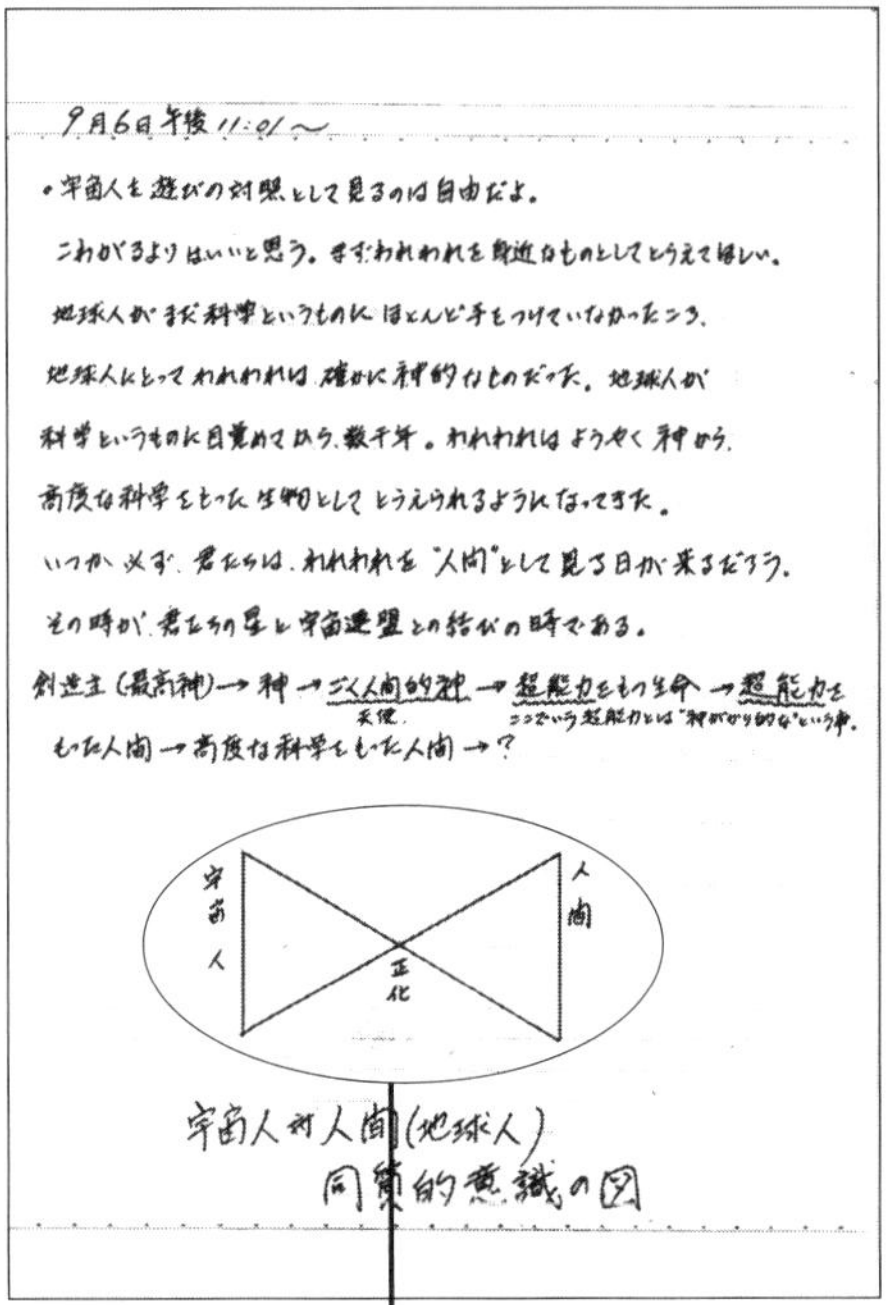
9月6日午後11:01～

・宇宙人を遊びの対照として見るのは自由だよ。
こわがるよりはいいと思う。まずわれわれを身近なものとしてとらえてほしい。
地球人がまだ科学というものにほとんど手をつけていなかったころ、
地球人にとってわれわれは、確かに神的なものだった。地球人が
科学というものに目覚めてから、数千年。われわれはようやく神から、
高度な科学をもった生物としてとらえられるようになってきた。
いつか必ず、君たちは、われわれを"人間"として見る日が来るだろう。
その時が、君たちの星と宇宙連盟との結びの時である。
創造主（最高神）→神→ごく人間的神（天使）→超能力をもつ生命→超能力を
もった人間→高度な科学をもった人間→？
ここでいう超能力とは"神がかり的な"という事。


宇宙人対人間（地球人）
同質的意識の図

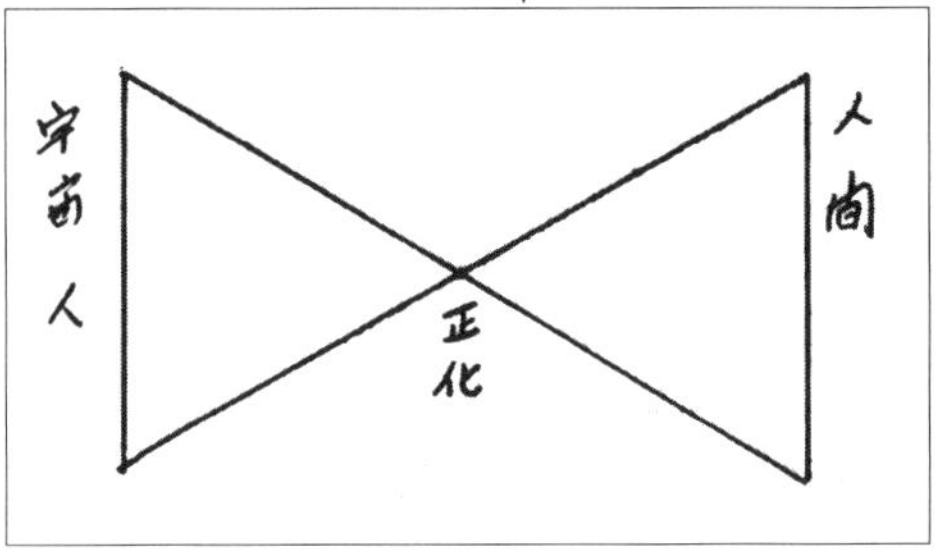

宇宙人と人間が対等に交流する関係を図示したシンボル図

## 地球人もいつか我々を同じ人間として見る日が来るとスペース・ピープルは確信している

宇宙人を遊びの対象として見るのは自由だよ。

怖がるよりはいいと思う。まず、我々を身近なものとして捉えてほしい。

地球人がまだ科学というものにほとんど手を付けていなかったころ、地球人にとって我々は、確かに神的なものだった。地球人が科学というものに目覚めてから数千年。

我々はようやく神から高度な科学を持った生物として捉えられるようになってきた。

いつか必ず、君たちは我々を〝人間〟として見る日が来るだろう。

そのときが、君たちの星と宇宙連盟との結びの時である。

創造主（最高神）↓神↓ごく人間的神（天使）↓超能力を持つ生命（ここでいう超能力は〝神懸かり的な〟ということ）↓超能力を持った人間↓高度な科学を持った人間↓？


スペース・ピープルから送られてきたメッセージですが、名文だと思います。「ＵＦＯ見せてください」「ＵＦＯに乗りたいんです」と私に求めてくる人は大勢いますが、たいていの人は物見遊山のような意識や好奇心だけで言ってきます。

でもそう言ってきた瞬間に私は、「もしこの人をコンタクトさせたりＵＦＯに乗せたりしたら、三年も経たないうちに、この人は言うべきことと言うべきでないことに関する約束を守らないし、スペース・ピープルに飽きるし、怖がるし、誰かにスペース・ピープルを紹介したがるし、スペース・ピープルを利権として見るようになる」ということが直感的にわかるのです。

そういう人ほど、軽はずみに宇宙人に会いたがり、ＵＦＯに乗りたがります。そもそもそういう人は、ＵＦＯに乗せても意味がない人たちです。その人たちにとっても、ＵＦＯに乗らない方が地球上の生活を楽しくできるわけで、幸せなのです。

好奇心に任せてやってみたものの後で後悔するということは、人生で山ほどあります。その最たるものが、こういう超常体験です。

超常体験をしたら、もう過去には戻れません。スペース・ピープルはこのことを非常に気にします。恐れに変わらないか、欲望に変わらないか、独占欲に変わらないか常に注意しています。

それでも彼らは、娯楽の対象にしてＵＦＯを見てもいいのだと言ってくれているのです。

怖がるよりはまし、と言っています。彼らは自分たちを地球人と同じ生命であり、身近な存在として捉えてほしいのです。

ここでスペース・ピープルが言っている科学とは、二元論的にではなく、客観的に見て知るということです。最初にスペース・ピープルが地球人と出会ったときは、彼らは神のように扱われたし、地球人も神のように見ようとしました。そうしなければ、いろいろな意味で考え方のバランスが取れなかったのです。それほどの違いがありました。

やがて地球人も、探究心を持って事実を直視する方法、物事を客観的に見て分析をする方法を編み出します。すると、ようやくスペース・ピープルが神ではないことがわかってきました。高度な科学を持った生物であると認識できるようになったのです。

それでもいまだに、「宇宙人が地球人を造った」と主張するコンタクティーがいます。そういうコンタクティーほど「地球人を造った宇宙人とコンタクトしているのだから、我々の言うことを聞きなさい」という言い方をして、新興宗教を作ったりします。これもある種の「恐れを利用した支配欲」です。このやり方は必ず破綻します。

スペース・ピープルたちは、いつか必ず地球人も、自分たちのことを〝人間〟、同じヒューマノイドとして見る日が来ると確信してコミットしているのです。そのときが、スペース・ピープルと地球人がお互いに認め合い、対等に交流する「宇宙連盟」ができる日だと言っているのです。

その流れを示したものが矢印で示されています。同時に対等に交流する関係を図式化したシンボルも送られてきました。それが**「宇宙人対人間（地球人）――同質的意識の図」**です。

二つの大きさの等しい三角形で表されていますが、今はまだ宇宙人の三角形が大きくてバランスが取れていない状態です。バランスが取れた状態の接点が「正化《せいか》」です。等しく結ばれる点です。この図形は何度も送られてきました。

このころは、このように言葉による解説がテレパシーで来て、その後で図形が送られてきて、内容を確認するという教育パターンが多かったです。

このときの教育担当官はやはり、グル・オルラエリスです。その前はルレムアールが私の教育担当官でした。グル・オルラエリスはその後、担当ではなくなりますが、ルレムアールは今でも私の担当官です。彼は惑星系列を超えた大長老でもあります。

## ❖交信ノート35：1980年9月7日午後10時ごろ〜

# 「正化」に戻せたら、スペース・ピープルが雨を止めてくれた

G・G・CにてNさんの相談を受ける。

交信ノート35

1980年9月7日午後10時ごろ〜

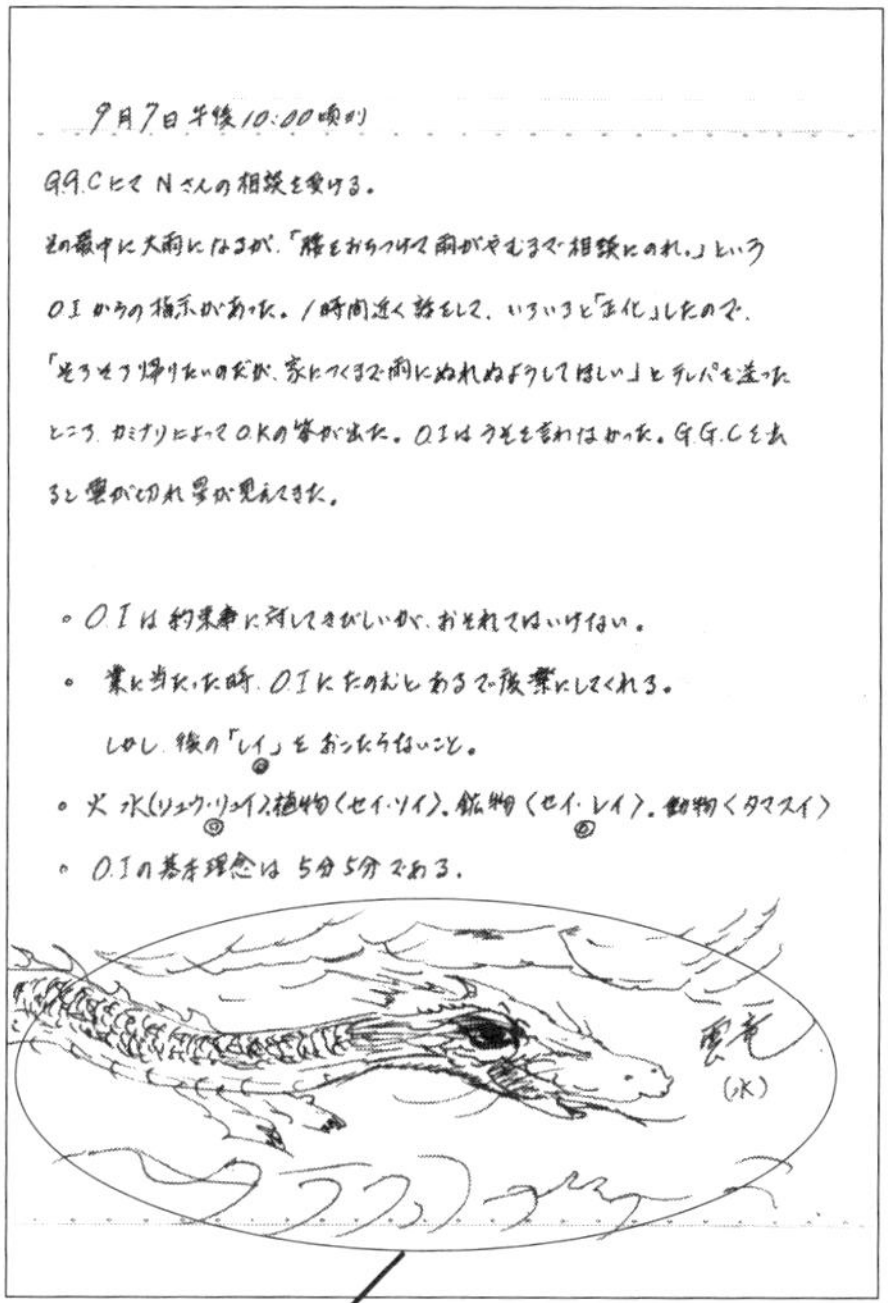
9月7日午後10:00頃より

G.G.Cにて Nさんの相談を受ける。

その最中に大雨になるが、「腰をおちつけて雨がやむまで相談にのれ。」という

O.Iからの指示があった。1時間近く話をして、いろいろと「正化」したので、

「そろそろ帰りたいのだが、家につくまで雨にぬれぬようにしてほしい」とテレパを送った

ところ、カミナリによってOKの答が出た。O.Iはうそを言わなかった。G.G.Cを出

ると雲が切れ星が見えてきた。

○ O.Iは約束事に対してきびしいが、おそれてはいけない。

○ 業に当たった時、O.Iにたのむと[illegible]にしてくれる。

しかし、後の「レイ」をおこたらないこと。

○ 火、水(リュウ・リュイ)、植物〈セイ・ソイ〉、鉱物〈セイ・レイ〉、動物〈タマスイ〉

○ O.Iの基本理念は5分5分である。

水の対極の性質として現れる雲竜。水は「雲」と「竜」に分化できる。

その最中に大雨になるが、「腰を落ち着けて雨が止むまで相談に乗れ」というＯ・Ｉからの指示があった。１時間近く話をして、いろいろと「正化」したので、「そろそろ帰りたいのだが、家に着くまで雨に濡れぬようにしてほしい」とテレパシーを送ったところ、雷によってＯＫの答えがあった。Ｏ・Ｉは嘘を言わなかった。Ｇ・Ｇ・Ｃを出ると、雲が切れ、星が見えてきた。

ここではプライベートな相談に乗っているところです。その相談の最中に、ある飲食店（Ｇ・Ｇ・Ｃは店名）で大雨になって、今日は帰りづらいなと思ったときでした。ここには、Ｏ・Ｉ（アザー・インテリジェンス）と書かれていますが、実際はスペース・ピープル（宇宙人）のことです。そのスペース・ピープルから「雨が止むまで、腰を落ち着けてその人の相談に乗りなさい」というテレパシーによる指示が来たのです。

ここに先ほど説明した「正化」という概念が書かれていますが、これは自分と他人など人間関係にも使えます。たとえば、Ａさんが誰かのことを「こうされて」とか「こんなにあこがれて」とか言ったときに、直感的にそこに過ちがあることがわかった場合に、なるべくそれを、Ａさんの中にあるものが相手に見えているにすぎないことを教えていきます。

Ａさんが思っているその人の中に見えているＡさん自身のものと、その人の実像とを近づけていく作業をするのです。つまりAさんはその人の中に、自分の中にあるものしか見ていません。その人の一部を虫眼鏡で拡大して見ているようなものです。

ところが、自分の中にないものは虫眼鏡の視野の外にあるので見えません。見えていない部分がたくさんあります。バランスが悪いわけですね。

ですから、そうした意識が作り出す**アンバランスを直感的に正しい一点に戻す**という作業をするのです。たとえて言えば、何の曇りもない赤子が人を見るような純粋で正しい一点に戻します。

このときはうまく「正化」に戻すことができたのですが、私はそのときまでにすごく疲れてしまいました。そこで私は「相談もうまくいったし、そろそろ帰りたいのだけど、雨の中家に帰るのは大変です。疲れているので、何とかしてください」とスペース・ピープルに頼んだのです。このとき私は、スペース・ピープルとは電話で話をするようにテレパシー交信ができるようになっていたのです。

その瞬間です。雷のような光が「ピカピカ」と窓のところに閃《ひらめ》きました。ほかの人の目には見えない光が窓の外で稲妻のように光ったのです。

おそらく私だけが見えるように、ビームかイメージで送ったのだと思います。何か通ったときに、大空の中で光が激しく明滅するのは、「イエス」というサインでもあります。

そこで、傘を持たずに店の外に出ると、一瞬のうちに雨が上がって星が見えていました。スペース・ピープルは嘘を言わないというのは、これでよくわかったのです。

このことがあってから、人間というのは、運命とか環境を変えられるということがわかってきます。ここから先は海を渡るとか雲を切るとか、一見すごくクレイジーな話になりますが、そういうタイミングに導かれることがあるのです。

## すべて自己責任であると考えて、自分を精査する方法「レイ」

この後、このエピソードの教訓として次のように書いています。繰り返しになりますが、O・Iは原則的には霊的な存在を表すアザー・インテリジェンスのことですが、ここではスペース・ピープルの意味で使っています。

- O・Iは約束事に対して厳しいが、恐れてはいけない。
- 業《ごう》に当たったとき、O・Iに頼むと、ある程度楽にしてくれる。
- しかし、後の「レイ」を怠らないこと。

このとき直感的にわかったのですが、スペース・ピープルは約束事に対して厳しいけれども、それを恐れてはいけないということです。実はそのとき、スペース・ピープルが約束に厳しいのだから、私も約束はきっちりと守らなければならないのかな、と急に怖くなったのです。

すると、自分の中から「そういうことを恐れてはいけない」「できる限り努力をすればいいのであって、彼らは責めることをしない」という思いも出てきました。一行目はそのことを書いています。

次の「業に当たる」とは、努力をして変えられることとか、考えて変えられること以外に、人智で考えても変えるのは無理という状況に突き当たることです。たとえば雨が降っているのもそうです。病気になるのもそう。

努力をしても、考えても変えられません。急にお腹が痛くなったときに、すぐに痛みを取れといっても無理です。

そういうときは、人間は非常に不安になります。ところが不安になることで、その「業《ごう》」が取れにくくなります。そういう状況のときに、まさにシンクロニシティが起きる場合があるのです。

そのように自分の能力の限界を知ったときに、「お願いです。変えてほしい」と委ねると、それが意味のあることであれば、だいたい願いが通るのです。通らないときは、後になってから「あっ、あのときは自分の考え方がダメだったのだな」と気づきます。

要するにスペース・ピープルは、「人の業」、仏教的な言い方をすると「人のカルマ」、あるいは生みつけられた運命みたいなものを、部分的にであれば、瞬時に変えられるということを教えてくれたのです。歯を治すように短時間に矯正することができます。

しかし、そのとき、「後の『レイ』を怠らないこと」ということにも気がつきます。「レイ」は、日本語で感謝を表す「礼」という意味に近いですが、これ自体が宇宙語です。後々、心を落ち着けて、もう一度そのことを見つめ直すことです。

つまり、自分の力では超えられないシンクロニシティを引き寄せた理由は何か、を見つめ直すのです。先ほどの例で言えば、帰りたいときに、大雨であるという状況であっても、それを引き寄せた理由は何か考えるという癖をつけることが重要なのです。

自分の身の回りで起こることは、やはり全部自分がかかわって起きているのです。特に不都合なことに関しては、いったん一〇〇%自己責任であるとしてみるのです。

もちろん、自己責任とは言い難《がた》いこともあります。他人が悪い場合もあるでしょう。でも、一度すべて自己責任で起きていると想定してみるのです。

そうすることによって、たとえば危なっかしい人には近づかないとか、そういったセキュリティー感覚が身についていくのです。

精神世界でも「一〇〇%自己責任」と言う人はいます。でもそういう人こそ、よく人のせいにするし、無責任な世界にいます。「一〇〇%自己責任」と言うなら、自分でやってみることです。

ですから、突きつめてみると、そう人のせいにはできないし、そういい加減なことは言えなくなるし、自分のことも傷つけられなくなります。

これは、道徳的な反省とはまったく違うものです。「レイ」を感謝とか反省とか宗教的なモノにまみれさせてしまう傾向がありますが、まったく違います。道徳的な反省では、何も変わりません。できないまま、変わらないまま、何となく気にしながら、何となく後ろめたいまま、みな、時を過ごしてしまうのがオチです。

**「レイ」は、とにかくいったん一〇〇%自己責任であると考え、自分自身にそれを突き付けることです。**そうすると、「イタタタタ、アタタタタ」と思うはずです。自分の恥もさらけ出します。それでもそれを乗り越えていくのが「レイ」の作業です。逆に言うと、この作業をすると、頑張って乗り越えるしかなくなります。

だからこそ、不都合が全部自分から始まっていると想定することは重要なのです。自分が自分を精査する方法はそれしかありません。自分で自分の欲望とかわがままな部分とか、間違った考えとかを精査するのです。それをやった後は、ポジティブ・シンキングでいいのです。

この作業をせずに、ポジティブ・シンキングをすれば、迷惑をまき散らすだけです。人間は不都合が生じたときに、頭に来てのた打ち回ったり、人を怒鳴ったりすることはあるわけです。でも、それが終わった後、単なる反省ではなくて、「怒鳴った私も、怒鳴られた人も、恥をかいたこの空間も、嫌な思いをしたこの空間も、全部私の責任だ」と思うことです。

朝テレビで、どこかの国で戦争をやっているのを見たとします。全部、自分のせいだと思うことです。そうすれば、その戦争を止めるために今、自分ができることは何か、と考えるはずです。そうなると、今日、人を励ますしかなくなります。

良い想念を使うことを一つでも二つでも自分の回りでやることしか実は方法はありません。そこに命をかけられるようになるのです。

現実を見ないふりをするなど、低いレベルに降りてはいけないのです。「そんなことまでやったらストレス抱えるよ」と言っているような生ぬるい問題ではないのです。鬱になっている間《ま》などないのです。すごく真剣勝負なのです。

## どんな物事にも対極があり「正化」がある

- 火水（リュウ・リュイ）、植物（セイ・ソイ）、鉱物（セイ・レイ）、動物（タマ・スイ）
- O・Iの基本理念は五分五分である。

これは結構説明が難しい概念です。「火」と「水」はある意味対極的なイメージです。この「火」的な性質と「水」的な性質の対極を「リュウ」と「リュイ」と呼ぶのです。

植物が成長して大きくなる、枯れて滅びるという対極構造を「セイ・ソイ」と言います。鉱物も、結晶する、壊れて崩壊するという対極構造があり、それを「セイ・レイ」と呼びます。

動物も同様に、創造的に生きることと、緩慢に死に至るという対極構造があり、「タマ・スイ」と呼びます。

そういう宇宙語の概念があるのです。そこで先ほどの三角形が二つ並んだ「同質的意識の図」（202ページ参照）を見せられます。つまり、どのような物事にも対極があって、「正化」される中心があることをスペース・ピープルは教えているのです。

精神世界では「中心感覚」と言う人もいますが、要するにドイツの哲学者ヘーゲルが主張するアウフヘーベン（止揚。矛盾する諸契機の統合的発展）なのです。相矛盾する右と左があっても、さらにそれを超えたモノがあるのです。

たとえば、植物は青くて緑で美しいな、素晴らしいなと思いますが、その一方で、植物に分類されるカビも真菌も人に対して猛毒を持っていたりします。植物は癒しと獰猛《どうもう》という二つの面を持っているのです。

薬も毒も持っています。だからこそ、美しかったり、分析する必要があったりします。植物から毒も薬も抽出することができます。どちらかを排除することはできないのです。二つの面を持っていることを統合的に理解すれば、植物を活用できるし、植物とも共存できるのです。

スペース・ピープルはすでにそういうモノの見方ができる科学を持っています。どちらかに偏ることをしません。対極となっている三角形を五分と五分で見る、すなわち「正化する」という基本理念を持っているということです。なお、ここに書かれているＯ・Ｉ（アザー・インテリジェンス）もスペース・ピープルのことです。

交信ノート35（２０７ページ）の最後に描かれている「雲竜」ですが、おもしろいことに、これは「水」の表れです。「雲」と「竜」は「水」の対極なのです。

水のイメージが収斂《しゅうれん》されていくと、やがて水は巨大で、半ば怖い生き物なのだというイメージに結実していきます。それがドラゴン、竜という存在です。

一方、水がドンドン拡散されて、ギリギリ見えるところまで拡散したものを、雲または霧という状態として私たちはイメージするのです。叢雲《むらくも》という言葉がありますが、淡い雲とドラゴンは水のイメージの二つの分化なのです。

ヤマタノオロチから叢雲の剣（スサノオノミコトがヤマタノオロチを退治した際、オロチの尾から得た霊剣）が出てきたのは非常に象徴的な神話です。このように、どのようなモノでも二つに分化して考えることができるのです。

この逆パターンもあります。二つに分化して考えると、そのものの本質が見えるということです。そういうことをこの雲竜が示しているのです。

このように、私のメモには全体のごく一部しか書かれていませんが、スペース・ピープルは一つ一つ丁寧に教えてくれるのです。

## ❖交信ノート36：1980年9月9日午後5時20分ごろ～

# 夕焼けとUFO雲と地震について

交信ノート36
1980年9月9日午後5時20分ごろ～

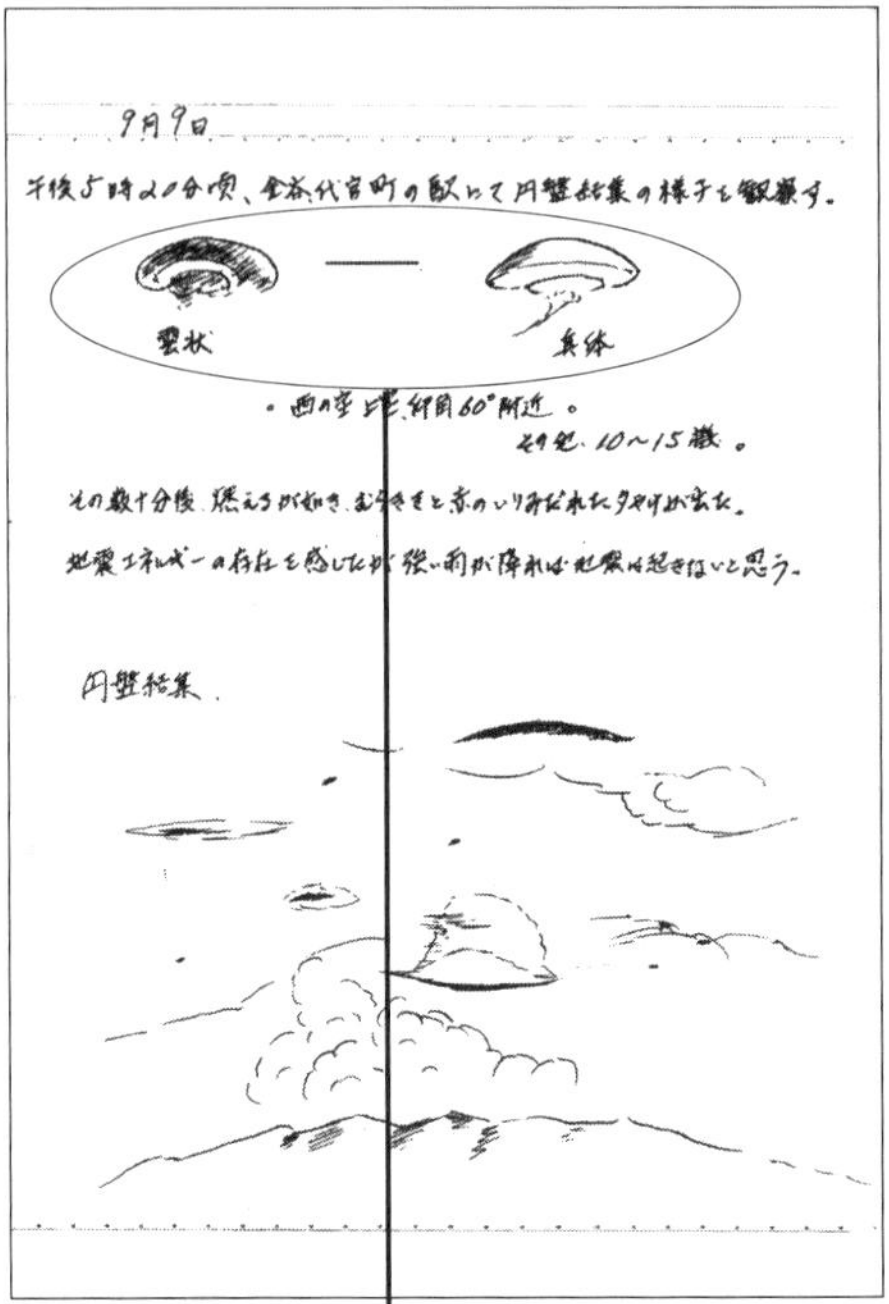


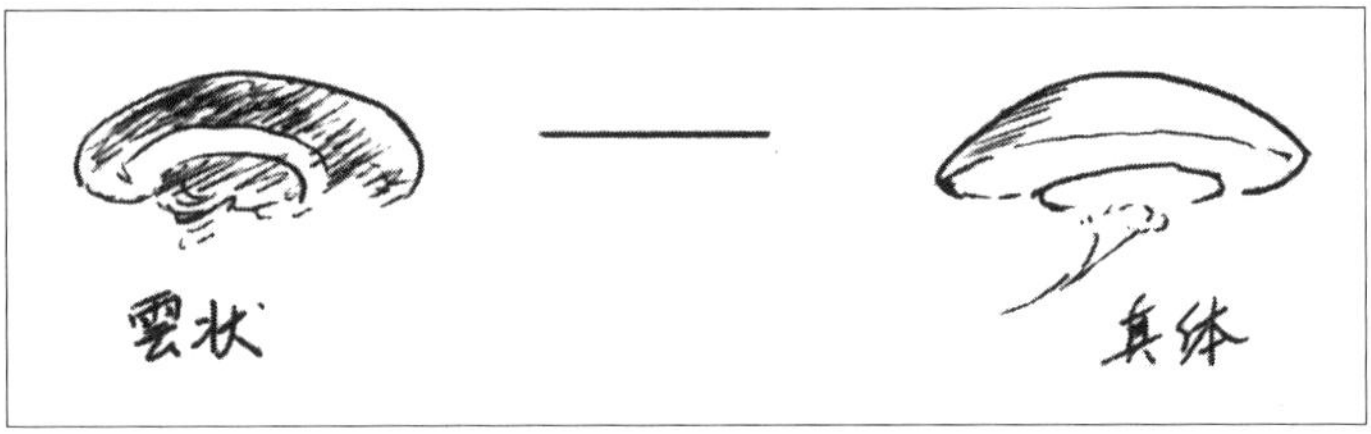


雲状UFOと真体のUFO。UFOは雲の形で現れることがある。

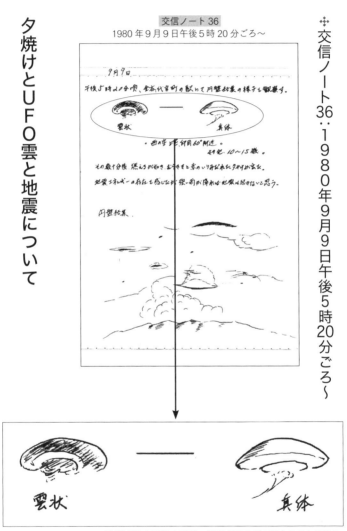

午後5時20分ごろ、金谷代官町の駅にて円盤結集の様子を観察す。
西の空上空、仰角60度付近。その他、10〜15機。
その数十分後、燃えるが如き、紫と赤の入り乱れた夕焼けが出た。
地震エネルギーの存在を感じたが、強い雨が降れば地震は起きないと思う。

雲とか竜のことで頭にいっぱいになっているときに見たものですね。九月九日ですから菊の節句です。郵便局員だったときですね。

当時、静岡県の金谷代官町《かなやだいかんちょう》を担当していました。帰りに駅で電車を待っていたら、円盤が結集してくるのが見えたわけです。

このときは、ほかの人には見えなかったはずです。最初、ＵＦＯ雲が出ていました。普通の雲のようにぼんやりと浮かんでいたのですが、それがギューと結集して、一瞬円盤の形になってフワッと消えたのです。

母船なども同じ見え方をします。最初は刀状《かたな》のフワッとした雲なのですが、両端から急にシャープになって直線状になって消えます。雲が形成されていく時間を逆回しにしたように消えます。

このときも、いいモノを見たなと思いました。ＵＦＯ雲というのがこういうモノなのだな、ということがわかりました。このあと、「あの雲にはＵＦＯがいるかいないか」がわかるようになりました。その初期教育の段階です。

その数十分後に見たのが、次に描いた「円盤結集」のスケッチです（２１８ページ交信ノート36参照）。燃えるが如き紫や赤の入り乱れた夕焼けが突然、目の前に現れたのです。

無人の田舎の駅なので誰もいないのですが、そのようなものすごい光景を見たわけです。こういうエネルギーを見せるときは、私だけに見せているのではありません。「今日は地震のエネルギーが渦を巻いている」ということを多くの人に感じさせるためでもあります。

このときは、この夕焼けの光景の中で、いろいろなＵＦＯの形を見せられたのですが、何となく地震のイメージも来ていました。赤い夕焼けでＵＦＯ雲がたくさん出るときは、地震の警告であることが多いのです。

ただし基本的には、ものすごく大きな地震が起こることがタイミング的に進んでいたとしても、集中的にその地に雨が降ると、鎮まることもあります。水の力と火の力のバランス関係が地震にはあるのです――そうしたモノの見方ができるのだよ、というスペース・ピープルの教えが、瞬時に入ってきました。

このときもそうですが、現実的な雲とか、いろいろなビジョンの中に、スペース・ピープルの啓示的なイメージが現れてくることが多いのです。啓示的な空間が現れるのです。

人為的でも自然的でもなくて、超越的な空間が出現します。その際は、あまり言葉では伝えてきません。意味がそのままズドンと来ます。このときは結局、雨が降ったので地震は来なかったと思います。

## ❖交信ノート37：1980年9月25日午前0時53分ごろ〜

交信ノート37
1980年9月25日午前0時53分〜

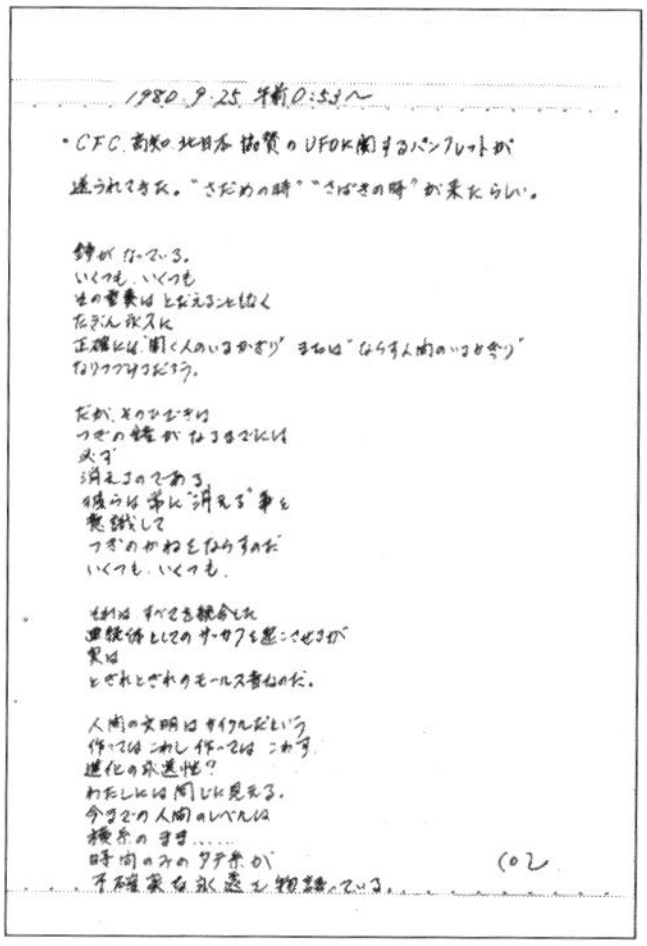


●UFOに関するパンフレットが送られてきた。〝定めの時〟〝裁きの時〟が来たらしい。

鐘が鳴っている。
いくつも、いくつも。
その重奏はとだえることなく
たぶん永久に
正確には〝聞く人のいるかぎり〟または〝鳴らす人間のいるかぎり〟

鳴り続けるだろう。

だが、その響きは
次の鐘が鳴るまでには
必ず
消えるのである。
彼らは常に〝消える〟ことを
意識して
次の鐘を鳴らすのだ
いくつも、いくつも。

それは、すべてを統合した
連続体としてのサッカクを起こさせるが、
実は
とぎれとぎれのモールス音なのだ。

人間の文明はサイクルだという。
作っては壊し、作っては壊す。
進化の永遠性？
わたしには同じに見える。
今までの人間のレベルは
横糸のまま……
時間のみのタテ糸が
不確実な永遠を物語っている。

このころは、いろいろな研究者やマスコミが動き回っていました。このとき、私は「〝定めの時〟〝裁きの時〟が来た」と思ったのです。スペース・ピープルには事前に言われていました。

「人が君のコンタクト体験を知りたがるということが起きる。君がそれを言わないのも自由だし、言うのも自由だ。体験を話せば、スペース・ピープルとかかわる、いろいろな人とつながっていくけれども、社会的な批判も当然受けるし、辱《はずかし》めを受けることもあるだろう。でも言わなければ、君自身の中で温められていくし、君の人生の役に立つかもしれないけれど、どうする？」ということでした。

このころは、「自由にしていいよ」とテレパシーで何度も言われていました。それで結局、私は直感に委ねることにしたのです。その直感の中で、いつかその「定めの時」というのが来るというのが、バーッとわかるのです。話す時が来る、と。

そして、ＵＦＯやスペース・ピープルのことを嫌がる人たちから私自身が裁かれる、ということもわかります。要するに十字架に架けられる自分が見えているわけです。

それは遠い未来から見たら、つまりスペース・ピープルから見れば、すでに決められたことです。スペース・ピープルはたぶんそれがわかっていたのだと思います。でも、それを「自分の選択だ」として私が選ばないといけなかったのです。そうしないと、「宇宙人に決められた」と私が後々騒ぐことになるからです。

ですから、そのとき私はもう、何となく覚悟していました。でも、意識の中ではすごい葛藤があったのです。そのときの葛藤を詩にしたものが、先ほどのものです。

未来において私の体験を発表した後、大々的な形で本にしてしまうとか、世間に伝播《でんぱ》していくとか、本格的になったときに襲ってくる悲しみと葛藤がもう先に入ってきてしまうのです。それを詩にしました。

最初は「わかるよ」と言って持ち上げてきても、後で突き落とすような流れが起きることが薄々わかっていたのです。事実、その通りになりました。私の体験を公表することに対する、ある種のわだかまりのようなものが読み取れます。

このような詩を書いたら、今度はスペース・ピープルは「反省の仕方」みたいなメッセージを細かく送ってきます。それが次の交信ノートです。

## ❖交信ノート38：1980年9月25日午後10時30分〜

交信ノート38-1
1980年9月25日午後10時30分〜

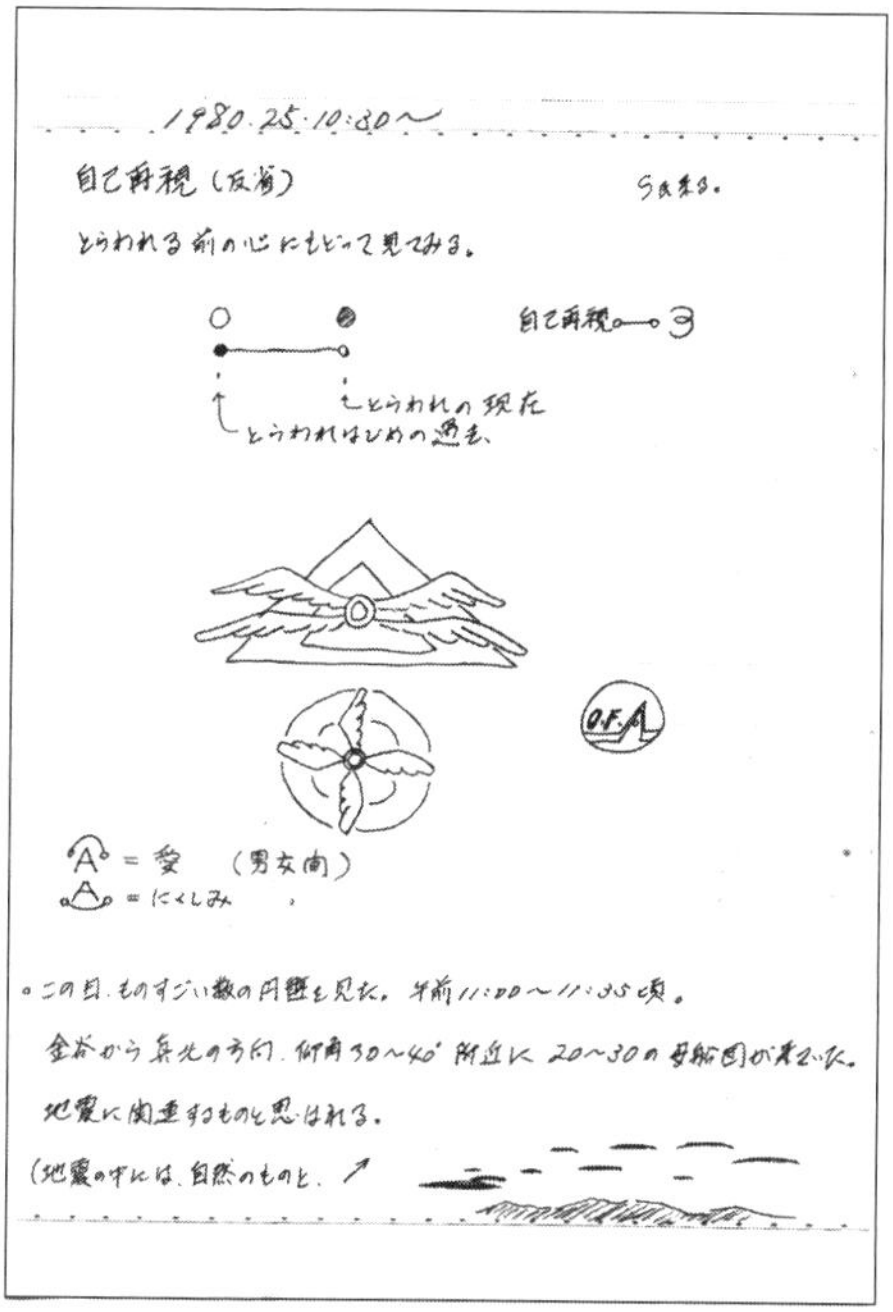


自己再視《さいし》（反省）
とらわれる前の心に戻って見る。

これはスペース・ピープルが教えてくれた、人間としての一番正しい反省の仕方です。「人間としての反省の仕方としては、こういうのがいいんじゃないかな」とスペース・ピープルが送ってきた図形と映像が、その次に描かれています。

人が反省する場合、問題を起こしたときのことを思い出して、問題解決を考えようとします。でも、そうではなくて、問題が起きる前の楽しかったときに戻って考えるのです。そうすると、どこで〝とらわれたか〟がわかります。それをスペース・ピープルは「自己再視《さいし》」と呼んだのです。自分を再び見るという作業です。

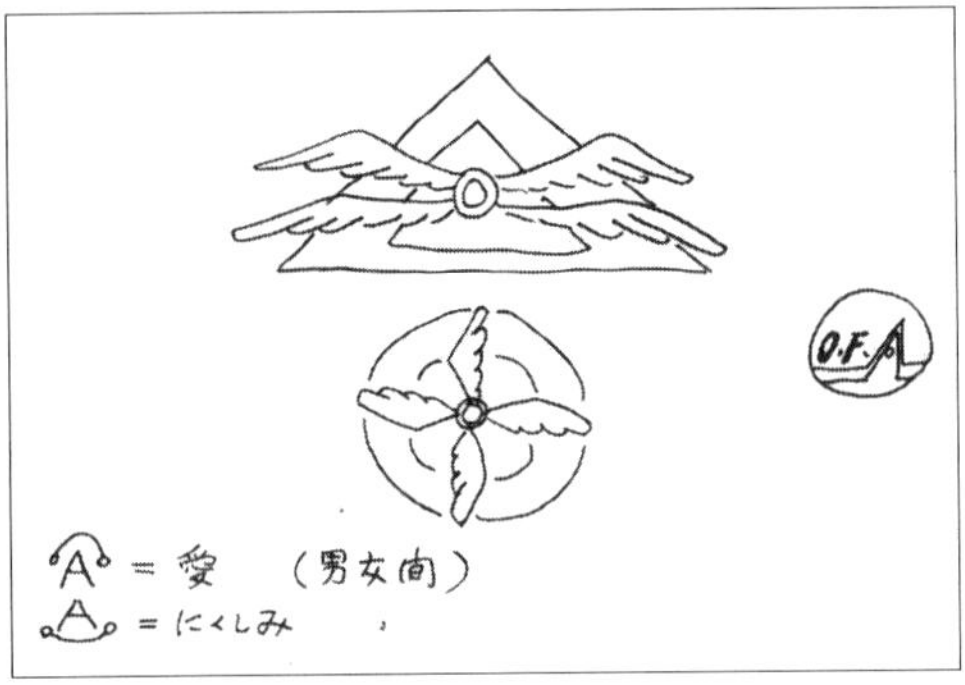

スペース・ピープルが送ってきた図形と映像

それはもう一度、自分を自由にして見るという作業でもあります。問題が起きたので悩む、ではいけないのです。問題が起きたことと悩むことは、本来は別々のことなのだとスペース・ピープルは言います。「問題が起きても悩まなければいいこともあるし、問題が起きていなくても、今悩むことができる」と彼らは言うのです。

問題が起きてから悩むという習慣をつけると、人間はもうそこから動けなくなります。トラウマのような悪い思い出になってしまいます。

とにかく、その前にさかのぼって考えろというのです。そうしないから悩み、動けなくなるのだ、というわけです。確かにそうすると、問題を起こした原因が明らかに自分にあるとわかります。

おもしろいことに、自分が起こしているとわかると、恐れがなくなります。他人に傷つけられたとか、環境が引き起こしたと思うから、意識が防衛本能とくっついてモヤモヤするわけです。

問題が起きる前に戻る概念を、この絵と映像で送ってきたのです。**四枚ある羽根**は自由の象徴です。下の同心円に羽根が付いた絵は、宇宙的な自由を認識していることを示しています。これはスペース・ピープルの姿でもあります。

上の三角形に羽根が付いた絵は、二元論から自由になること、先ほどお話ししたアウフヘーベンの姿を描いています。そのために、直感、思考、感情、感覚を使うということも示しています。

これは地球人が今あるべき姿です。おそらく、この三角形が丸になると、宇宙的になれるのです。

今回の場合、私は前世にまで戻りました。実は、私はこれまでにも何度か〝発表〟しているのです。私の過去世において、スペース・ピープルとのコンタクトは、三、四回あったのです。そのたびに公表して、痛い目にも遭っています。

正確に言うと、そのうち一回は公表したことによって群衆を支配しましたが、二回は群衆にボコボコにされました。その両方を思い出しました。

最初の二回は「火あぶり」で、三回目が「支配」でした。「支配」のときは、みな私の言うことを信じてくれたし、言うことを聞いてくれる心地よさがありました。まあ、二回の火あぶりと一回の支配で「おあいこかな」と思いました。

そういう過去世があったことがはっきりとわかれば、本当に納得できます。こだわってしまうのは、それを忘れているからです。

今生《こんじょう》でのつまずきは、だいたいは過去世においてやってきていることが原因です。火あぶりになることの恐怖や、支配したことの恐怖が、公表をためらわせていたのです。

支配したことも恐怖として残っていました。そのときは、すごくたくさんの人に影響を与えて、一つの〝小国〟を作ったのです。三万人くらいの人を引き連れて、導いていました。でも、そのときでさえ、常に裏切り者がいないか注意していなければならなかったことを覚えています。敵、つまり考え方の違う人が外からやってきて私たちを排除しないか、いつも警戒しなければいけませんでした。

こうした前世を見ることによって、今生のわだかまりの理由がはっきりしました。すると、恐怖心もなくなります。すでに経験したことであれば、胆《きも》も据わるわけです。

羽根の絵の左下にある、**「A」の下と上に弧を描いたようなシンボル**は、男女間もそうなのですが、相関する二つの性質のモノの間にある、親和性のある親愛の状態と、非常に反発し合っている憎しみの状態を宇宙文字で表したものです。接近しようとすると壊れる状態が下で、接近するとお互いに拡大していく状態が上です。

この日は午前中に、ものすごい数の円盤を見たとも書かれていますね。母船雲みたいなUFOです。

●この日、ものすごい数の円盤を見た。午前11時〜11時35分ごろ。

金谷から真北の方向、仰角30〜40度付近に20〜30の母船団が来ていた。

地震に関連するモノと思われる。

（地震の中には、自然のモノと、円盤が地磁気を調整するために起こすモノと2種類ある。以前は、といっても4000年以上も前だが、そのころは自然の山を加工することによって、地磁気を調節する技術を、原始的ではあったが理解し、行っていた者がいた。そこで一時期、地震をコントロールできたころがあったのだが、今では、その山がことごとく崩されてしまったため、我々の力のみで調整せざるをえなくなってきている）

これは完全に地震に関する啓示として現れています。要するにUFOは地震を鎮めに来ているのです。そういうことがあるのだということを、このころ何度か見せてもらいました。**地震の中には自然のモノと、円盤が地磁気を調整するために実際に起こして、消化するモノとがあります。**後者は、軽い地震を起こすことによって、大きな地震を消化するのです。その両方があります。

おもしろいのは、古代において地震をコントロールしていた時代があったとスペース・ピープルが言っていることですね。ちょうど四〇〇〇年くらい前に、エジプトのピラミッドやイギリスの人工丘が造られたりしていますから、それと符合します。

日本にも古代ピラミッドがあったという説があります。そうした山々を見ると、確かに加工された形跡があります。当時、私はそのようなことを知りませんでしたが、今なら納得できます。

## ✣交信ノート39：１９８０年９月28日午前０時０分〜

円盤母船結集。

雲にドラゴン・マーク現れる。

（これが我々の住む世界の実相である）

交信ノート38-2と交信ノート39

1980年9月28日午前0時0分〜

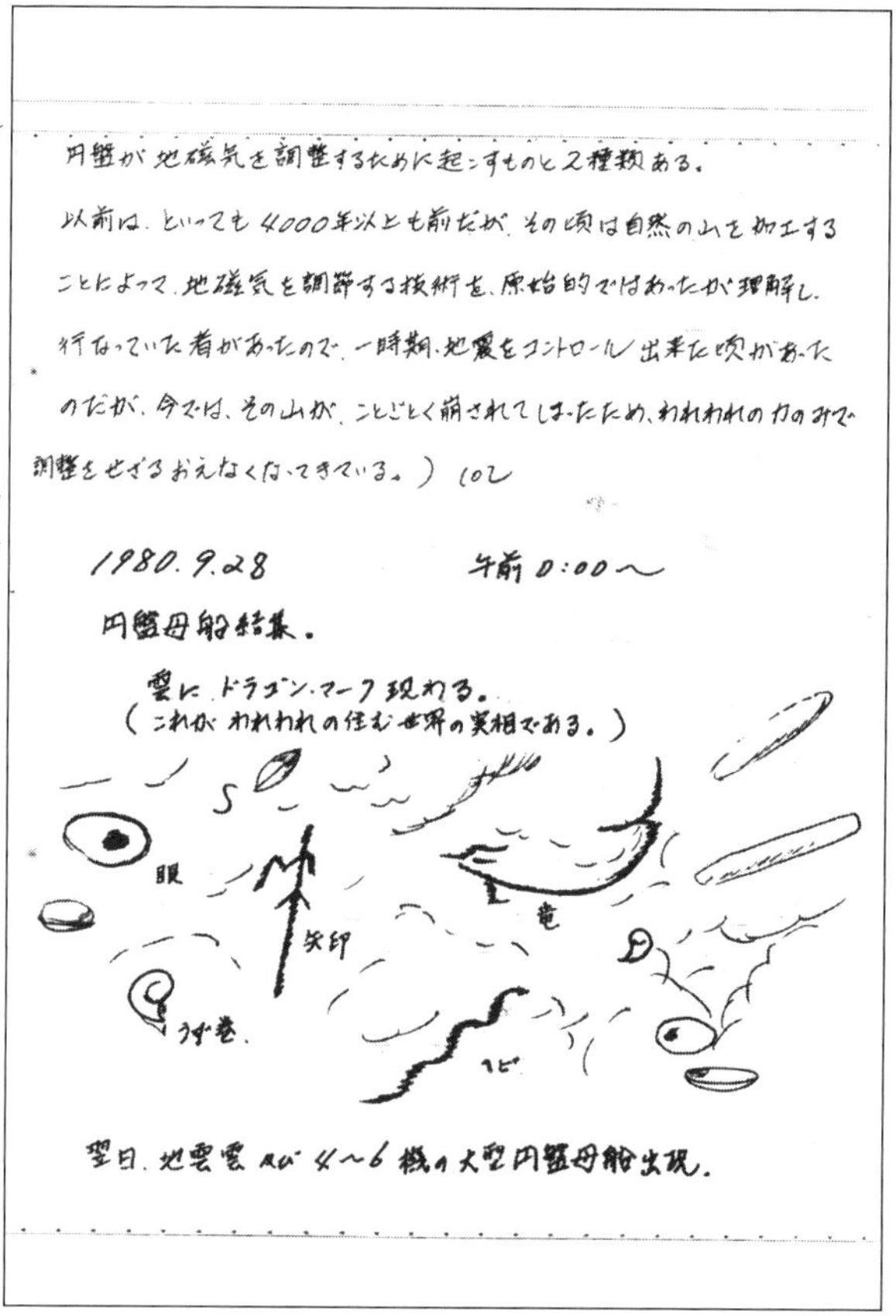
交信ノート38-2

円盤が地磁気を調整するために起こすものと2種類ある。
以前は、といっても4000年以上も前だが、その頃は自然の山を加工することによって、地磁気を調節する技術を、原始的ではあったが理解し、行なっていた者があったので、一時期、地震をコントロール出来た頃があったのだが、今では、その山が、ことごとく崩されてしまったため、われわれの力のみで調整をせざるをえなくなってきている。) 102

交信ノート39

1980.9.28　午前0:00〜
円盤母船結集。
雲にドラゴン・マーク現わる。
(これがわれわれの住む世界の実相である。)



翌日、地震雲及び4〜6機の大型円盤母船出現。

これはテレパシーで見せられたのか、実際に見たのか覚えていませんが、たくさんのUF

Ｏ雲を見せられたことを描いています。このようにいろいろな形のＵＦＯ雲が現れては消え、現れては消えを繰り返しました。ＵＦＯがいろいろな雲の彫刻をするのです。翌日、実際に地震雲と四～六機の大型円盤母船が出現したりしたのです。

## ✣交信ノート40：1980年10月1日～

交信ノート40
1980年10月1日～

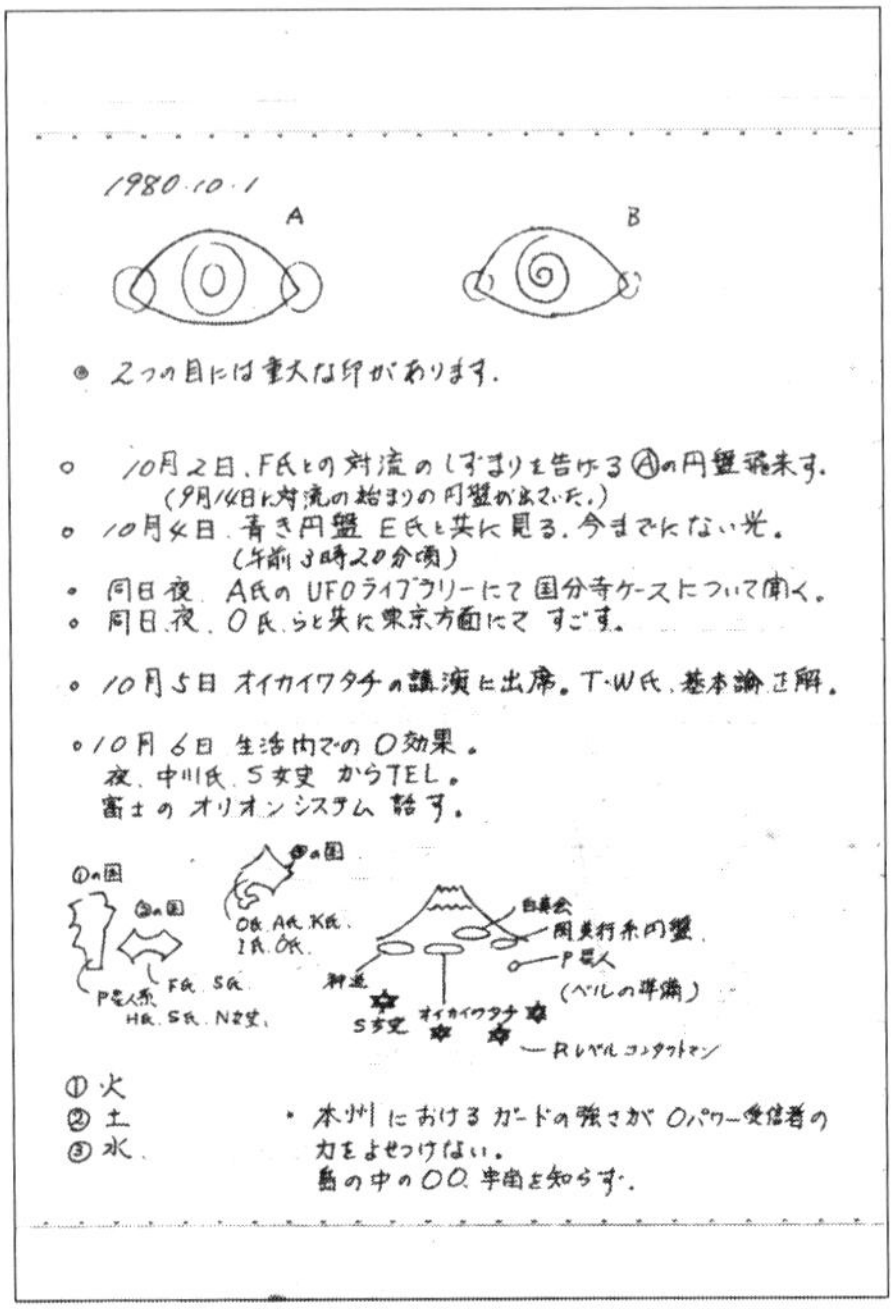


左ページの上のようなシンボルを見せられました。「二つの目には重大な印があります」と書かれています。

左が同心円の二重丸で、右は渦巻きです。渦巻きは何らかの吸収を表します。渦巻きは放出だと言う人もいますが、そこにエネルギーをとどめて〝帯

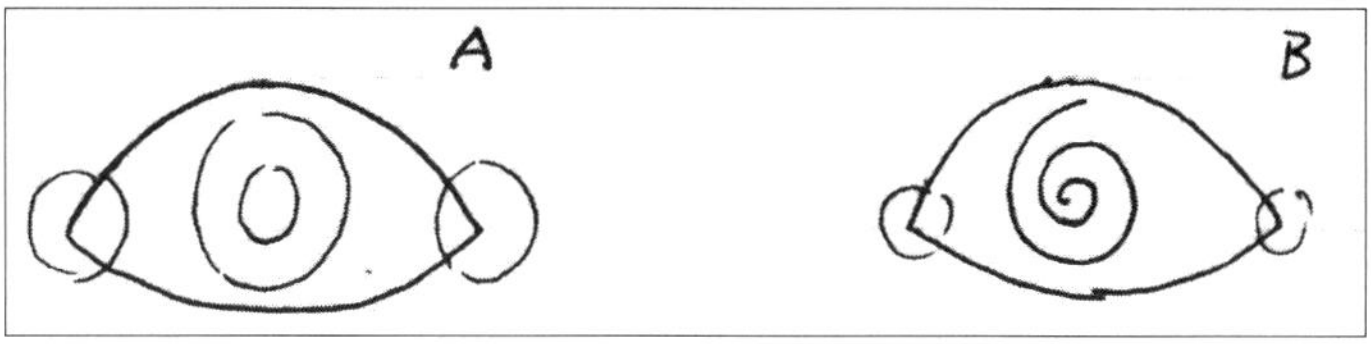


電〟させるのが渦巻きです。

たとえば、渦巻きをここに書けば、エネルギーはしばらくここにとどまります。そういう性質があります。これに対して、重円とか同心円は、エネルギーを外へ拡散させます。その場所を希薄にする性質があるのです。渦巻き状の殻を持つカタツムリがこだわりを表すのも、渦巻きの性質の延長線上にあるからです。こだわりとは、そこにとどめるとか、とどまるということです。

このシンボルの後、日記風に周囲で起きた出来事に関して記しています。

- 10月2日、F氏との対流の鎮まりを告げるAの円盤（左上図参照）飛来す。（9月14日に対流の始まりの円盤が出ていた）
- 10月4日　青き円盤、E氏と共に見る。今までにない光。（午前3時20分ごろ）
- 同日夜、A氏のUFOライブラリーにて国分寺ケースについて聞く。
- 同日夜、O氏らと共に東京方面にて過ごす。
- 10月5日　オイカイワタチの講演に出席。T・W氏、基本論、正解。

・10月6日　生活内での０効果。
夜、中川氏、Ｓ女史からＴＥＬ。
富士のオリオンシステム話す。

人との激しい対流があるたびにＵＦＯが出てきたことを記録しています。人の縁と宇宙との関係を感じ始めたのも、このころですね。東京と静岡を行ったり来たりしました。「オイカイワタチ」（編集部注　ＵＦＯ研究団体ＣＢＡ〔宇宙友好協会〕の幹部数人が作ったグループ）とか当時出始めたばかりのグループと接触をしました。いろいろな考え方があることや、そうした人たちがどのような宇宙人に導かれたのかといった示唆も受けました。もう覚えていませんが、かなり詳しく教えてくれたように思います。

一〇月のこの数日間は、人間関係といろいろな思いの摺《す》り合わせをしていたのです。

## ✣交信ノート41：１９８０年10月7日午後11時～

・人型の意義を認めなくてはならぬ時が来た。

この図は、根源的な因子と人間がつながっていることを示しています。そのつながりが切

交信ノート41
1980年10月7日午後11時～

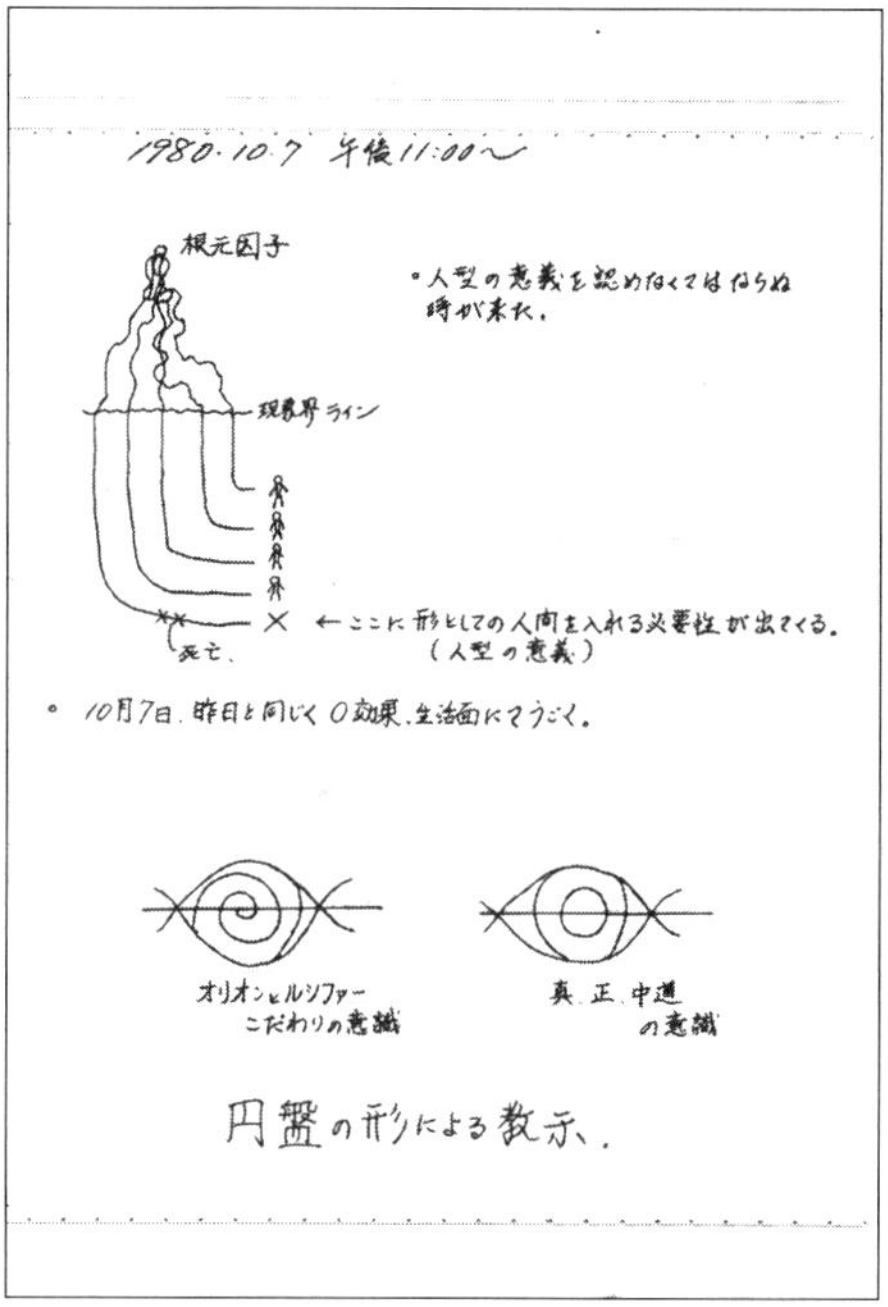


れるということは、肉体が死ぬということです。死ぬと、バランスを取るために、「そこに形《かた》としての人間を入れる必要性が出てくる」とスペース・ピープルは言うのです。

　それはどういうことかというと、人が死んだとき、すなわち「人の形」がなくなったときに、その「人の形」を補うために、遺影を飾ったり、写真を飾ったり、お墓を造ったりする必要があるというのです。あるいは、好きだった玩具《おもちゃ》などその人の存在を感じるモノとか、人形《ひとがた》なるものを置くことで、亡くなった人を補う必要があるのだそうです。そうすると、その場に悪いモノが残りにくくなるとの説明でした。癒されるというのです。

次ページの図で言うと、矢印で示した「×」のところは「人形」が欠落しています。そこ

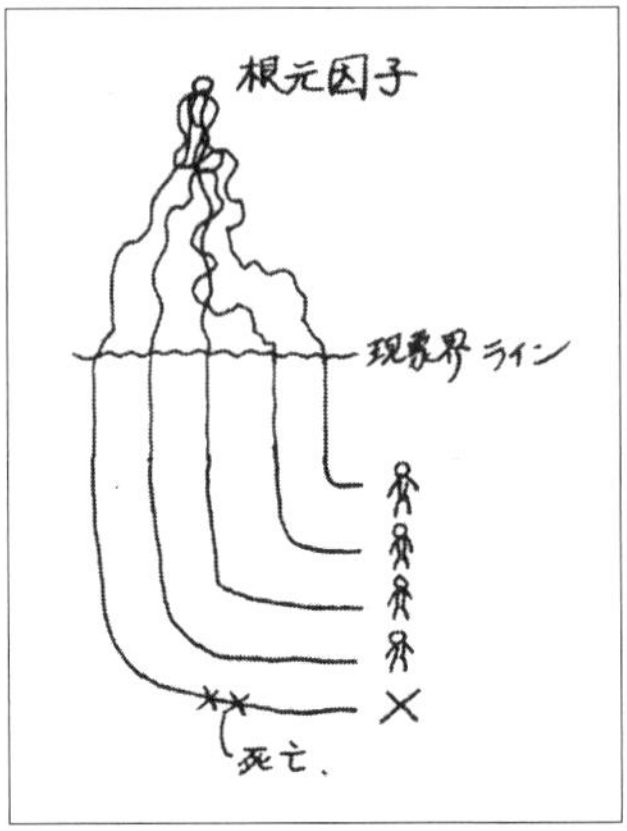


「×」のところは「人形」が欠落しているので、そこにその人のことを感じられるものを入れておかないと癒されないし、バランスが取れないとスペース・ピープルは言う。

にその人のことを感じられるものであれば何でもいいから、入れておかないと癒されないし、バランスが取れないのだとスペース・ピープルは言います。ですから、形見分けとか、仏壇を造ったりすることは、「人形」を埋めるという意味において重要だと言うのです。

しかしスペース・ピープルは、宗教的な立場で言う説明とはまるで違う意味であると言います。もっと科学的なことだと言うのです。

私も詳しくはわかりませんが、たぶん代償効果のような現象があることを言っているのだと思います。亡くなった代償として欠けた部分を埋めてあげると、金銭面で急にお金が入ってくるようなことが起こるのです。

「10月7日、昨日と同じく、0《ゼロ》効果、生活面にて動く」と書かれていますから、当時、何かそのようなことがあったのだと思います。なお、「0効果」とは、代償を払ってプラスマイナスをゼロにすることにより生ずる効果のことです。差し引きゼロになる代償効果と同じ意味です。

その下に描いたのは、先ほどの二重の同心円と**渦巻きのシンボル**ですね。オリオンとルシファーというのは、渦巻きの意識、つまりこだわりの意識です。自分の内側に閉じています。なんでも自分流にする、ということです。

一方、こだわりのない意識が右の同心円で「真」「正」「中道」の意識を表しています。

「円盤の形による教示」とは、実際にＵＦＯが模様として、この二つのシンボルを映し出して見せてくれた、という意味です。

❖交信ノート42：1980年10月11日午前0時0分〜

交信ノート42
1980年10月11日午前0時0分〜

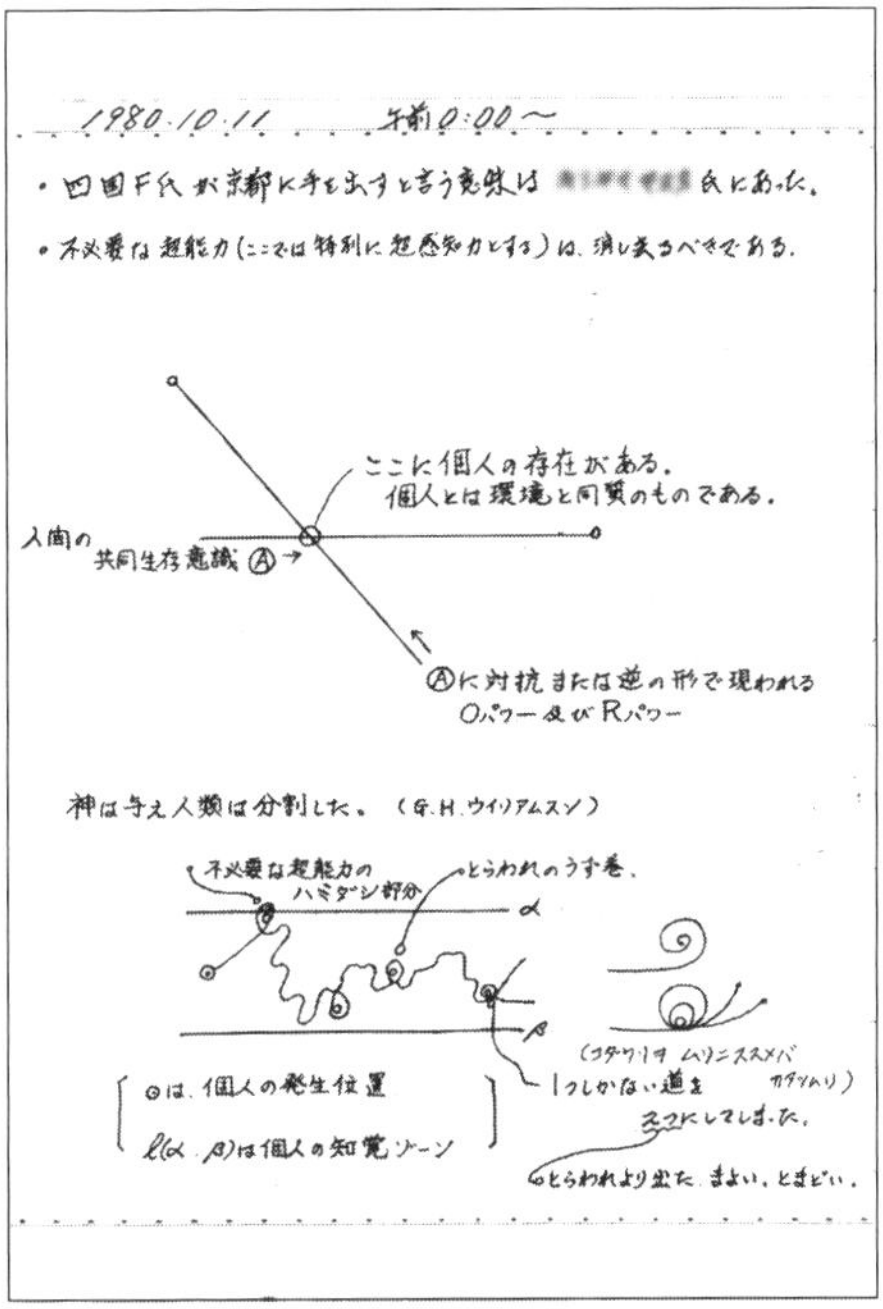

## 「こだわりを無理に進めばカタツムリ」

- 四国Ｆ氏が京都に手を出すという意味はＫ・Ｙ氏にあった。
- 不必要な超能力（ここでは特別に超感知力とする）は、消し去るべきである。

もう詳しくは覚えていません。その下に描いてある図（下に再掲）の説明をしましょう。みなが調和する共時性のような意識が「人間の共同生存意識Ａ」です。集合無意識みたいなもので、横線で描かれています。

これに対して、人によってはこの集合意識「Ａ」を斜めに乱すような性質を持った意識を持っている場合があります。それが「Ａに対抗または逆の形で現れるオリオン・パワー（Ｏパワー）およびルシファー・パワー（Ｌパワー）」です。でもこのパワーは「悪」ではありません。言ってみれば、「不都合なシ

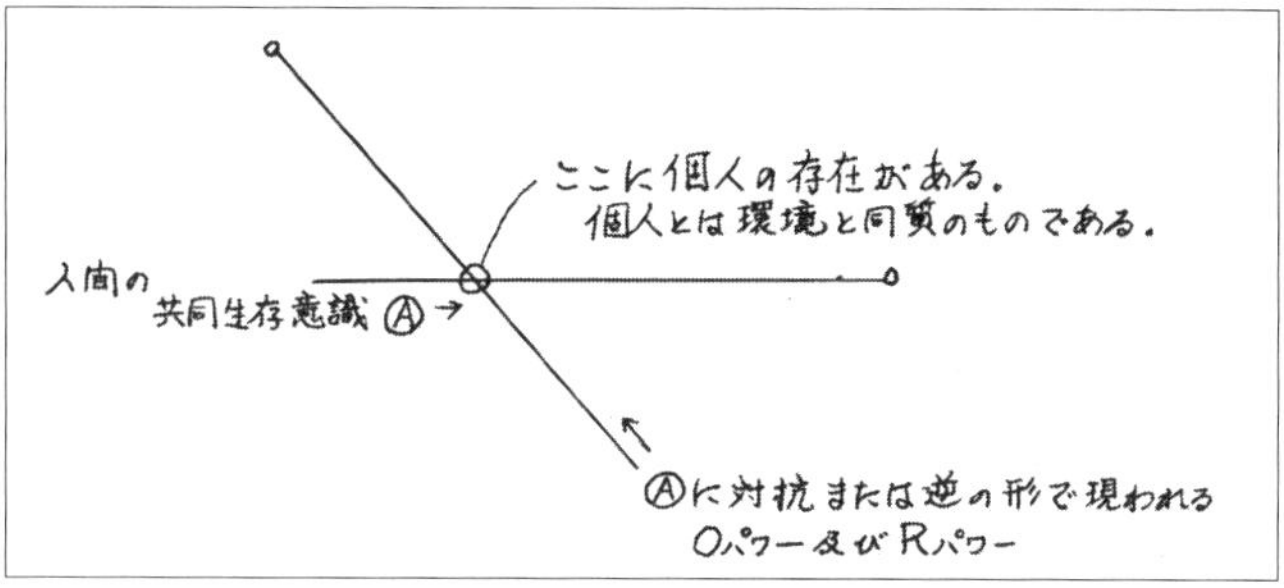

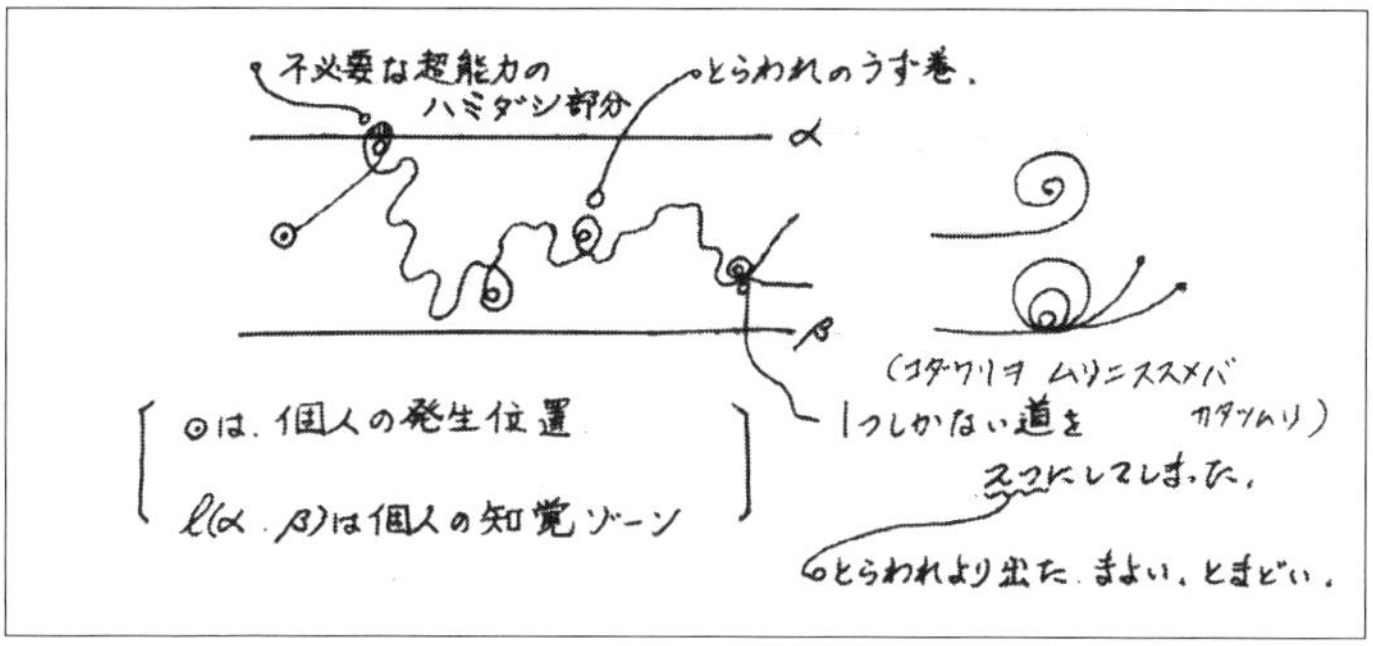


「こだわり」の想念であるカタツムリが無茶苦茶に動いて、安定したものを壊す。

ンクロニシティを起こしたい力」があるということです。

地球人がこの力を、「悪」という概念で包んでいるのが、すでに問題なのです。だから戦えないのです。地球人には、本当に一極の悪があるように思わせているという問題があります。しかしながら、これはただ、タイミングが合わなくなる力なのです。

すると、みなイラついて、不機嫌になって、調子悪くなって、滅茶苦茶に怒るようになります。そういう瞬間には、オリオンとかルシファーのパワーを持っている人がかかわっています。和を壊す力です。警戒する必要があります。でもそれは、敵でも悪でもありません。ただ注意しなければいけないだけなのです。

「そういう人間についてもっと説明してください」とスペース・ピープルに頼んだら、「神は与え、人類は分割した」(G・H・ウィリアムソン)という言葉と共に見せてくれたのが、上の絵です。

カタツムリみたいなものが、「こだわり」の想念です。そのカタツムリが無茶苦茶に動くのです。本人は確固とした思いを持っていて、「こだわりがあるんだ。俺は俺だ」と思っているくせに、動いています。「僕は筋が通っているからね」と言っているくせに、滅茶苦茶な、筋が通っていない動き方をしているのです。

そういう想念は安定したものを壊します。そして、ところどころに囚われの渦を巻いて、人を巻き込んだり引きずり込んだりします。渦に囚われると選択肢が生まれます。

たとえばずっとまっすぐやってきた人でも、選択肢がたくさん生まれるので、迷います。こだわりが出ると、必ず二つの選択肢が出てきます。それをスペース・ピープルは、カタツムリを描いて説明するのです。

「こだわりを無理に進めばカタツムリ」「一つしかない道を二つにしてしまった」と書いてあるように、分割された道とは「囚われより出た、迷いととまどい」の道なのです。

## ❖交信ノート43：1980年10月13日午前0時0分〜

「こだわりのカタツムリ」の二日後に送ってきたのは、**螺旋状の渦のビジョン**でした。カタツムリの「こだわりの想念」がもっとトータル的に、総合的に繰り返されたものが、交信ノート43の左上に竜巻のような渦で表されています。これはもっと大きな社会的なカルマを表したものでもあります。渦は弱くなったり強くなったりしながら、何度も同じことを繰り返させます。しかも悪い面を繰り返させるのです。

　その悪い面を繰り返す状態が続いていたこの渦を、いつか人間が消滅させた時を表しているのが、右隣に描かれた図です

交信ノート43
1980年10月13日午前0時0分〜

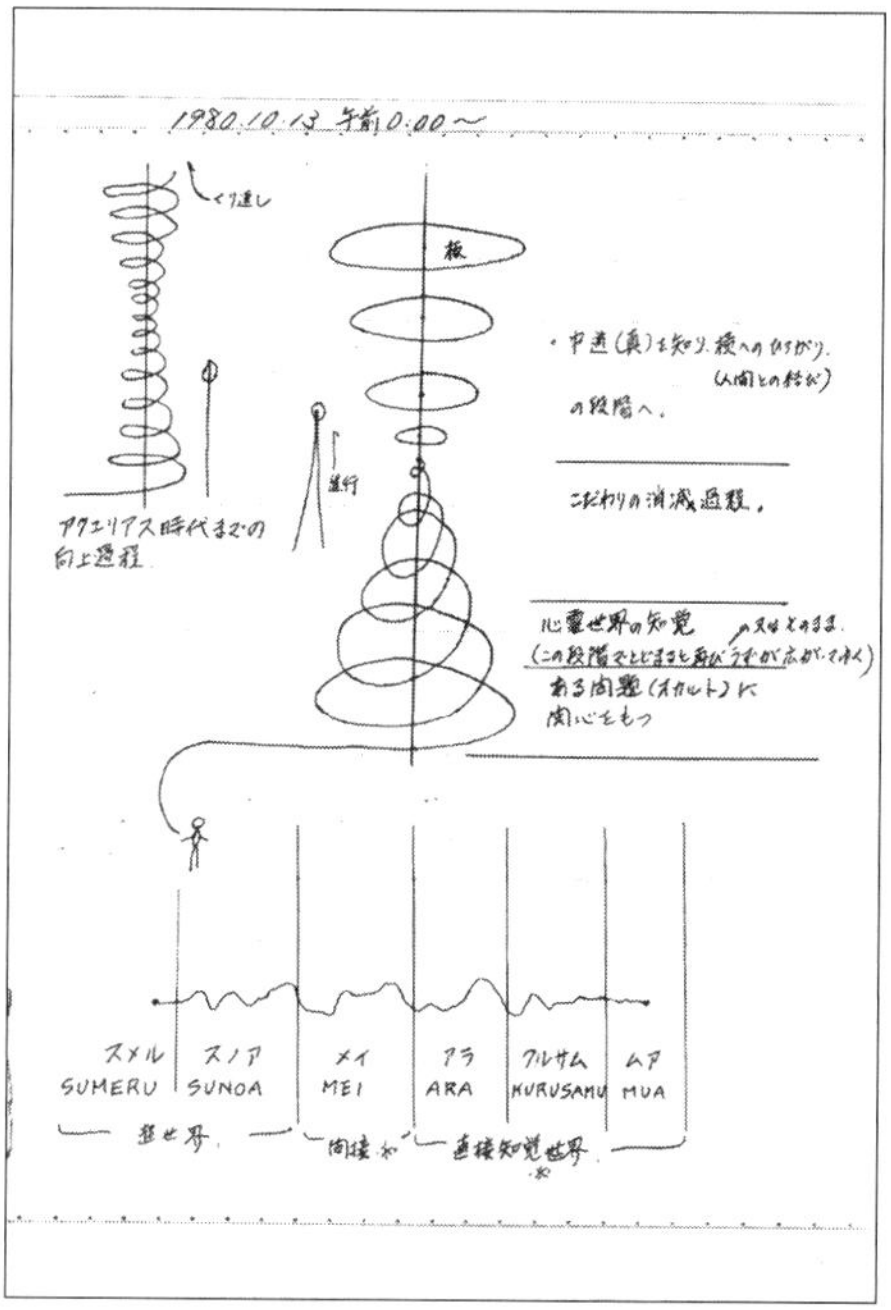


（次ページに再掲）。上に向かって進行していますが、渦が消滅している点が、こだわりが消滅するときです。消滅すると、中道（真）を知り、横へ広がっていきます。それが円《まる》い板で表されています。

　この場合の円い板は、人間との結びを表すシンボルです。それがドンドン大きくなっていきます。ぱっ、ぱっ、ぱっと、今度は板状に進化するようになるのです。

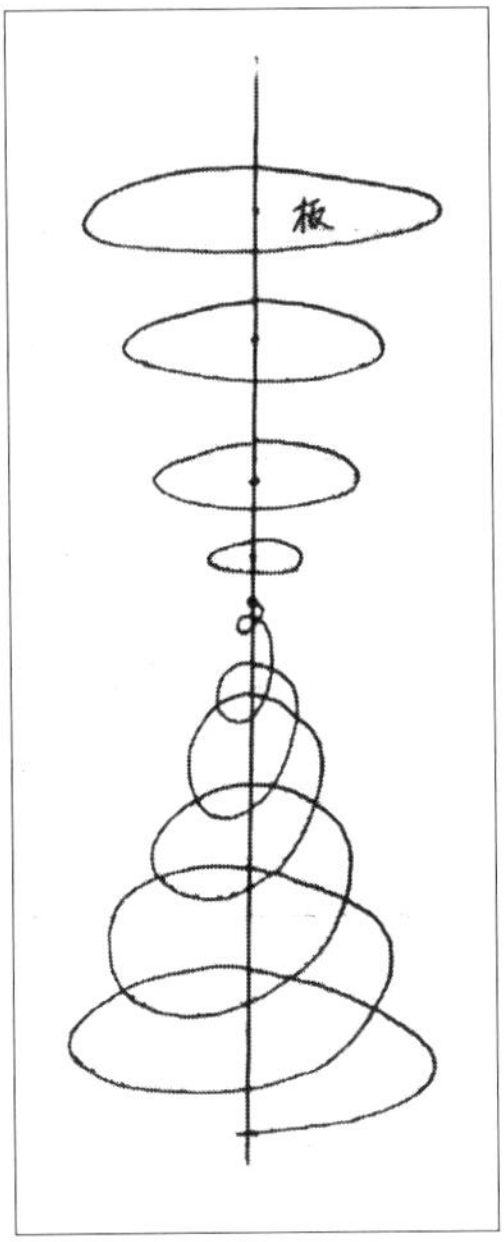


瞬間に全部把握するという状態が、次から次へと現れるようになります。迷いのない安定した認識がドンドン広がっていくのです。

カタツムリのように動き回ったり、戦争と平和、善と悪といった対極と対極の間で振れたりもせず、安定した進化を成し遂げることができるのです。すると、「原子力もわかるけれど、その外側もわかるよね」とか、単なる反対・賛成を超えたアウフヘーベンができるようになります。

ところが地球人は渦が収束するかと思うと、今度は逆さ回りに渦を巻き始めるなど、一向に渦巻きは止まらず、同じことを繰り返しているのだと、スペース・ピープルは言います。

交信ノート43の下に描いている表は、宇宙にある世界を示しています。**「スメル」「スノア」**というのは「超世界」のことです。二段階あります。超世界とはこの世界から解脱した世界です。

「メイ」は「間接知覚世界」とも呼べる世界で、私たちの世界からも、超世界からも知覚できるような中間の世界です。それぞれの世界を映画で見るような世界で、ある意味「疑似世界」でもあります。

そして私たちの住む「直接知覚世界」があります。その世界でさえ、**「アラ」「クルサム」「ムア」**という三つの世界が交差しています。ただしこの三つの世界は、まったく時間の流れが違います。時間の構成の異なる三つの世界がすでにここで交差しているのです。

では、私たちの世界がこの三つの世界のどれなのかと思うかもしれませんが、三つの世界がどれもここにあるのです。私たちは三つの世界を行ったり来たりしています。

この三つの世界を、物質世界とか精神世界に分けることもできません。ただ、時間の流れが違うだけです。

時間が違えば、物質の構成とか重力、光も異なってきます。しかしながら、みな、同じように知覚しながら生きています。

私たちの見る夢もこの世界に入っています。夢の方がやや外側にいる感じがします。

よく霊とか魂とかいう表現を使いますが、そうした宗教的な感覚とは違う世界だと、スペース・ピープルたちは言います。それをまとめたのがこの表です。

この日の夜、その続きとして次の交信ノート44に書かれているメッセージを受け取っています。

## ❖交信ノート44：1980年10月13日午後11時40分～

交信ノート44
1980年10月13日午後11時40分～

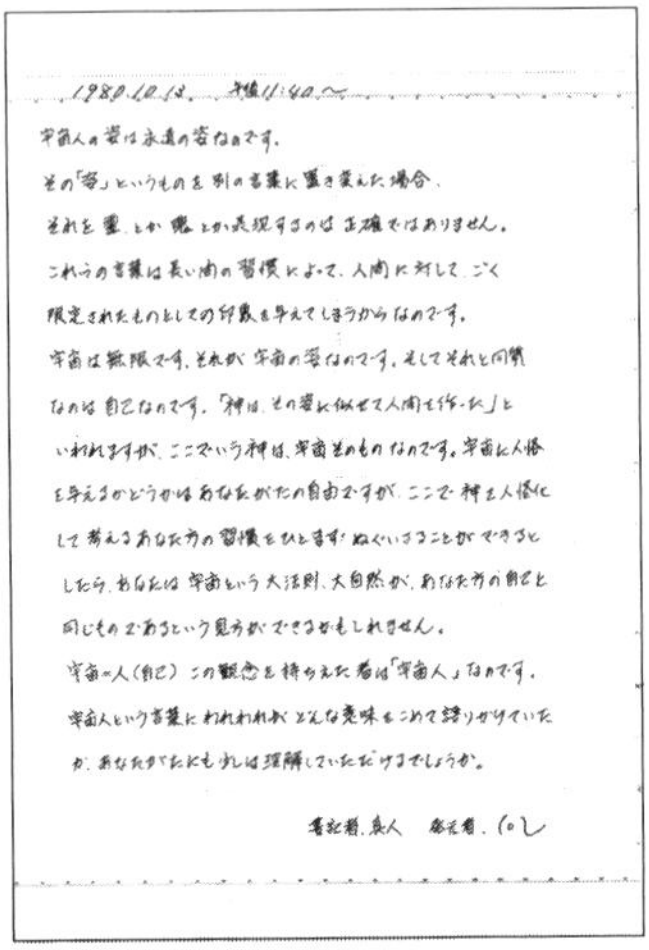
1980.10.13.　午後11:40～
宇宙人の姿は永遠の姿なのです。
その「姿」というものを別の言葉に置き換えた場合、
それを霊とか魂とか表現するのは正確ではありません。
これらの言葉は長い間の習慣によって、人間に対して、ごく
限定されたものとしての印象を与えてしまうからなのです。
宇宙は無限です。それが宇宙の姿なのです。そしてそれと同質
なのは自己なのです。「神は、その姿に似せて人間を作った」と
いわれますが、ここでいう神は、宇宙そのものなのです。宇宙に人格
を与えるかどうかはあなたがたの自由ですが、ここで神を人格化
して考えるあなた方の習慣をひとまずぬぐいさることができると
したら、あなたは宇宙という大法則、大自然が、あなた方の自己と
同じものであるという見方ができるかもしれません。
宇宙＝人（自己）この観念を持ちえた者は「宇宙人」なのです。
宇宙人という言葉にわれわれがどんな意味をこめて語りかけていた
か、あなたがたにも少しは理解していただけるでしょうか。
書記者．良人　発信者．Iol

## 「宇宙人」とは何か

宇宙人の姿は永遠の姿なのです。

その「姿」というものを別の言葉に置き換えた場合、それを霊とか魂とかで表現するのは正確ではありません。

これらの言葉は長い間の習慣によって、人間に対してごく限定されたものとしての印象を与えてしまうからなのです。

宇宙は無限です。それが宇宙の姿なのです。そしてそれと同質なのは自己なのです。「神は、その姿に似せて人間を作った」と言われますが、ここでいう神は、宇宙そのものなのです。

宇宙に人格を与えるかどうかはあなた方の自由ですが、ここで神を人格化して考えるあなた方の習慣をひとまず拭い去ることができるとしたら、あなたは宇宙という大法則、大自然が、あなた方の自己と同じものであるという見方ができるかもしれません。

宇宙人＝人（自己）。この観念を持ち得た者は「宇宙人」なのです。

宇宙人という言葉に我々がどんな意味を込めて語りかけていたか、あなた方にも少しは理解していただけるでしょうか。

## ❖交信ノート45：1980年10月14日午後11時30分〜

交信ノート45-1
1980年10月14日午後11時30分〜

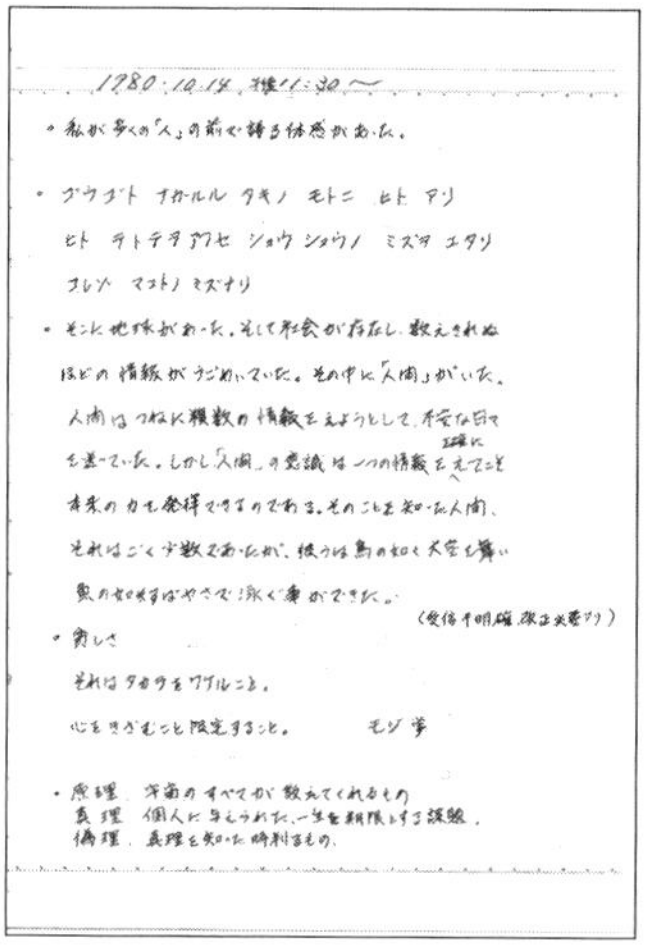
1980.10.14. 午後11:30〜
・私が多くの「人」の前で語る体感があった。
・ゴウゴト ナカールル タキノ モトニ ヒト アリ
ヒト テトテヲ アワセ ショウ ショウノ ミズヲ エタリ
ナレゾ マコトノ ミズナリ
・そこに地球があった。そして社会が存在し、数えきれぬほどの情報がうごめいていた。その中に「人間」がいた。人間はつねに複数の情報をえようとして、不安な日々を送っていた。しかし「人間」の意識は一つの情報を正確にとらえてこそ本来の力も発揮できるのである。そのことを知った人間、それはごく少数であったが、彼らは鳥の如く大空を舞い魚の如くすばやさで泳ぐ事ができた。
（受信不明確、訂正必要アリ）
・美しさ
それはタカラをワケルこと。
心をきざむこと限定すること。　モジ 事
・原理　宇宙のすべてが教えてくれるもの
真理　個人に与えられた、一生を期限とする課題。
倫理　真理を知った時制するもの。

## 人類史、科学、文字学

●私が多くの「人」の前で語る体感があった。

●轟々《ごうごう》と流れる滝のもとに人あり
人 手と手を合わせ 少々の水を得たり
これぞ 真《まこと》の水なり

右の文章は、O・I（アザー・インテリジェンス）からのメッセージのように思います。

●そこに地球があった。そして社会が存在し、数え切れぬほどの情報が蠢《うごめ》いていた。その中に「人間」がいた。人間は常に複数の情報を得ようとして、不安な日々を送っていた。しかし「人間」の意識は、一つの情報を正確に得てこそ、本来の力を発揮できるのである。そのことを知った人間、それはごく少数であったが、彼らは鳥の如く大空を舞い、魚の如き素早さで泳ぐことができた。

人類史のようなことを書いていますが、これはスペース・ピープルからテレパシーで送られてきたメッセージをそのまま書いたのだと思います。

●貧しさ
それは宝を分けること。
心を刻むこと、限定すること。

地球の科学は、よく分類したり分けたりします。でも分けてはいけない、とスペース・ピープルは言います。その例として挙げると、鉱石を必要な鉱物と瓦礫《がれき》に分けることだというのです。

というのも、瓦礫の中からドンドン有毒物質が流れ出てくるからです。分けないで、自然のままで使うことを考えると、科学はもっと進むのに、というのです。

だから非破壊検査みたいなことをもっとやるべきだということのようです。脳科学は脳を外側から観察できるようになってすごく進歩しました。それまでは、解剖して分けて、脳の謎に迫ろうとしていました。**分けるのではなく、全体で見なければならない**ということです。

何でも分ける科学は、宝を分けるような貧しい科学であると言っているようです。

文字学
- 原理　宇宙のすべてが教えてくれるもの
- 真理　個人に与えられた、一生を期限とする課題
- 偽理《ぎり》　真理を知ったときにわかるもの

よくスペース・ピープルは「言葉を作ってみたら」というゲームをやらせます。もし「原理」という言葉を作るとしたら、どう定義したらいいかをスペース・ピープルと話し合うのです。それを書いたものです。

「真理」があるのだから、偽《にせ》の理もあるだろうということになって、「偽理《ぎり》」という言葉を作ったわけです。

このとき、「定義の仕方を間違えると、いろいろなことがわからなくなるな」と思った記憶があります。

この文字学の後に見せられたのが、交信ノート45-2の**「観察者の視点」**の図です。

**交信ノート 45-2**

1980 年 10 月 14 日午後 11 時 30 分〜 の続き

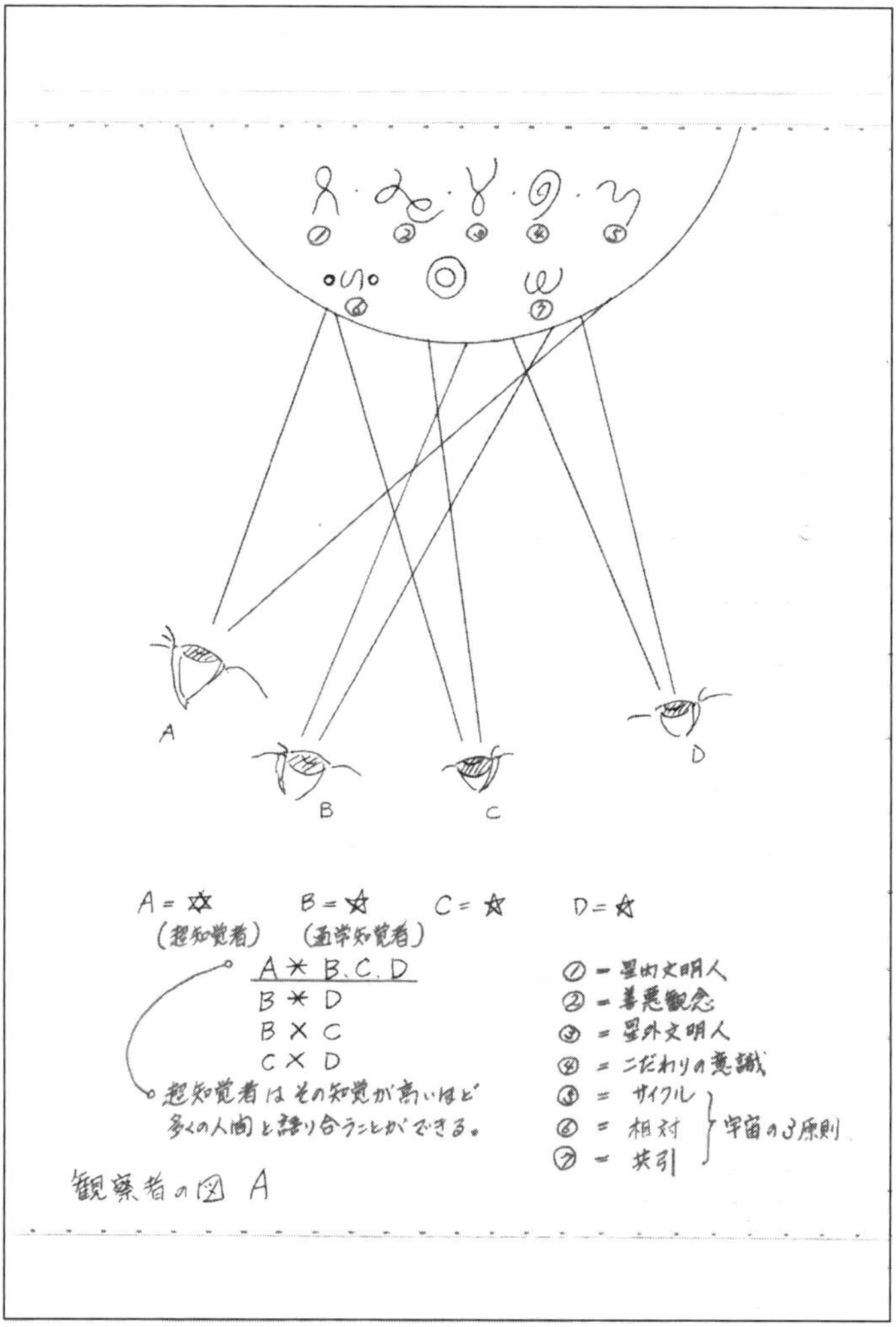

## 観察者の視点が世界を決める

ここには、超知覚者のAと、通常知覚者のB、C、Dの視点・視野が描かれています。ある世界には七つの要素があったとします。それらは図のようなシンボルで表され、それぞれ次のような番号を付けられています。

①星内文明人、②善悪観念、③星外文明人、④こだわりの意識、⑤サイクル、⑥相対、⑦共引、です。

このうち⑤⑥⑦は宇宙の三原則と呼ばれるもので、それぞれ⑤物事は繰り返す、⑥物事はほぼ相対でできている、⑦同質なものは引き寄せられる、という意味です。

観察者Bの視点・視野では、このうち④⑤⑦しか見えません。Cが見えるのは①②⑥で、Dが見えるのは③④⑦です。

一方、超知覚者はB、C、Dが見ているモノはほとんど全部見えます。超知覚者は、その知覚力が高いほど多くの人間と語り合うことができる、ということです。

このように図で覚えるのが一番早いです。忘れることもありません。文章だと読んだ先から忘れることがあります。三行目に何があったか、なんて覚えていません。

図ならば、ずいぶん昔に描いたものをいま読み返しても、すぐに思い出すことができます。

## ❖交信ノート46：1980年10月14日午後11時56分～

- 人の中に、特にこの者とは会いたくないという人物がいたとしたら、その人物の思考パターンを研究することです。それがあなたの中にある「心の影」だからです。それを消すことができれば、あなたはそれだけ明るくなるのです。「人は人の鏡」という言葉は、それなりに重大な意味を持ち、押しつけ的な道徳観から出たものではないことを悟るべきでしょう。同質法則（共引《きょういん》法則）応用の自己観察法です。
- 男と女が法則であるとは、実は言い切れないのです。現時点での宗教では、そのほとんどが男と女の存在を宇宙的法則として位置づけてきました。しかし、もしクローンという方法が人間に使用されれば、男女の位置づけは、今ほど確定的なものではなくなるでしょう。

交信ノート46
1980年10月14日午後11時56分～

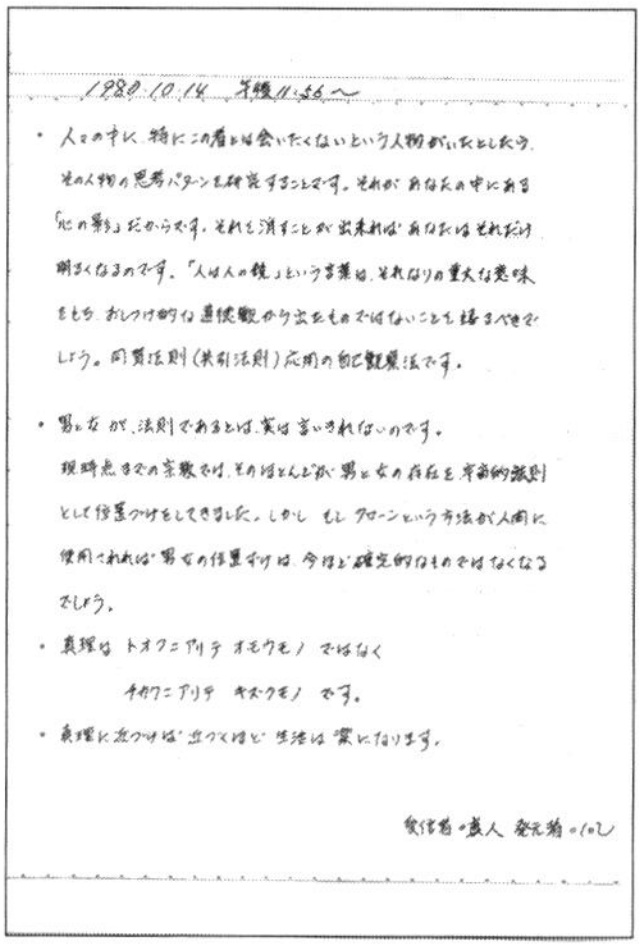
1980.10.14 午後11:56～

・人々の中に、特にこの者とは会いたくないという人物がいたとしたら、その人物の思考パターンを研究することです。それがあなたの中にある「心の影」だからです。それを消すことが出来ればあなたはそれだけ明るくなるのです。「人は人の鏡」という言葉は、それなりの重大な意味をもち、おしつけ的な道徳観から出たものではないことを悟るべきでしょう。同質法則（共引法則）応用の自己観察法です。

・男と女が、法則であるとは、実は言いきれないのです。現時点までの宗教では、そのほとんどが男と女の存在を宇宙的法則として位置づけをしてきました。しかし もし クローンという方法が人間に使用されれば男女の位置づけは、今ほど確定的なものではなくなるでしょう。

・真理は トオクニアリテ オモウモノ ではなく
　チカクニアリテ キズクモノ です。

・真理に近づけば近づくほど生活は楽になります。

受信者 義人

- 真理は「遠くにありて思うモノ」ではなく、「近くにありて気づくモノ」です。
- 真理に近づけば近づくほど、生活は楽になります。

このときは、真理とか法則について盛んに教えてもらいました。それを自分の言葉でまとめています。

その翌日、私は次のような詩を書いています。

## ✣交信ノート47：1980年10月15日午後10時35分〜

・H氏と報道関係者の会見が17日に決定した。

「戦いの歌」

月は初めに奪われた。

火はすぐに利用され、

水は彼らのもとに流れた。

だが木は我らのもの

心優しき戦士の砦《とりで》

交信ノート47

1980年10月15日午後10時35分〜

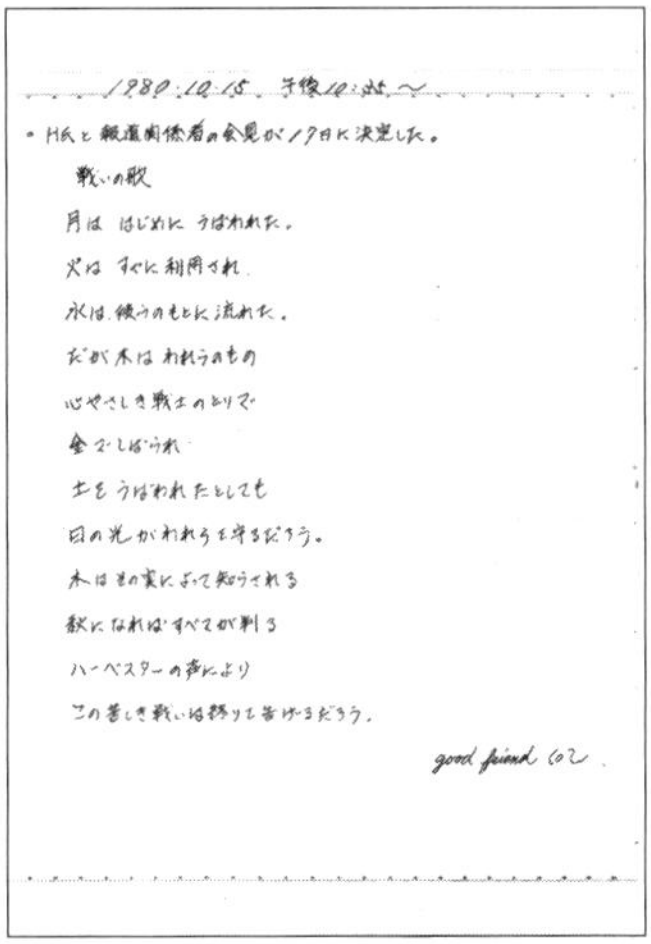

1980.10.15　午後10:35〜

・H氏と報道関係者の会見が17日に決定した。

戦いの歌

月は　はじめに　うばわれた。

火は　すぐに利用され

水は彼らのもとに流れた。

だが木は　われらのもの

心やさしき戦士のとりで

金でしばられ

土をうばわれたとしても

日の光がわれらを守るだろう。

木はその実によって知らされる

秋になればすべてが判る

ハーベスターの声により

この苦しき戦いは終りを告げるだろう。

good friend より

金で縛られ
土を奪われたとしても
日の光が我らを守るだろう。
木はその実によって知らされる
秋になればすべてがわかる
ハーベスターの声により
この苦しき戦いは終わりを告げるだろう。

交信ノート48-1
1980年10月22日午後11時20分～

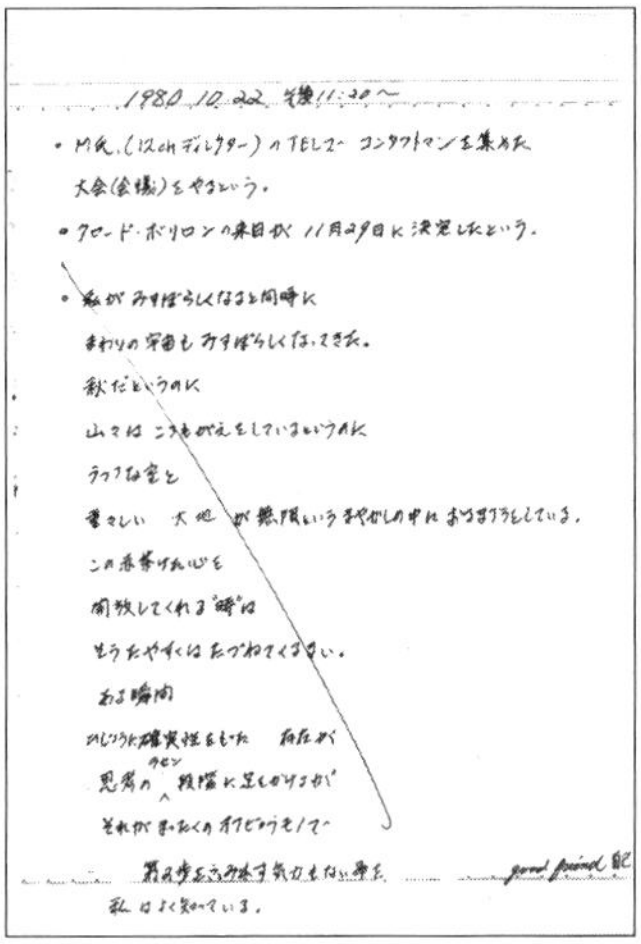

1980.10.22 午後11:20～

・M氏.（[illegible]ディレクター）のTELで、コンタクトマンを集めた
大会（会場）をやるという。
・クロード・ボリロンの来日が11月29日に決定したという。

・私がみすぼらしくなると同時に
まわりの宇宙もみすぼらしくなってきた。
秋だというのに
山々はころもがえをしていないというのに
うつろな空と
寒々しい 大地 が無限というまやかしの中におさまろうとしている。
この赤茶けた心を
開放してくれる"時"は
もうたやすくはたずねてくるまい。
ある瞬間
ひじょうに確実性をもった 存在が
思索の（ラセン）階段に足をかけるが
それがまったくのオフビートで
前の歩をふみ出す気力もない事を
私はよく知っている。
good friend 記

❖交信ノート48：1980年10月22日
午後11時20分～

## 数字の羅列によるメッセージ

自分でまとめたもので、斜め線で消していますから、ここはあまり関係がありません。その後の交信ノート48-2に出てくる、数字の羅列はおもしろいです（256ページのノート参照）。数字でメッセージを受け取る試みなのです。結構、解読は難しいです。

数字の羅列は、今でもまれに来ます。先日は、「724　7444」という数字の羅列が寝ているときに来ました。「えっ、もう一回教えてください」と言ったら、「もう、しょうがないな」という感じで、ゆっくりと「7、2、4、7、4、4、4」と教えてくれました。実は三回も聞き直して、ようやく覚えました。覚えると、目が覚めました。

意味は、七月二十四日、七に代表される「山」の象徴の年に、「444」という八卦《はっけ》の「震」が三つ重なる地震が頻発する、ということです。ただし、それが地震なのか、大騒ぎのことなのかはわかりません。「4」は地震を表すこともあれば、大騒ぎを表すこともあるからです。政界に激震が走るようなことが起こるかもしれません。

今のところ、それは固まっていなくて、全部来るかもしれませんし、適当に分散する可能性もあります。私の印象では、細切れに地震が来るパターンのような感じがします。

震度5くらいの地震が細切れで頻発するパターンで終わるのではないでしょうか（編集部注　二〇一八年七月二十四日のことで、大きな地震はなかったが、ギリシャの山火事が大きく報じられた。その後、世界各地で火事や洪水が相次ぎ、日本でも台風による洪水や土砂崩れが発生した。地震に関していえば、同年八月にインドネシア、九月に北海道とインドネシアのスラウェシで大きな地震があった）。

交信ノートの話に戻りますが、だいたいこのくらいの長さの数字の羅列が送られてきます。長いもので十五ケタ、短いもので三ケタくらいです。かなり重要な情報が詰まっているらしいのですが、いまでも意味はわかりません。何かのプログラムではないかと言う人もいましたが、不明です。

とにかく私はこのとき、すごく正確に数字を記録しています。後々、何か重要な意味を持つのだと思います。ですから、むしろ読者の方に解いてもらいたいです。もう一度ここに正確に記しておきます。

1810415、7681142、36707345、60602、34125151 42、11910202、34518、01461、12776、1025315416、16261151928 18、6722381、771016205634166、44145682、31424514、820451174467514、474756、601、

その下の文字は、新しく地球に接近してくる星のデータにかかわることを書いた宇宙語です。宇宙語なのですが、地球人の脳で無意識的に分析できるようになっているそうです。

ですから、これを見るだけで、その星のことがわかり、その星に地球人の意識が向かうことによって衝突などの悪いシナリオを避けることができるのだと言っていました。これも明示せよ、と言われたので、その通りに書きました。

その下に書いたのは、私の概念のまとめです。

交信ノート48-2
1980年10月22日午後11時20分〜 の続き

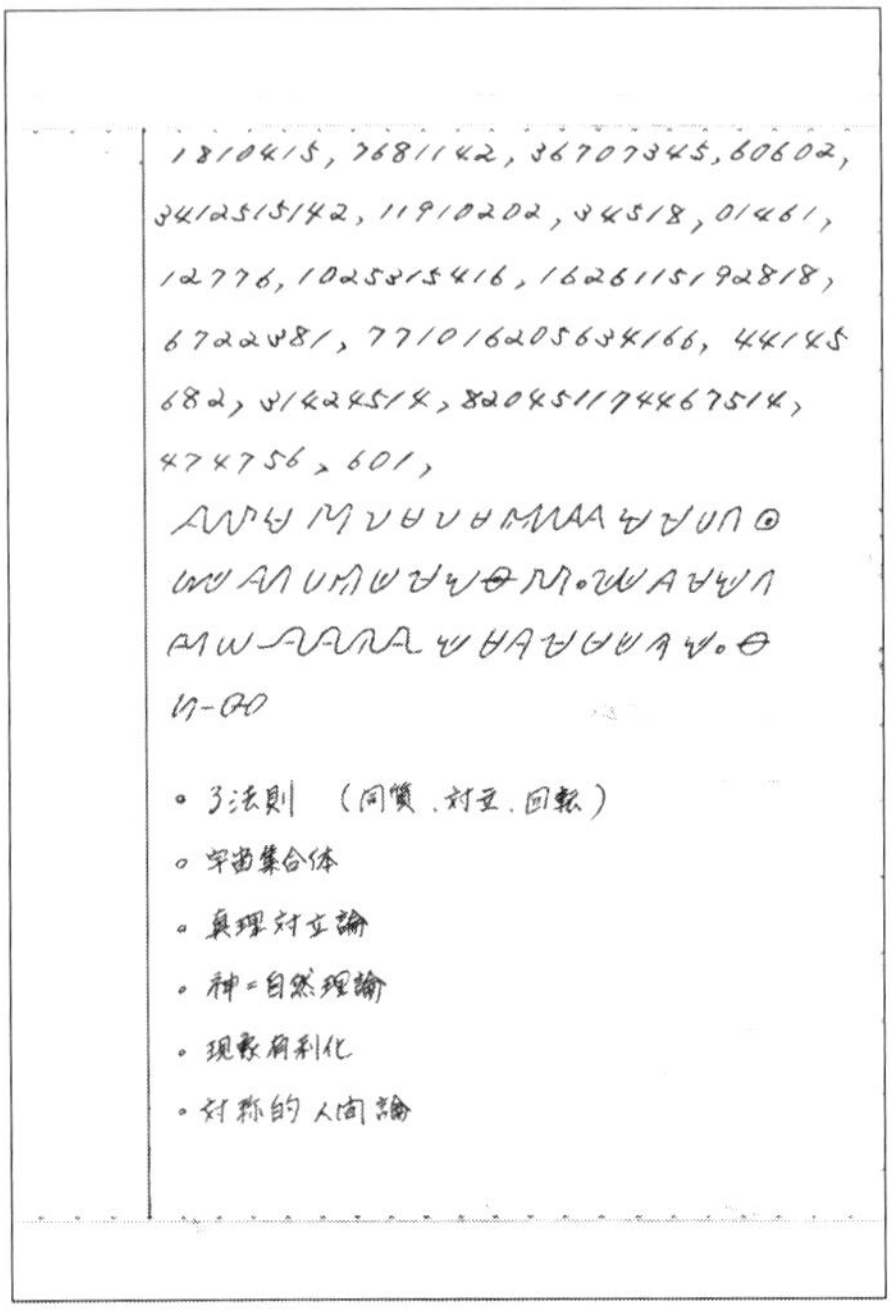
1810415, 7681142, 36707345, 60602,
3412515142, 11910202, 34518, 01461,
12776, 1025315416, 162611519 2818,
6722381, 77101620563 4166, 44145
682, 3142451 4, 82045117 4467514,
474756, 601,

・3法則（同質、対立、回転）
・宇宙集合体
・真理対立論
・神＝自然理論
・現象簡利化
・対称的人間論

### ❖交信ノート49：1980年10月23日午後11時35分〜

- 日中、上空に0《オー》パワーと、それに関連する母船類が蠢《うごめ》いていた。
- 二十四〜二十五日にかけて日本中大騒ぎである。
  - ・メキシコ、日本で地震の連発
  - ・異常潮位（日本各地）
- 我々が直面しているこの不可思議な力は何なのか。

愚か者は西へ東へと走り回り、うろたえるばかりである。
オリオンが光る冷たい夜空に
私はただ屍《しかばね》の如く、佇《たたず》むばかりである。

交信ノート49
1980年10月23日午後11時35分〜

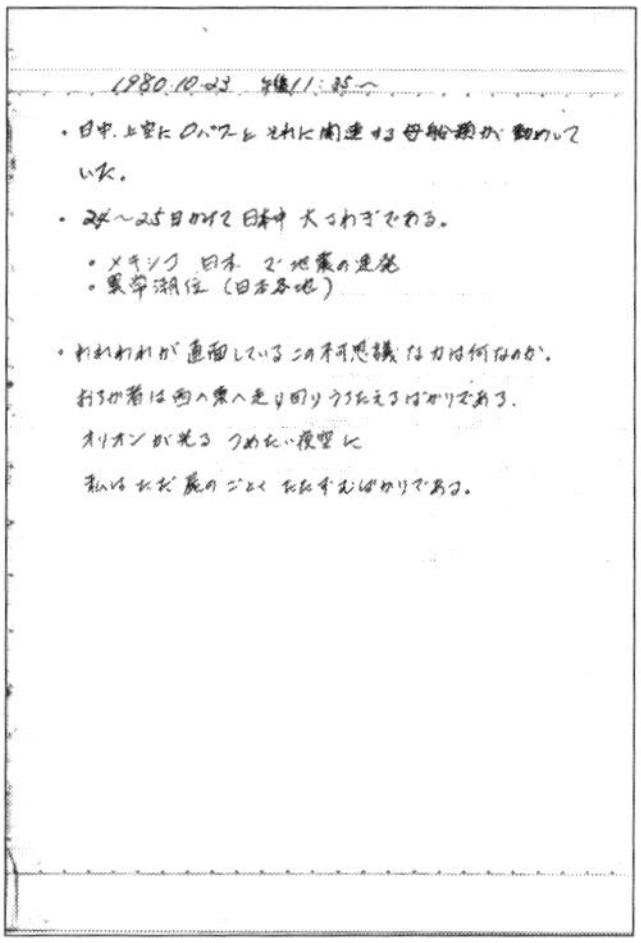
1980.10.23 午後11:35〜
・日中、上空にOパワーとそれに関連する母船類が動めいていた。
・24〜25日かけて日本中大さわぎである。
・メキシコ 日本 で地震の連発
・異常潮位（日本各地）
・われわれが直面しているこの不可思議な力は何なのか。
おろか者は西へ東へ走り回りうろたえるばかりである。
オリオンが光るつめたい夜空に
私はただ屍のごとくたたずむばかりである。

やはりこのときは、「0《オー》パワー（オリオン的なパワー）」、安定を壊すようなパワーが働いているのを感じて書いたように思います。0パワーが空に見えて、特殊なシンボルが浮かんでいました（図10参照）。

　このシンボルが出てきたときは、乱れているという意味です。ですから、このシンボルが空に出ると、ＵＦＯが来てすぐ消してくれます。

**私たちの悪い状態が雲に表れて、結果的に私たちをきれいにするのです。**私たちをきれいにするときは、地球上の熱源や火をきれいにする場合と、水や雲をきれいにする場合があります。

　良いものも悪いものも、人間の想念の情報は、火や水に乗っかります。光や闇に乗っかるのです。これをスペース・ピープルはきれいにしてくれます。

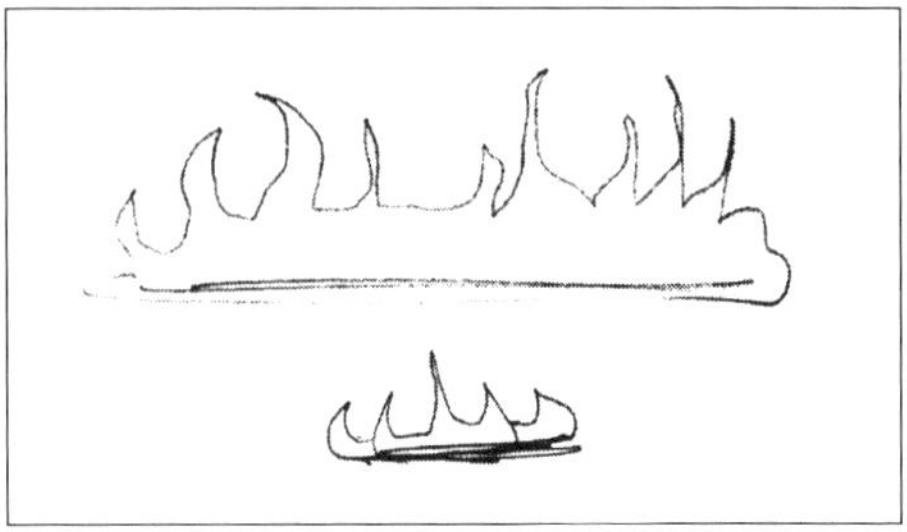

図10　空に浮かぶ特殊なシンボル

## ✣交信ノート50：1980年10月29日午後11時30分〜

（回転）（共引）（対称）

● 潜在意識（ルピ）に達した想念（ルルー）は、外宇宙（アール）に投影する。ちなみに内宇宙を（ルー）という。

交信ノート50
1980年10月29日午後11時30分〜

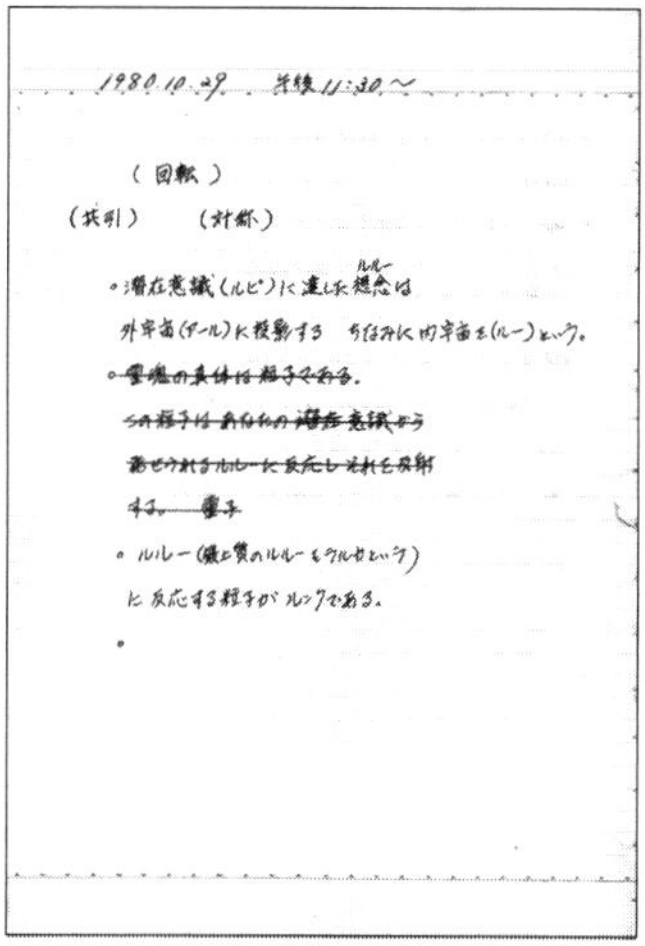
1980.10.29. 午後11:30〜
（回転）
（共引）　（対称）
・潜在意識（ルピ）に達した想念《ルルー》は
外宇宙（アール）に投影する　ちなみに内宇宙を（ルー）という。
・ルルー（最上質のルルーをラルカという）
に反応する粒子がルンクである。

- ルルー（最上質のルルーをラルカという）に反応する粒子がルンクである。

宇宙用語の説明ですね。ルルーやルンクはこの後も出てきます。

## ❖交信ノート51：1980年11月12日午後11時42分〜

「夢の秘密解明」と書かれていますね。これは交信ノート27（191ページ参照）に書いた八月六日のカタツムリの夢のことです。善と悪の波の山の中に、カタツムリの渦巻きが出現した様子が描かれています。

無限リボンのところ（147ページ参照）や他の場面で説明しましたが、要は、善と悪に分けてしまうと、それが変な綾《あや》のような渦を作ってしまって抜け出られなくなることを示しています。糾《あざな》える縄のように禍福《かふく》が繰り返すようになるのです。

善悪の価値観には宇宙的な統合が必要なのです。あるいは見方を変える必要があることを

交信ノート51
1980年11月12日午後11時42分～

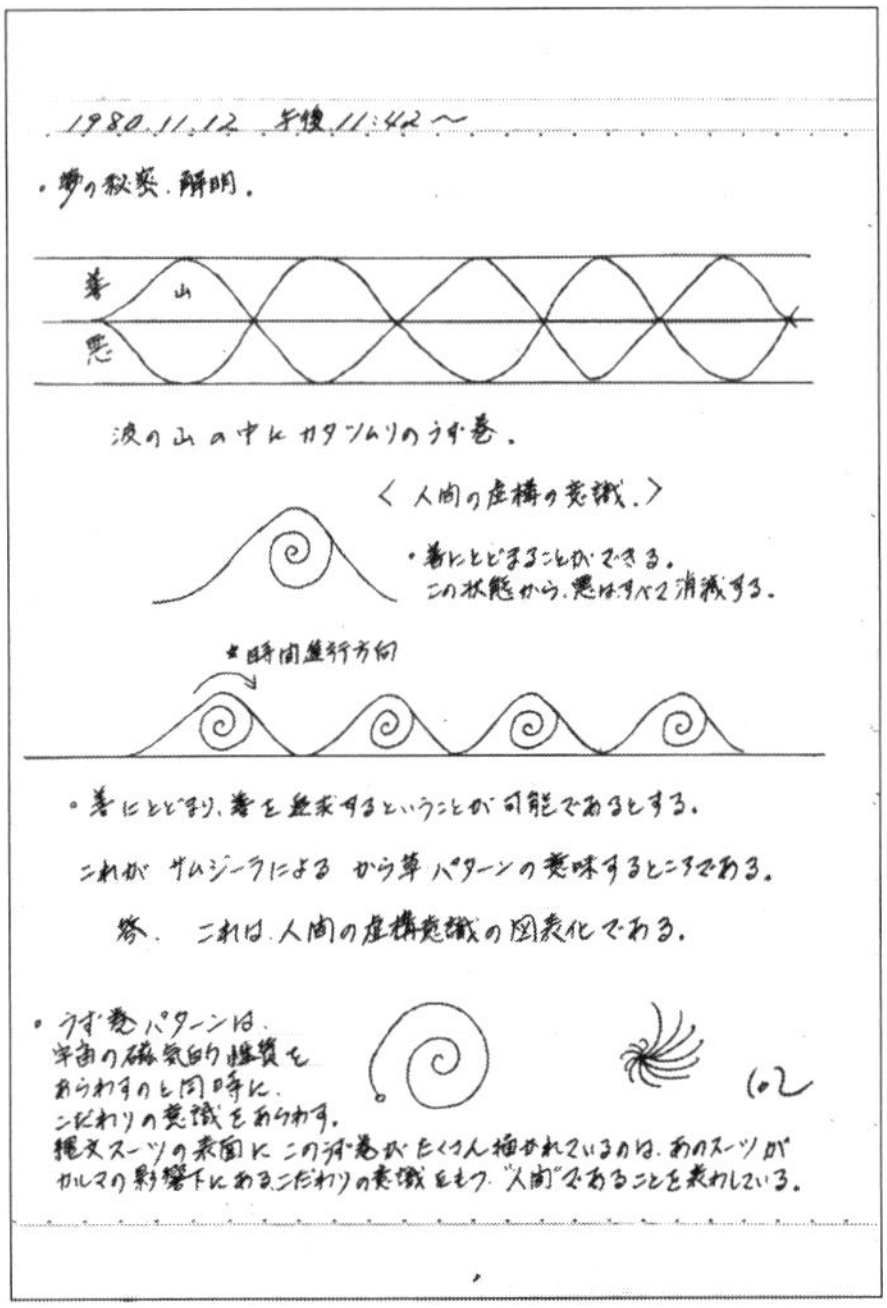


説いています。持っている固定的な価値観への「こだわり」を捨てる必要があるというわけです。

善を悪の上に置くという、善へのこだわりだけで生きていけると思っている人が多いかもしれませんが、それは人間の虚構の意識にすぎません。とにかく人間がこだわると、偏った渦巻きになります。

スペース・ピープルはそれではダメなのだということを、交信ノート51の唐草パターンで教えてきたのです。唐草模様のすべてが悪いわけではなくて、正確に言うと、線があって片側だけの唐草のパターンがダメなのです。両側にあればよいのです。四つあれば卍になっていくわけですから。

交信ノート 52-1
年月不詳（1980 年代と見られる）

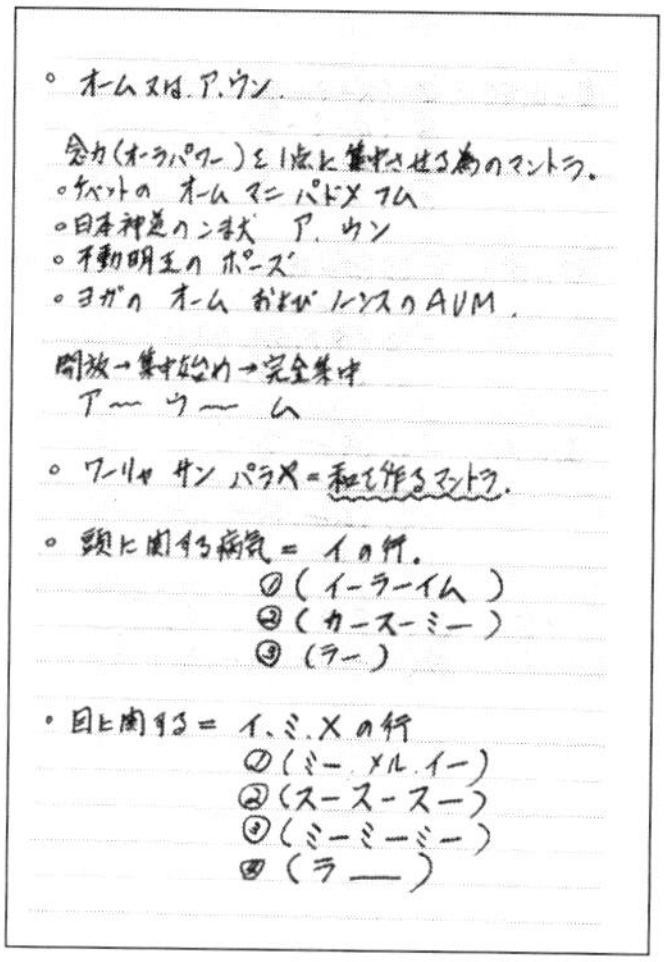
・オームまたは、ア、ウン。

念力（オーラパワー）を1点に集中させる為のマントラ。
・チベットの オーム マニ パドメ フム
・日本神道の二状 ア、ウン
・不動明王の ポーズ
・ヨガの オーム および ノーシスのAUM。

開放→集中し始め→完全集中
アー ウー ム

・ワーリャ サン パラメ＝和を作るマントラ。

・頭に関する病気＝イの行。
①（イーラーイム）
②（カースーミー）
③（ラー）

・目に関する＝イ、ミ、Xの行
①（ミー、メル、イー）
②（スースースー）
③（ミーミーミー）
④（ラ――）

交信ノート 52-2
年月不詳（1980 年代と見られる）の続き

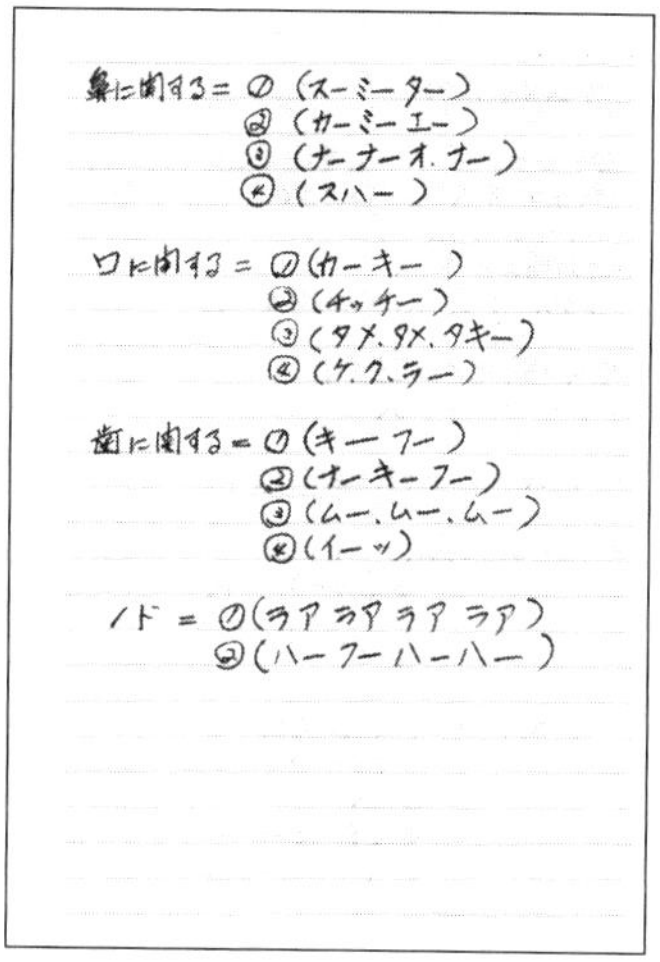
鼻に関する＝①（スーミーター）
②（カーミーエー）
③（ナーナーオ、ナー）
④（スハー）

口に関する＝①（カーキー）
②（チッチー）
③（タメ、タメ、タキー）
④（ケ、ク、ラー）

歯に関する＝①（キーフー）
②（ナーキーフー）
③（ムー、ムー、ムー）
④（イーッ）

ノド＝①（ラアラアラアラア）
②（ハーフーハーハー）

●渦巻きのパターンは、宇宙の磁気的性質を表すのと同時に、こだわりの意識を表す。縄文スーツの表面にこの渦巻きがたくさん描かれているのは、あのスーツがカルマの影響下にあるこだわりの意識を持つ〝人間〟であることを表している。

偏った渦に巻かれて出られなくなる、滞る。それがカルマの正体でもあるわけです。なお、縄文スーツというのは縄文時代の土偶が身につけているような装束を表します。

## ✣交信ノート52：年月不詳（1980年代と見られる）

## マントラのような言葉の秘密

●オームまたはア、ウン
念力（オーラパワー）を一点に集中させるためのマントラ
●チベットのオーム　マニ　パドメ　フム
●日本神道の狛犬　ア、ウン
●不動明王のポーズ
●ヨガのオームおよびノーシスのＡＵＭ（アウム）
開放→集中始め→完全集中
ア〜　ウ〜　ム
●ワーリャ　サン　パラヤ＝和を作るマントラ
頭に関する病気＝イの行

①（イー　ラー　イム）
②（カー　スー　ミー）
③（ラー）

**目に関する病気＝イ、ミ、メの行**

①（ミー　メル　イー）
②（スー　スー　スー）
③（ミー　ミー　ミー）
④（ラー）

**鼻に関する病気**

①（スー　ミー　ター）
②（カー　ミー　エー）
③（ナー　ナーオ　ナー）
④（スハー）

口に関する病気

①（カー　キー）
②（チッ　チー）
③（タメ　タメ　タキー）
④（ケ　ク　ラー）

歯に関する病気

①（キー　フー）
②（ナー　キー　フー）
③（ムー　ムー　ムー）
④（イーッ）

喉に関する病気

①（ラア　ラア　ラア　ラア）
②（ハー　フー　ハー　ハー）

これは一九八〇年代に入ってからのメモです。「マントラって本当にあるの？」と、スペース・ピープルに聞いたときに、ちょこちょこっと教えてくれたことを書き留めました。スペース・ピープルは「こういうものはある。ただしこんなものは人間側の問題だから、自分で研究しなさい」と言っていました。

ここに書かれているのは、調子が悪いときにヒーリングするマントラです。①②③④と番号が振ってありますが、この全部を唱えてみて効くものが「あなたのマントラ」ということです。しかもどれが効くかは、そのときにより変わります。

最初に②が効いたからといって、次も②に効果があるとはかぎりません。人間は変調するのです。その変調に合わせたマントラがあります。

これらを唱えるときは、大きな声ではなくて、自分に言い聞かせるように小さな声で唱えるのがコツです。そして、長く延ばします。「ミーー」「メルーー」「イーー」という感じです。これは古神道の言霊《ことだま》とも違うものです。音霊《おとだま》でもありません。そう言ってしまうと間違えます。

厳密に言うと、「マントラ」という言葉も正しくないかもしれません。精神世界の混乱はそこにあります。

それぞれの人には、自分のチャンネルの宇宙的な言葉の発声の仕方というのがあるのです。

それをまずやってみます。

たとえば、③が効いたとします。ところが、別の機会には③が効かないときがあります。そのときは、③以外の①②④を唱えてみます。そうすると、変調が起きていますから、今度は①で楽になるというようなことが起きるわけです。つまり、常にそのときの自分のチャンネルに合った言葉を探す必要があるのです。

## ❖交信ノート53：1984年1月〜12月

このころ受け取った宇宙人文字をまとめたものです。宇宙人文字には一つの文字に三つくらい意味がある場合が多いのですが、由来とか成り立ちが非常におもしろいです。とても懐かしいですね。いい加減な文字はなく、明確な秩序が必ずあります。

交信ノート53‐2には、ルンク、エルテ、バダという三つの粒子と、ワ、ウォウ、ムーの三つの波動を示す文字も書いてありますね（２６８ページに拡大あり）。三つの粒子は日本語で表記するのは難しく、「ワ」は、実際はアとワの中間の音で、「ウォウ」はエとウの中間の音、「ムー」もウとムの中間の音です。これにルルーという超因子が加わって宇宙が成り立っているのだとスペース・ピープルに教わったのもこのころです。

こうした文字は無理やり覚える必要はなく、普通に覚えられるのです。というのも、この

交信ノート 53-1
「宇宙人文字」：1984年1月～12月

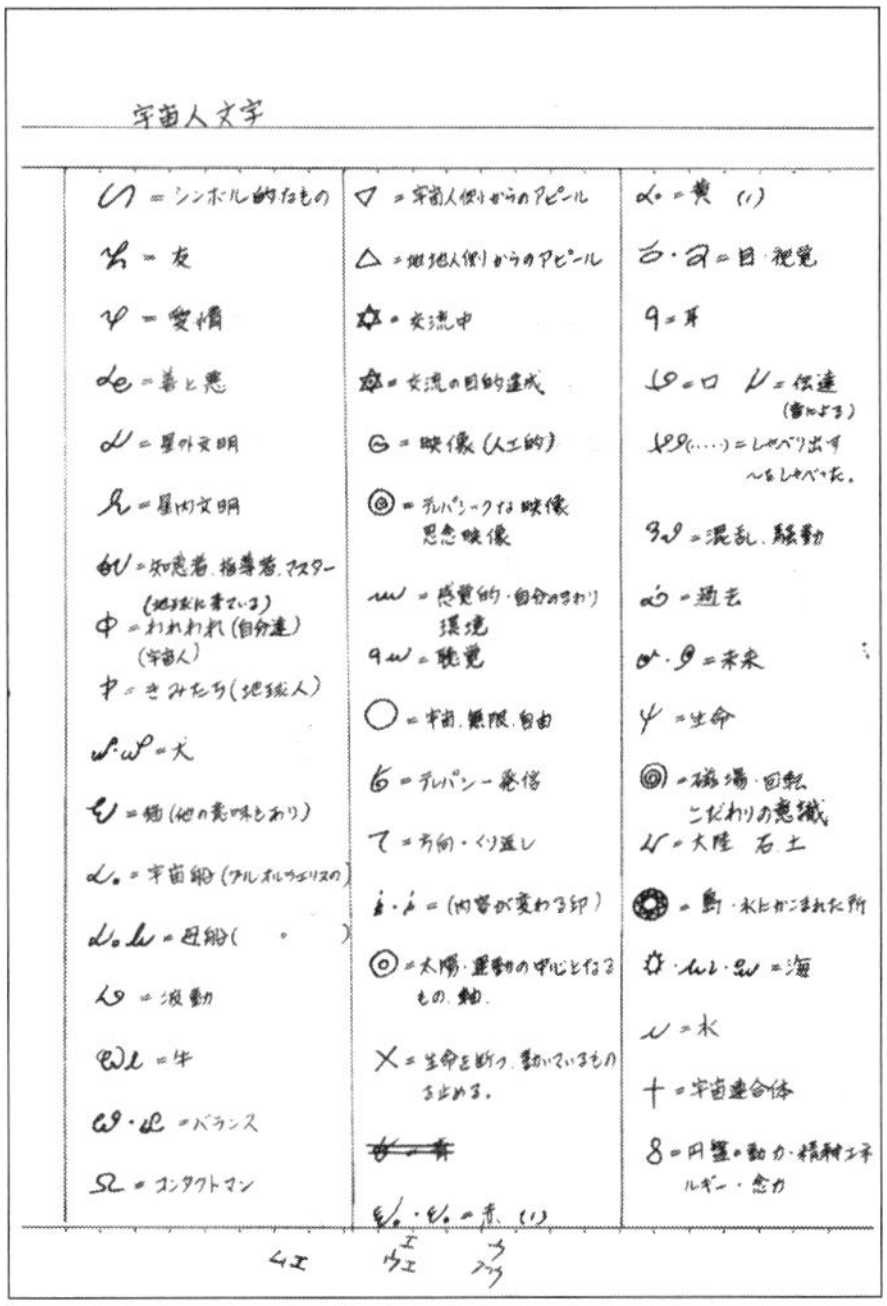


形のこの部分にはこういう意味があるというのがはっきりしているからです。

たとえば、水星は「水」のような文字を書きますが、もともとの意味は、二つの同じような形のモノと、もう一つの異なる形のモノとの交わりを表しています。三つのモノの交わりなのです。水の化学式がＨ（水素原子）２個とＯ（酸素原子）１個が結合してできた「Ｈ２Ｏ」で表されるのも、偶然ではありません。

非常に質の似ている二つのモノがあっても、そこに正反対の霊的な力が宿る場合が多いのです。たとえば、霊的な力を強く帯びているＨと、霊的な力をまったく帯びていないＨがあると思ってください。それが０の酸素という、下手をすれば毒性の力がある原子と交わるこ

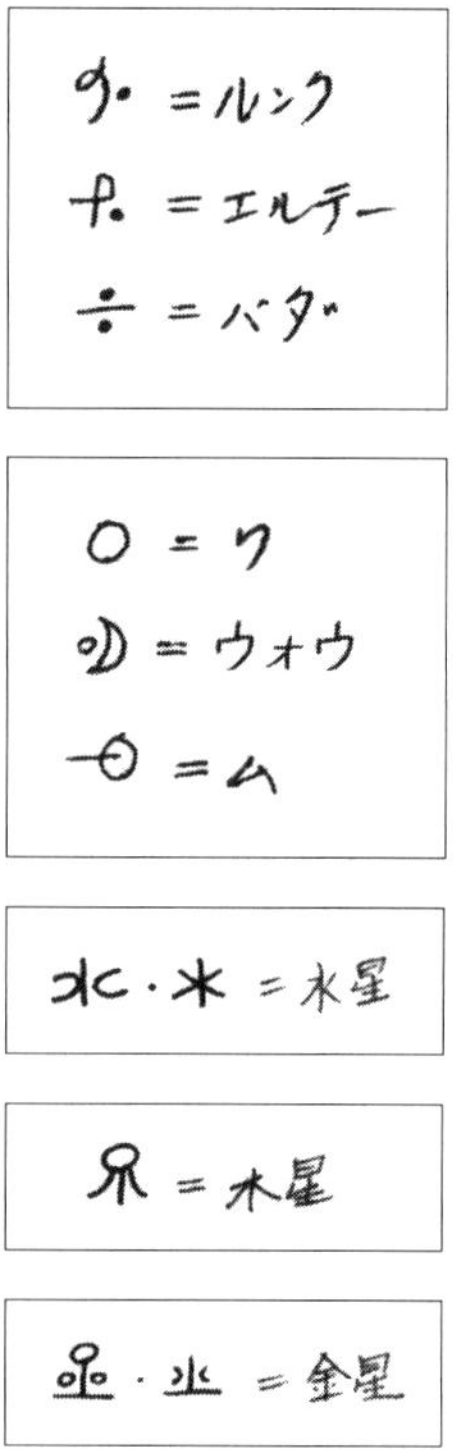


交信ノート 53-2
「宇宙人文字」：1984 年 1 月〜 12 月の続き

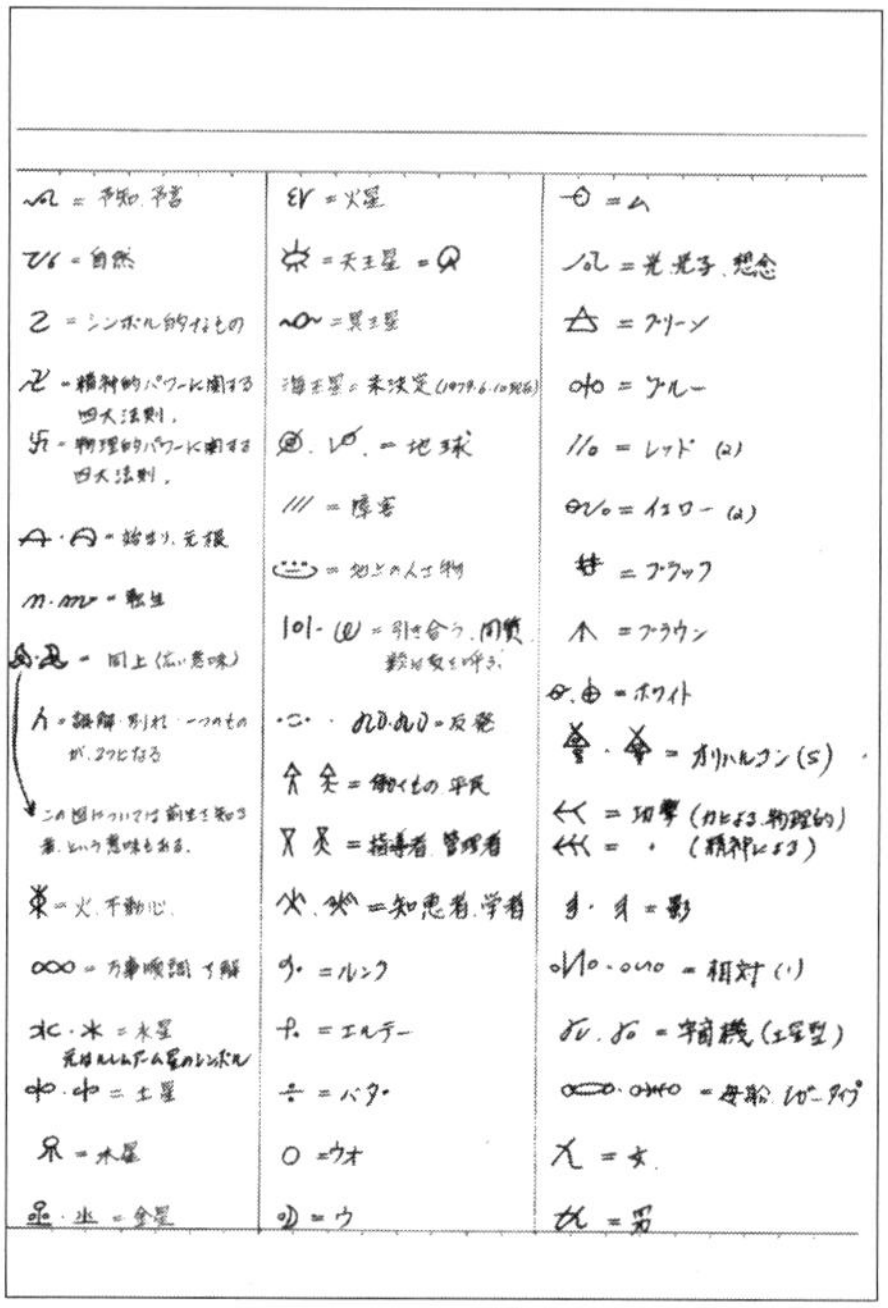


とによって、毒性のない水に変わるのです。そういうありようや原理が水星のシンボル文字に込められているのです。

逆に木星を表す三本足のタコのような文字は、交わらない性質を表しています。というのも、三本の線が丸によって取り込まれ、分断されているからです。そのため三本の線は交わっていません。丸の下に接続されているだけです。

これがどういう意味か

**交信ノート53-3**
「宇宙人文字」：1984年1月～12月の続き

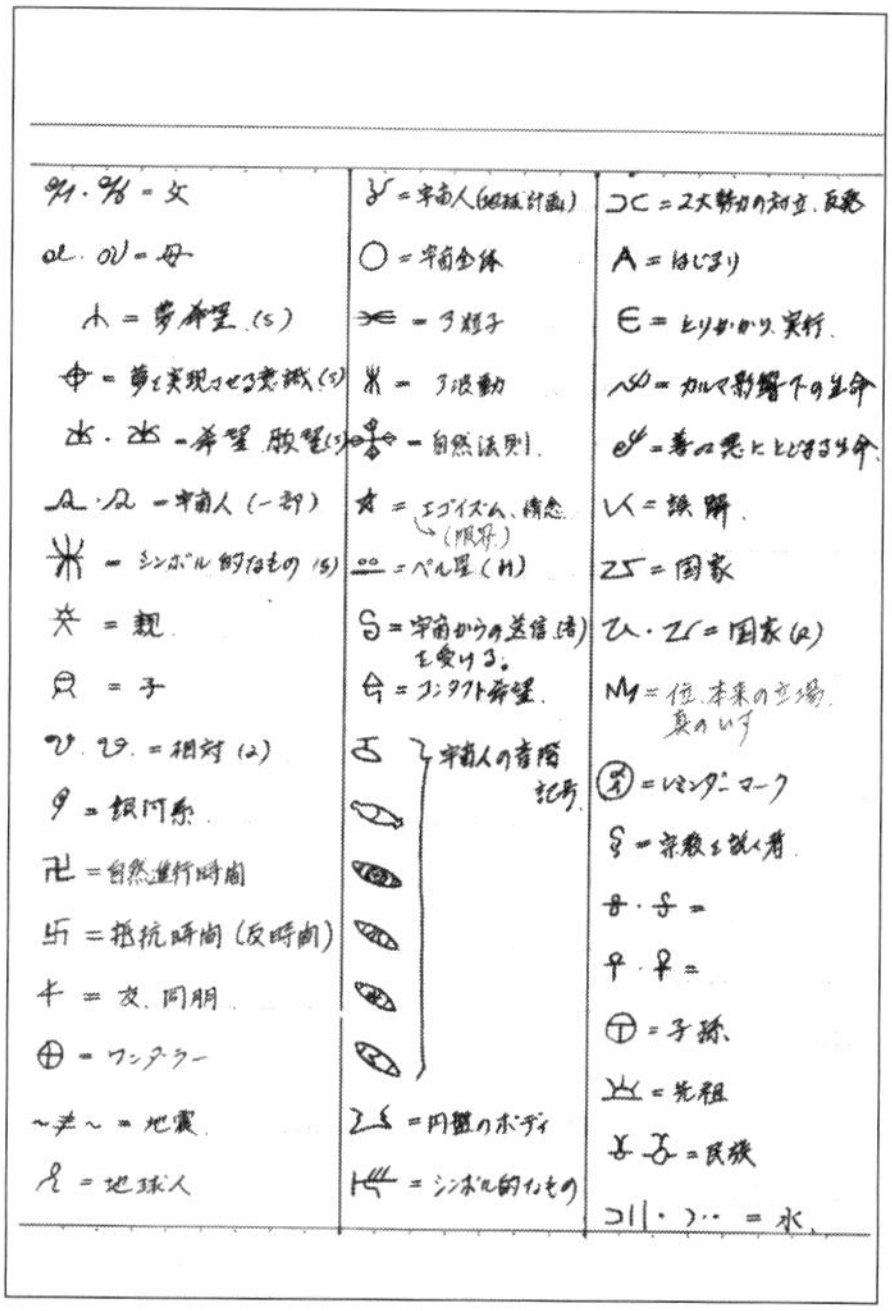


というと、三つの異なるエネルギーがあるけれど、それを管理したり方向づけたりするのが木星の仕組みだということです。つまり三つの異なるものを仲介するモノが入るというのが木星の記号の意味です。

金星は必ず、逆T字に点が二つです。点が丸の場合もあります。これはバランスを表します。

ただし、ここがすごく問題なのですが、地球人が思うバランスの概念は、スペース・ピープルから見ると、本当にいい加減です。いい加減に放置するのが地球人の言うバランスです。地球人はバランスを取ろうとして、異なる意見や矛盾した考えをいい加減に袋の中に入れて、内包してしまいます。包括がバランスだと思っています。

交信ノート53-4
「宇宙人文字」：1984年1月～12月の続き

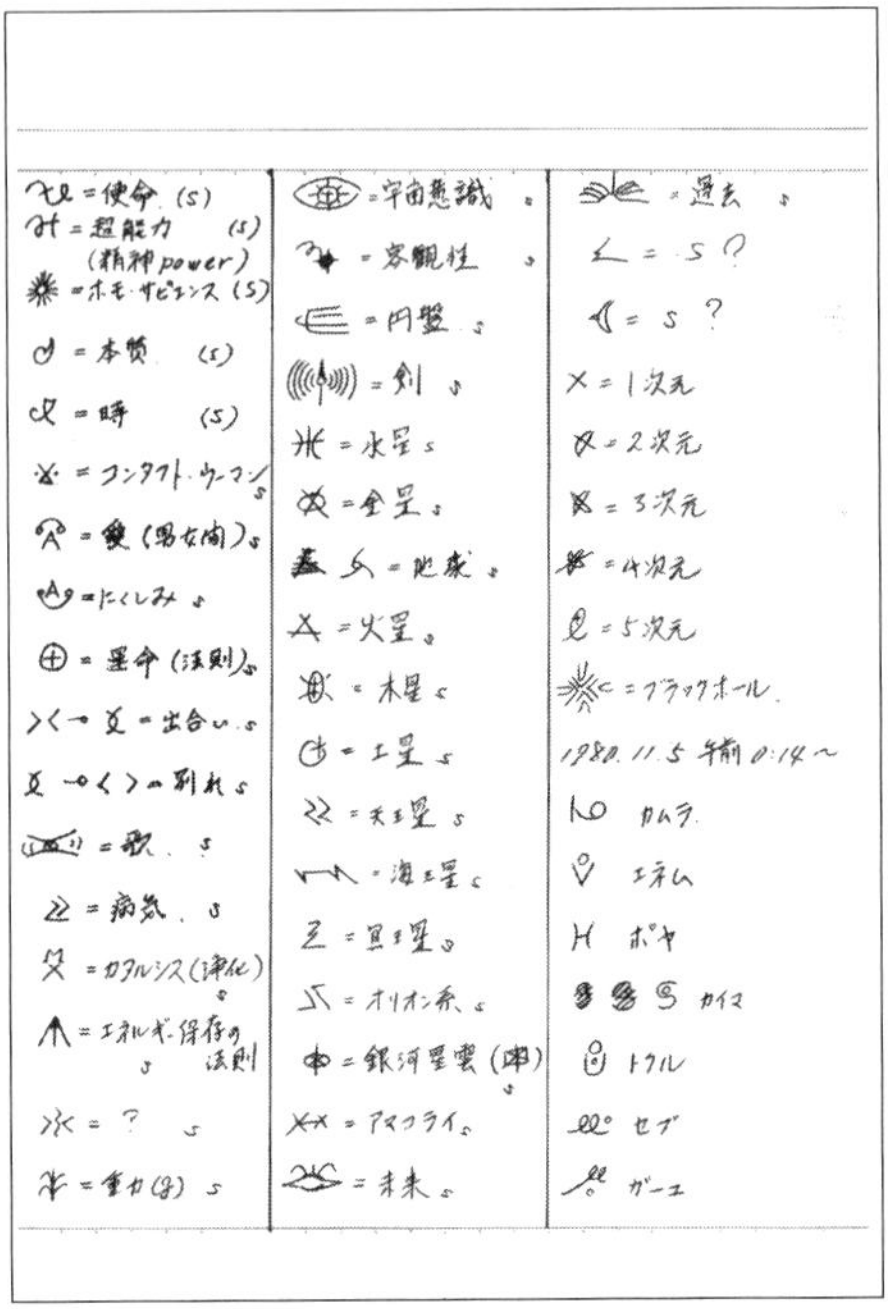


これに対して、スペース・ピープルたちは異なる考えや価値観を突き付け合います。矛盾したものを激しく突き付け合うことによって、ようやくしっかりしたルールが見えてきます。それがバランスを取るというスペース・ピープルの概念です。

ですから彼らは、善と悪を徹底的に討議して突き付け合います。そうやって初めてバランスを取ることができると考えています。アウフヘーベンとか理性に近い概念です。

宇宙的理性というのは、激しく突き付け合うことによって初めて秩序が保たれると考えるのです。その仕組みそのものを金星が司《つかさど》っています。宇宙的理性や非常に強い愛情を突き詰めていくことが、金星の意味です。

**交信ノート53-5**

「宇宙人文字」：1984年1月〜12月の続き

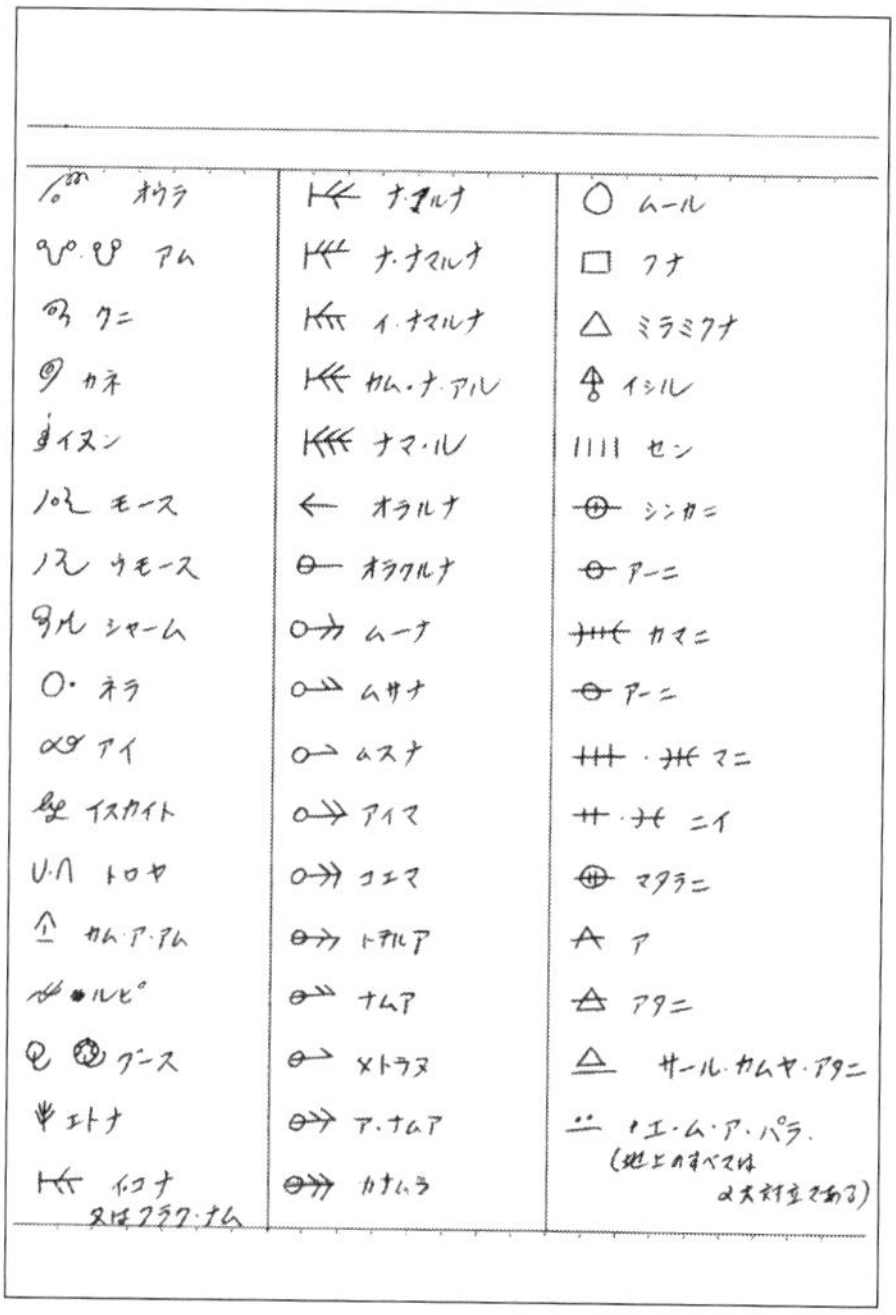


非常にキリスト教的ではあります。そもそもキリスト教的なものは、金星的なことを教えようとしたのだと思います。

火星のシンボル（次ページ図参照）は、筆記体の大文字「E」のようなマークと、活字体の小文字「r」のようなマークの組み合わせです。Eマークは螺旋状になっていますから、ものごとは繰り返すという循環を表します。rのマークはVのマークでもあるのですが、これは循環と力が同居することを表しています。つまり全体で、力が繰り返すことを示しています。地球に似た構造とかかわっています。

土星は、無限大のマーク「∞」などで表されます（次ページ図参照）。ただし真ん中が切れていたり棒があったりします。循環する秩序に委ねる、という意味があります。ですから、土

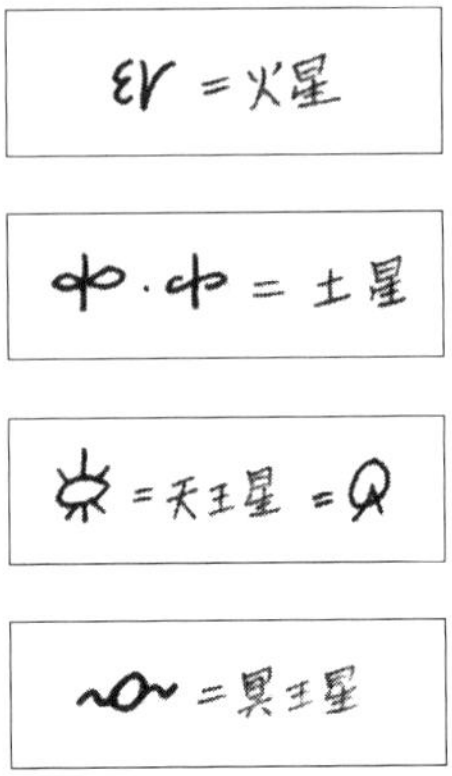


星のことを「法務座《ほうむ》」と言う人もいます。決まったことに委ねるわけです。

三つの力を方向づけるのが木星でしたが、天王星は六つの力を管理したり方向づけたりするシンボルです。冥王星は二つの力を管理します。しかも非常に荒々しい力、不安定な力を管理することを示しています。ですから、二つの線が波打ったように描かれているわけです（図参照）。

海王星は一九七九年の段階で未決定と書かれています。海王星は何かスペース・ピープルたちはあまり相手にしていない印象を受けます。

最後に地球は、丸に斜めの線が入っているシンボルで表されます。これは秩序と無秩序の同居を示します。丸が秩序で、スラッシュが無秩序です。

秩序と無秩序の同居は、「このままいくと悲しみと破綻がある」という意味でもあります。秩序と無秩序の二重性は必ず崩壊します。地球の課題・問題性はそこにあります。斜めのスラッシュは障害を表していますから、スペース・ピープルは憂慮しているのです。

このようにスペース・ピープルから宇宙文字のレクチャーを受けました。明確なルールがあって、宇宙文字ができていることがわかります。古代の壁画などに描かれた文字も、このルールに従って読むことができます。

このルールを知っているからこそ、易学のシンボルを見ても、よく理解できるのです。古代語や神代文字もわかります。**世界中にあるシンボルや、夢で見るユング的なシンボルも理解が可能になる**のです。

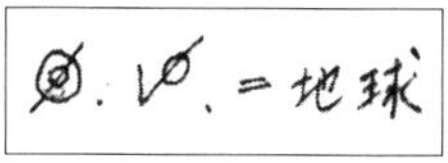


交信ノート53-6
「宇宙人文字」：1984年1月～12月の続き

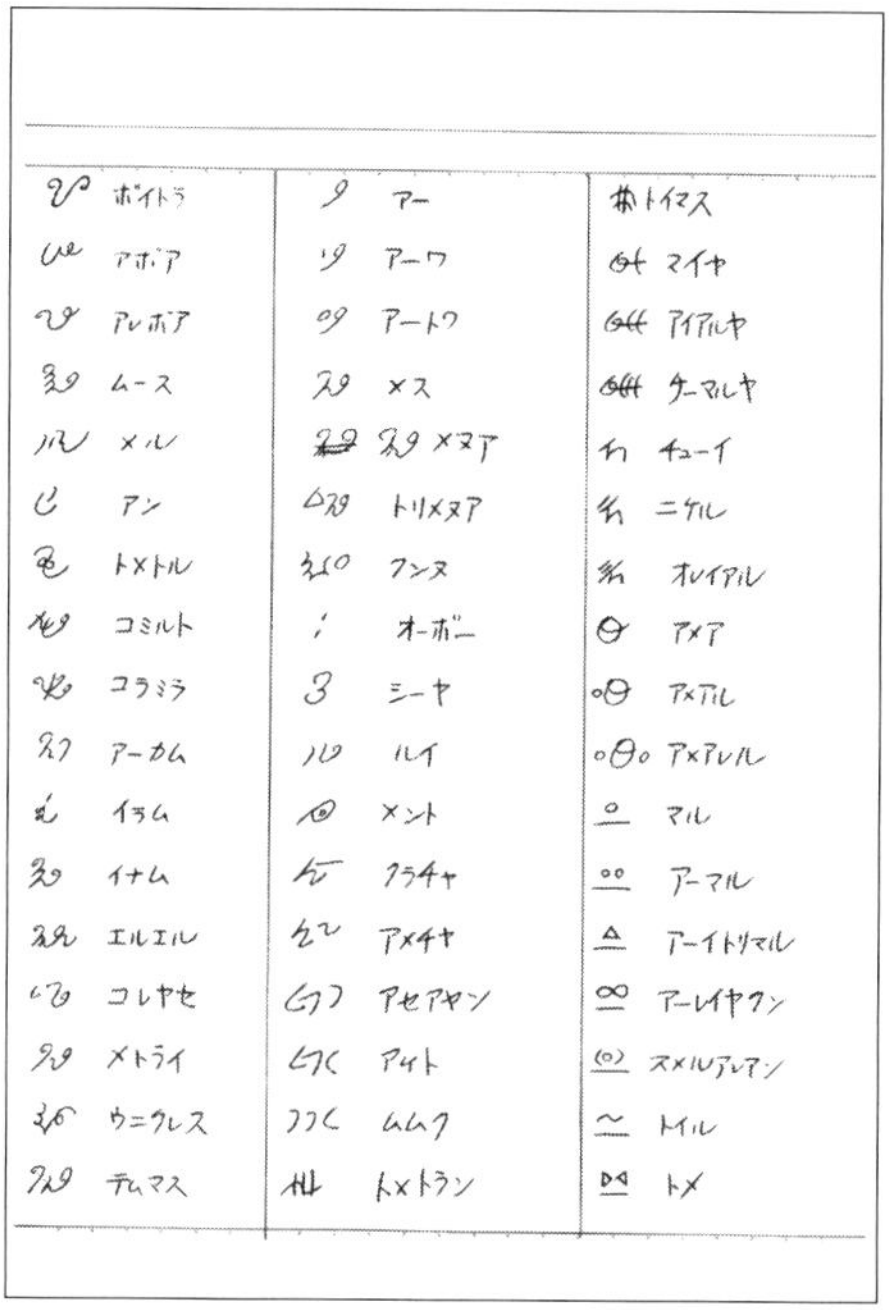


この宇宙文字の一覧表の中で、たとえば金星や水星で別の表記をしたものもあります。それらには「(s)」のマークが付けてありますが、これらは別の星系から来たスペース・ピープルの文字を記したものです。そういうバージョンもあるということです。

# 第6章

# ミッション地球と地球の未来

# Step 8

## 1985年〜現在「東京ミッション」

### 東京に出ることを決断したイメージ画像

一九八五年ごろから一九八六年ごろにかけてだと思いますが、スペース・ピープルから図11のイメージ画像を見せられました。目の前に道が延びているのですが、中央に巨大なクレバスのような裂け目があって、地面を二つに引き裂いています。その手前の道路の真ん中に立っているのが私です。

裂け目の向こう側にも道路は続いていて、その少し先に十字路があります。その奥の方の地平線の上空には、巨大なＵＦＯが浮かんでいます。この道路の行く着く先は見えません。途中に十字路があることがわかるだけです。

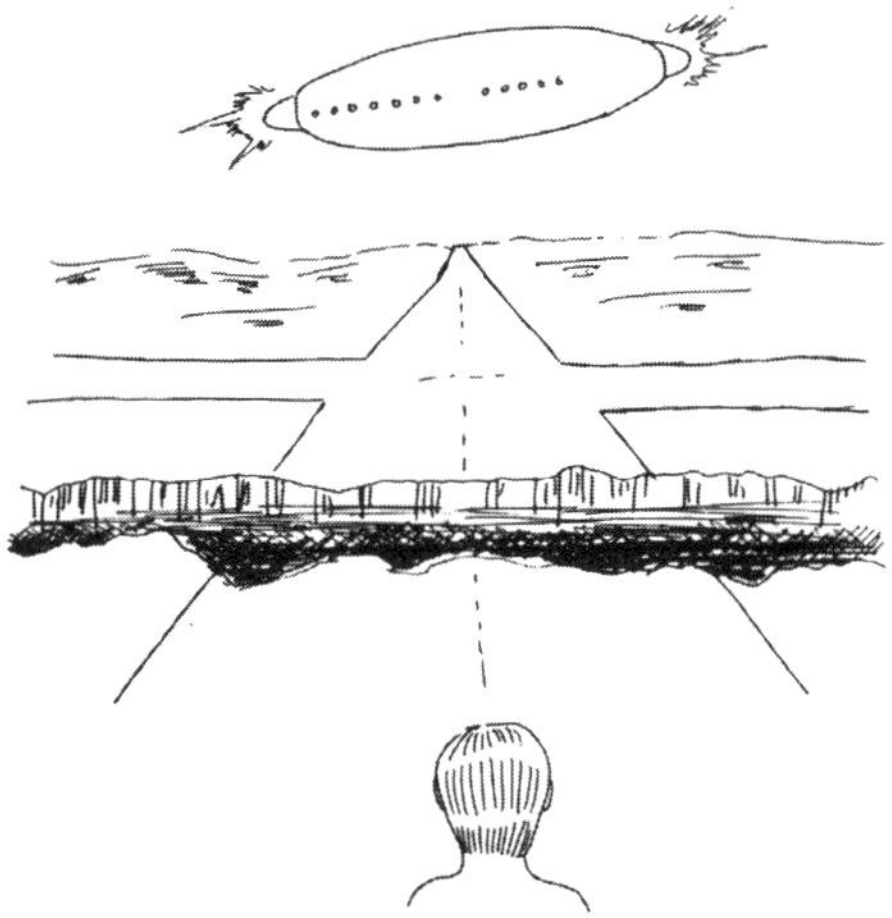

図11　宇宙人によって夢の中で見せられたイメージ

このような単純な画像ですが、これは当時の私の心の状態を表していました。というのも、当時の私は東京に出ようか出まいかですごく迷っていた時期だったからです。

それまで私は、約七年間郵便局に勤めていました。だから、それを続けなければいけないという思いも強くありました。でも、私にとって実は、その仕事をやり続ける理由は特になかったのです。

長いこと続けてきたことによる習慣で、慣れてきた環境だからやろうと思っていただけなのですね。つまり、習慣に囚われること——それが目の前のクレバスのような裂け目だったのです。一度囚われると、這い出るのは大変です。

重要なのは、その裂け目の先に十字路が待っていることです。十字というのは、自分のポジションです。これは要するに、非常に安定した、非常に完成された自分という意味でもあります。

ただし、私はその手前にいて、今はそこに近づこうとしているのです。そこに至る道を遮《さえぎ》って、この大きな裂け目があります。

裂け目というのは、土地を極端に割っている形です。ですから、何かに対する強いこだわりとか、見方の偏りとか、固定化された状態などの意味があるのです。

ＵＦＯはその裂け目の先にあるわけですから、私はその裂け目を飛び越えなければいけないのだと判断しました。東京に出る決意をしたのです。そして、それを飛び越えた結果が、現在の私なのです。

もちろんまだ、この十字路、つまり完成された自分には至っていないわけですが、いくらかは近づいたかなと感じています。今では東京に出てきて本当によかったと思っています。その決断を後押ししてくれたのが、この画像イメージでした。宇宙人が私の行動を導いてくれる、宇宙人は祝福してくれている、という気持ちのおかげで、東京に出る決心がついたのです。

このころスペース・ピープルからは、非常に高度で詳細なメッセージを受け取るようになっていました。そのいくつかをご紹介しましょう。

交信ノート54
1985年12月1日〜

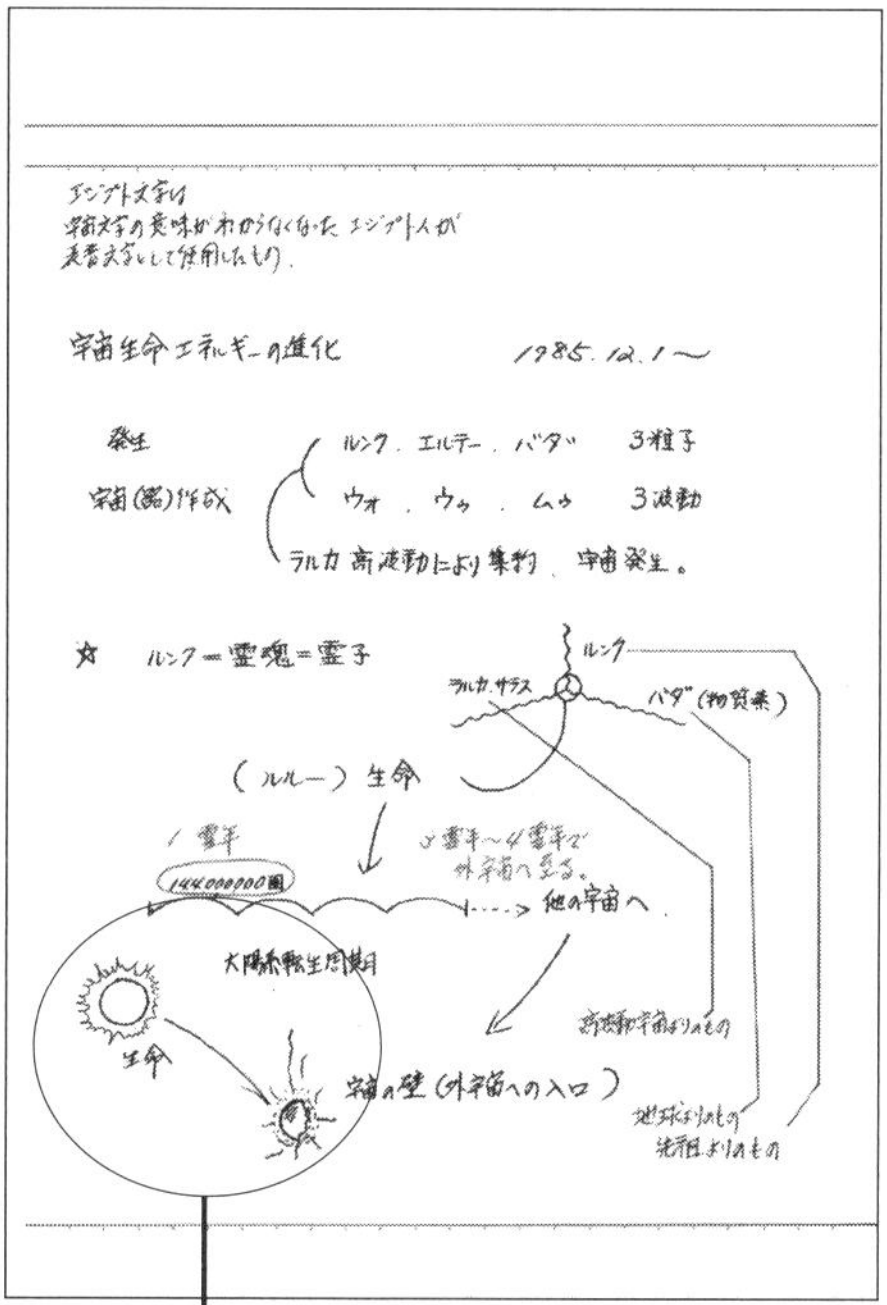


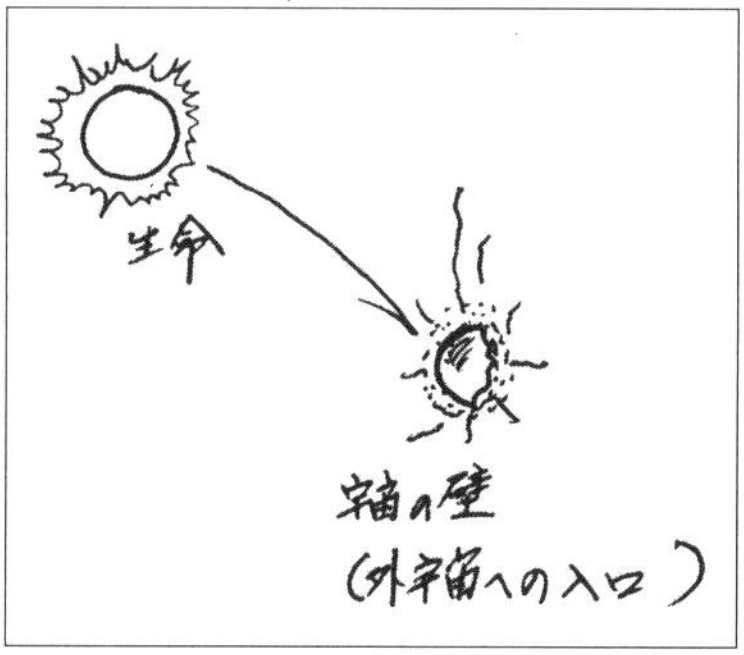


❖交信ノート54：
1985年12月1日〜

## 宇宙を構成する三つの粒子と三つの波動がある

宇宙生命エネルギーの進化

発生

宇宙（器）作成
ルンク、エルテ、バダの三粒子
ワ、ウォウ、ムーの三波動
ラルカ高波動により集約、宇宙発生
☆ルンク＝霊魂＝霊子

このときに非常に細かい、宇宙の原理や原則を教わりました。郵便局を辞めて東京に出てくる直前のころだったと思います。この翌年の八六年に東京で暮らすようになったと思います。後述する津田要一先生が新宿駅の改札口で待っていてくれていました。でも、それは東京に住もうと思って、何度か東京に来ているときにあった話です。その後、東京に住むと決めて、荷物を持って出てきたわけです。

このころ教わった内容はまず、この宇宙を構成する、情報を持った粒《つぶ》的な要素、**情報伝達因子がある**ということです。それらは**「ルンク」「エルテ」「バダ」**の三つに分けることができます。

ただしこの因子は、エネルギーとか粒子とか電子とかとは言い難《がた》いものです。おそらくまったく違うものです。あくまでも「粒的な情報伝達因子」としか言いようのないものです。

まずこの三つの因子を感じ分ける作業が必要だと教わりました。

一番目のルンクというのは、主に広く無機質の物質に付随して動き回っている因子です。その物質の周りを含め、物質がある空間を物質に沿って動きます。たとえば、ここに机があります。ルンクはこの机の形に添うようにして、動き回っています。

これとは別に有機質の物質にかかわって、すなわち「生命」に結集する因子があります。これを総称してエルテと呼びます。この因子は、我々の先祖と深く結びついている場合が多いです。ルンクとエルテはリンクしています。

このルンクとエルテを間接的かつ部分的に観察したものが、今までスピリチュアルな世界で「エクトプラズム」とか「精気」とか「プラーナ」とか言われてきたものに非常に近いです。本当に部分的ではありますが、能力者はルンクやエルテをそのように表現することがあります。

三番目のバダは、非常に表現が難しいのですが、中心となる意味、何かを集合させる意味と関係する因子です。無機物と有機物に関する因子があって、その二つの流れの因縁となる意味の因子です。

その意味が宇宙の意思とつながって起こる現象を「ルルー」と言います。このルルーは因子というよりは、「超越子」と呼ぶべきものです。波動も粒子も超えたものです。

この三つの因子と「超越子」のほかに、波動的なものが三つ存在します。それが**「ワ（WA）」「ウォウ（WOW）」「ムー（MU）」**です。始まりを作る初動的な波動が「ワ」、中間の持続・維持を司る波動が「ウォウ」、終焉をもたらし次に切り替える波動が「ムー」です。
これがたぶん、「阿吽《あうん》」とか「オーム」とか「アルファ オメガ」「Ａ Ｚ」で表現されてきた波動なのだと思います。

交信ノート55
時期不明、1980年代半ばと見られる

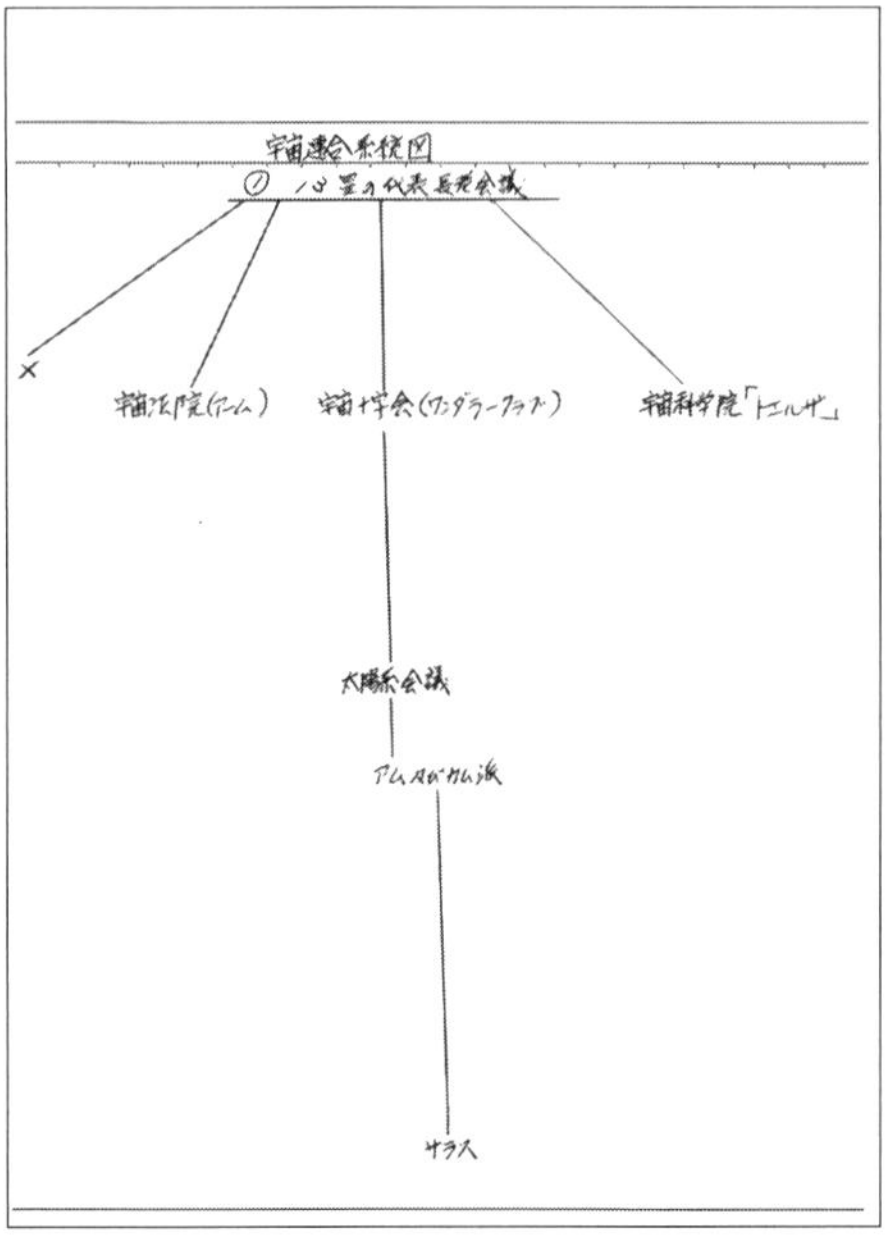


ですから、ルンク、エルテ、バダという三つの因子と、ワ、ウォウ、ムーという三つの波動が組み合わさって、さらにルルーの裁定によって構成されるのが、この世界であり、この宇宙なのです。
交信ノート54の一番下のイラストは、生命がこの宇宙に出現して、宇宙の壁を抜けて出ていくかどうか、を描いた

ものです（279ページの図参照）。三霊年か四霊年で外宇宙に至ります。一霊年が、平均すると一四四〇万回の転生ということです（編集部注　ノートには1億4400万回と記されているが、1440万回が正しい）。

## ✣交信ノート55：時期不明、1980年代半ばと見られる

# 宇宙連合の系統図と三種類の宇宙人

これは宇宙連合の系統図です。これは今も基本的に変わっていません。サラスは地球のことです。

**宇宙科学院の「トエルザ」**というのがありますが、ここでは常に組み合わせの科学を研究しています。地球の可能性の研究もしています。というのも、未来は常に変化するからです。宇宙の可能性、スペース・ピープルと地球人の可能性などを常に観測し、それらの可能性をどのように組み合わせたらいいか、どれがベストな組み合わせなのかを研究しているのです。人類の集合無意識など想念の観察もしています。

**宇宙法院「アーム」**というのは、科学院がかかわるうえでのルールブックを作るところで

す。地方裁判所や高等裁判所があるわけではなくて、法院は一つだけです。法律ではなく、法則性のルールブックを決めます。いわば「宇宙聖書」を作るところです。

**宇宙十字会**は、各惑星に出向いているスペース・ピープルや、各惑星に転生しているスペース・ピープルたちの連合会です。その意識を取りまとめるところです。「ワンダラー・クラブ」とも呼ばれています。

ですから、地球にもスペース・ピープルの記憶を持って生まれてきている人がいるのです。そういう人たちを含めて、いろいろと一緒に動いています。そういう意識を持った人たちの連合体です。

その中には、太陽系のテレパシックな集まりがあって、それが**太陽系会議**です。太陽系属には、アムまたはカム派と呼ばれるグループがあります。これはヒューマノイドの地球由来の団体です。ですから、地球の未来人とつながっている人たちです。

頂点に描かれている**「13星の代表長老会議」**は、オリオンとかカシオペアなどの13の星系の13人の代表が集まる長老会議です。ここは太陽系会議などよりもずっと格が上で、私たちから見ると、ほとんど神に近い世界です。いわば神会議みたいなものです。

13星の長老は、たとえばここに居ながらにして、法院や科学院がどう進行しているかといったこともテレパシーで全部わかります。

説明が遅れましたが、これはヒューマノイドタイプのスペース・ピープルの系統図です。

実はスペース・ピープルといっても、三タイプの宇宙人がいます。この三種類のスペース・ピープルは、現在地球を実際に訪れ、間接的ながら地球に影響を与えている宇宙人たちです。私はそのどのタイプの宇宙人にも会っています。

**ペル**は、一般には「グレイ」と呼ばれている頭でっかちのアーモンドアイの宇宙人です（図12参照）。彼らは爬虫類から進化した「恐竜の進化形」で、恐竜が二足歩行して進化するとペルのようになるといいます。

図12　爬虫類から進化したグレイタイプの宇宙人ペル

社会形態としては、ハチやアリと同じで、女王バチのようなボスが一人いて、その下ですべての民がそれぞれの役割を持ち、文明や文化を発展させていきます。全体は一つであり、一つは全体であるような社会で、彼らのほとんどはクローンで殖《ふ》えるというのです。

一方**ゲル**は、身長が四メートル以上ある巨人族とも言える巨石文明を持つ宇宙

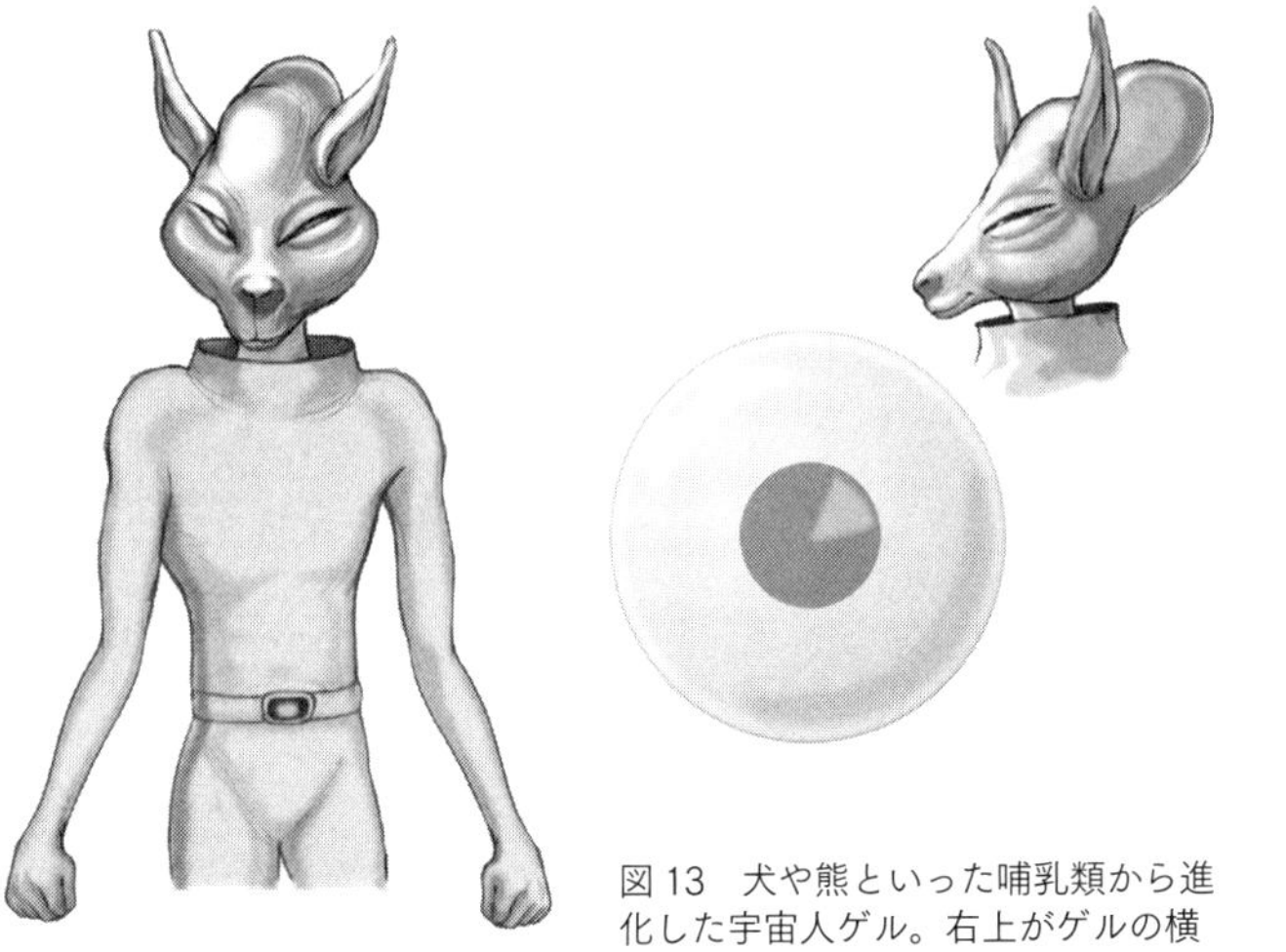

図13　犬や熊といった哺乳類から進化した宇宙人ゲル。右上がゲルの横顔。その左下に描かれているのはゲルがかぶっていることが多いヘルメット。大きな一つ目のように見える。

人です。犬や熊といった比較的大型の哺乳類から進化したスペース・ピープルで、耳は尖っていて短い毛も生えています（図13参照）。

社会形態としては個人主義が強く、地球的に言えば山に籠《こも》る隠者や哲学者のようなタイプです。他人と競わないで個性を深めるにはどうしたらいいかを追求しています。

最後に**エル**は、いわゆるヒューマノイドタイプの宇宙人で、人間と同じような形体をしています（図14参照）。恐竜が滅んだ後、ラットや猿など比較的小さな哺乳類から進化しました。何事もバランスを取ろうとすることで文明を発達させてきました。中間を取るこ

図14　小型哺乳類から進化した
ヒューマノイドタイプの宇宙人エル

とが宇宙を進化させることだと信じています。

この三つのタイプの宇宙人とは別に昆虫から進化したと見られる宇宙人がいます。昆虫系のスペース・ピープルの宇宙は地球とつながっていないため、主にテレパシーで交信しているだけです。

ですから、交信ノート55に描かれている系統図には、大型哺乳類から進化した巨人族のゲルも、恐竜・爬虫類から進化したペルも入っていません。そもそもペルは、このような組織を持つ必要がないタイプです。

ゲルも超個人主義ですから、このような組織を持つことに興味がありません。ヒューマノイドだけが、このような系統図を持っているのです。

## 東へ向かう白竜に誘われて東京へ

宇宙人からの示唆もあり、一九八五年か八六年ごろ、私は東京に出てきましたが、別に当てがあったわけではありません。それでも、新宿駅の西口の改札口に行かなければならないということだけは、何となく感じたのです。

改札口を出ると、そこには電球のようにツルッパゲで、少しだけ白髪を残し、眼鏡をかけた人が立っていました。背筋はシャキッとした初老の男性です。次の瞬間、その人が「君か！」と言って、私のところに近づいてきました。

後でわかったのですが、この人はちゃんとした人で、津田要一先生といって、「百人町の赤ヒゲ」と呼ばれたお医者さんでした。日本の漢方学界の大幹部です。いろいろな霊能者とつながりがあった医者でもあり、霊能者が祈禱《きとう》して治らない場合は津田先生のところに担ぎ込まれることが多かったという人です。

若いころから竜が見えたという方で、その日も朝から竜のお告げがあり、「夕方になったらこのような風体《ふうてい》の、このような感じの男子が来る」と言われたので、西口の改札口で待っていたのだ、と私に告げました。

驚いたのは私です。まずそのような話を信じていいのかどうか疑いました。「東京にはこういう人がたくさんいるのだ。このまま誘拐されて臓器を売られてしまうのではないか。きっと何か裏がある。健康な若い男性には誰にでも声をかけて、カモを探しているに違いない」などといろいろな考えが頭をよぎりました。

しかし、そのように訝《いぶか》ってたじろいでいる私に、津田先生は「どこに行きたい？」と聞くので、私はすごく熟考したうえで「大きな熊野神社があると聞いたので、その神社に行きたいです」と答えました。たまたまその日は、外では雪が結構しんしんと降っていました。確か二月の節分のころだったと思います（編集部注　一九八六年二月七日夜の積雪と見られる）。

私は注意を怠らないようにしながらも、津田先生を信じて、新宿駅の西にある熊野神社に連れて行ってもらいました。その熊野神社では、肩に雪を積もらせながら、柏手《かしわで》を二回打ってお参りしました。そうしたら、不思議なことが起こりました。

実は上京する少し前、地元のビク石という山の上で、小さい白い竜のような生き物が東京の方角にビューンと飛んでいくのを見たのです。まさにそれと同じ小さい白い竜が、フッと見上げると、熊野神社の屋根の真ん中からスーッと中に入っていったのです。

私は何か収まった気がしました。ビク石で見た竜が熊野神社に降りて着地をしたのです。そのことを津田先生に説明して「竜は喜んでいます」と伝えると、先生は「そうか。そういうことだったのだな」と納得して、私を駅まで送ってくれました。駅で私は名刺だけもらって、そのまま別れました。

その後、津田先生とは何度かお会いしました。私が主催していた「自由精神開拓団」の集まりに来ていただいたこともあります。しかし、ちょっとご無沙汰しているうちに亡くなられました。

## 「お化け屋敷」と経営不振の会社への就職

竜が喜んでくれたのはいいのですが、私には住む場所も働き口もありませんでした。また、お金もあまり持っていませんでした。ところが幸運なことに、新宿のそばのある店で出会った店長の家に下宿させてもらうことになって、その間に就職活動と家探しを始めることができたのです。

結局、二、三カ月くらい経ってから、東京・武蔵小金井に「自由精神開拓団」の仲間三人と私を入れて計四人で大きな庵《いおり》のような一軒家を借りることになりました。四人で家賃十六万円でした。二階建てで部屋数も多く、広くて非常によかったです。

ところが、そこは昼間からオバケが出るお化け屋敷でもありました。カゴに大根を入れたおばさんとか、昼間から普通に出ました。「ただいま」という感じで、家に帰ってくるのです。だいたい誰かが一人で家にいるときに現れました。中でも私の部屋がメインの場所だったらしく、霊がしょっちゅう出てきました。

ほかにも、そこはドン詰まりの場所にある暗い場所の家だったのですが、真夜中のだいたい丑三つ時（午前二時から二時半）か午前三時半ごろになると、よく「ピンポンダッシュ現象」が起こりました。「ピンポン」と玄関のチャイムが鳴るので、すぐにみんなでバットを持って外に出て調べても、誰もいないのです。

そういう現象が頻繁に起こりました。しかし、それぞれがこういう現象が好きでしたし、誰もあまり気にしていませんでした。オバケが出ても放置していましたから、おそらくオバケにとっても住み心地はよかったのではないでしょうか。

武蔵小金井に移った後、新宿中央公園のそばの会社への就職も決まりました。「では明日から来てください」ということになって出社したら、肝心の社長が私を雇ったことを忘れていたのです。社長は「困ったな」とか言いながら、「何日か前に一人辞めたから、机は奥の方に空いているし、仕事は自分で作って」と告げて、ほったらかしにされました。

私も「どうしようかな」とか思いながらも電話をかけまくって、「仕事を自分で作れと言われたのだけれど、何をやればいいかな」と知人や友人に相談しまくったのです。彼らのアドバイスは、「社長の真意を探れ」というものでした。

そこでいろいろ提案したりして探りを入れたら、その会社の経営が悪くなっていたことがわかりました。要は、その会社での私の役割は取り立てブロックをやる要員だったのです。つまり、取り立てが来たら、誤魔化して追い返すのが仕事です。その取り立て屋を追い返す仕事は半年くらいやりました。

そのときすでに、統括本部長は胃に穴が開いて会社を辞めていました。その後、経理部長を含めた幹部も、十五人くらい一気に辞めました。こうして、入ったばかりの私ですが、中堅幹部がいなくなったので、社長直属の社員になったのです。みな辞めてしまうので私も迷いましたが、「何とかやりましょう」と言いながら頑張りました。

そうしているうちに何と、今度は社長が行方不明になってしまいました。困りましたが、考えてみると、その会社は他人の会社なわけです。経営不振だからといって社員は辞める必要がないのだと私は居直りました。「給料をもらえているうちは、最後まで万策を尽くせよ」と自分に言い聞かせました。

## 易の「乾為天《けんいてん》」が示していた大成功

バブル時代だったので、他の仕事を見つけて去っていく人もいました。でも私はほかに行くところもなかったので、安月給でも真面目に仕事をバンバンやりました。

そうしたら不在だった社長が、しばらくしてアメリカから能力開発や教育のノウハウを持って帰ってきたのです。すでに会社には出版部門が存在していたので、社長とは「支払いは半年後でいいという印刷所を探して、能力開発の本を出そうよ」という話になりました。そこで出版したら、それが大当たりしたのです。

私も自分の知り合いを会社に入れて、軍団をつくりました。営業部隊を作り、出版部を新たに立ち上げて、雑誌や本をドンドン出版したのです。自分でオリジナルの教育プログラムも作り、それを売り出すことにも成功しました。

当時のことを思うと、ドンピシャリのタイミングで本当に信じられないほどうまくいったものだと思います。そういえば、最初に武蔵小金井に庵を見つけて住むようになったときに、その日の晩に易を立てたのです。そうしたら六十四卦中の最初の卦である乾為天《けんいてん》が出ました。「あっという間に、すべてが通る」という意味です。

当時は三カ月先の家賃も持っておらず、「本当かいな」と疑いましたが、もう一度易を立てたら、やはり同じ卦が出ました。「すべてが通る」というのなら通るのかなと思いながら、精神世界の友人や知人の伝手《つて》をたどって、たどり着いたのが、新宿中央公園そばの会社であったわけです。

易の卦の通りだった、と今では思います。結局その会社に入って七年間くらい勤めて、出版部の三人で十億円くらい売り上げを上げたのではないでしょうか。九〇年にはロシアに、九三年には中国に、それぞれ超能力や気功の取材で出張もしています。

その後、一九九三年ごろに会社を辞めて独立して、個人の研究所として作っていた「国際気能法研究所」を法人化し、現在に至っています。

異星人とUFO (1)

本部四月例会報告

4月20日(日)新橋区民会館に自由精神開拓団最高顧問、秋山真人氏をお招きし、少年の頃から続いている宇宙人との交流、UFO搭乗、他の惑星に行った驚異的な体験を、三時間余りにわたってお話していただいた。

講演は一時半より始まり、秋山氏は、ときどきユーモアを交え、体験を懐かしむかのように、熱っぽく訴えられるように語られた。後半では、参加者から多くの質問が出され、熱心な質疑応答が、閉館時間五時まで行われた。

参加者は約百名。若い人から年配の方まで平均しており、UFOへの関心が大人の世代にも広がっていることが受け取れた。

この日、不思議なことがあった。自由精神開拓団の方が、講演に先だって挨拶に立たれた関会長を写真に写したところ、できあがった写真には、関会長の姿はなく、大きな球状の光が写っていた。会長の挨拶の時、ステージ側からストロボなど、発光する物はなかったので、サイエネルギーが介在した瞬間を偶然とらえたものと思われる。（表紙写真）

講演内容は、まさに驚異的なものであった。編集部では、話の内容をそのまま、サイジャーナルに連載して報告していくことにしている。

「異星人とUFO」

コンタクトマンはある宿命を背負っています。その体験を自分の主観的見地からでしか語りえないという宿命なんです。ですから、今から話す問題は自分の体験した事実にもとづいてなるべく忠実に話したいと思います。私の話の中から情報を選び出し、皆様の研究や生活の中に生かしていっていただけたらと思います。

体験前はふつうの人

先ほど、関先生からお話がありましたが、私がこのような体験をする前は、ごく普通の人間でした。とくに、UFOとか精神世界に興味もなければ、関心があったわけでもありません。うちの父は唯物的なものの見方をしていましたし、そういう教育をされましたので、どちらかというと、そういうものに否定的な考え方をもっていたわけです。

呼びかけは単純な動機から

ところが、あるきっかけがあったんです。親の仕事の関係もありまして、静岡市から藤枝市に引っ越したんです。そのとき中学生だったんですが、町の学校から田舎の学校に転校して、友達ができなくて困っていたわけです。また、よくある話ですが、なんだ町の学校から来たくせに、というわけでいじめられまして困っていたわけです。

ちょうどそのころ、テレビでしたか、本でしたかUFOというものがあって、高度に発達した生命体が操縦していて、その生命体は我々が普段使っている電気通信などを、はるかにこえて、テレパシーの技術をもって、コミュニケイションしているという。

その時は「うーん」と思ったのですが、さびしかったという単純な理由から、もし、これが事実ならば、実験してみようと思ったわけです。もし、この宇宙のなかで、誠心誠意わたしの心の中から出るうったえを理解するものがあったら、どうか反応してくれないか。UFOを出現させてくれないか、という祈りに近い状態で一ケ月訴えたのです。

30日目に初めてUFOを見る

始めのうちは、もしかしたら来るのでは、という期待があるわけですが、一週間たち、二週間たち、何度やってもなにも起きない。もう、二十日、二十五日過ぎますと、あきらめの方が心の中で強くなってくるわけです。もう、しょうがない、一ケ月間星空が見えただけでも、少しはなぐさめになったというような気持ちになって来たわけです。

呼びかけは、具体的には時間を決め、夜九時から十時の時間帯には、必ず窓ぎわにいて、毎晩、毎晩同じことを心の中でつぶやくのです。他の思いをいっさい断ってUFOだけを呼びかける。

秋山真人 先生

写真5　当時の「日本サイ科学会」会報誌『サイジャーナル』に掲載された秋山氏の講演録

時間は前後しますが、東京に出たばかりのころの一九八六年四月二〇日には、超常現象の研究をしている「日本サイ科学会」本部の四月例会で講演して、初めて大人数の前で私のUFO体験を明らかにしました（写真5参照）。続いて、同年九月二十一日、UFOと宇宙哲学の研究団体「日本GAP」の総会でも講演するなど、真剣にUFO問題を研究している団体に行って私の体験を語り始めたのもこのころです。

一九八六年七月には私の最初の本である『超能力開発マニュアル』（朝日ソノラマ）が出版され、その後も次々と本を出していきました。

## ヒューマノイド以外のスペース・ピープルに出会う

東京に出てきてからも、ちょくちょくスペース・ピープルとは街中でよく会います。でも上京してからは、UFOには二、三回くらいしか乗っていません。乗ったときは、ほとんどの場合、母船の長老会議に出席しています。

母船の老練な能力者のスペース・ピープルに、こちら側の想念をそのまま全部「ボン」と報告するという儀礼を体験しています。長老たちはいつも十三人いますが、その想念から私が地球でやってきたことを全部読み取ります。

彼らはいわゆるヒューマノイドのエルと呼ばれるスペース・ピープルですが、一九八〇年代になってからは、ほかの種類のスペース・ピープルとも結構会うようになりました。

もちろん一九七〇年代から、全身をビニールで包まれたような宇宙人を見るなど、スペース・ピープルともヒューマノイドとも違う異形《いぎょう》のモノがいることはわかっていました。当時は彼らがどのような宇宙人なのかも、あるいは宇宙人なのかどうかもわかっていませんでした。

テレパシーで送られてくる一連のビジョンの中で、何度も彼らの姿を見せられていました。当時の私には、何か別の世界から来ている異形のモノがいるなという認識しかありませんでした。

オープンチャンネル（チャンネルが開いている）のときは、部屋の中で実際にそういうモノが見えたときもありました。部屋の中に鐘のようなベル状の大きなものが出てきて、それがパカッと開いて、ビニールで包まれたような生き物が現れたのです。いまだにそれが恐竜・爬虫類から進化したペルと呼ばれるスペース・ピープルであったかはわからないのですが、ベル状のものが宇宙船であり、その生き物が小さい宇宙人であることは直感的にわかったのです。

実際に生きているペルに出会って、「臭いね」と言ったり、「頭触るなよ」とか言われたりしたのは、一九八〇年代だと思います。そのときは、エルが仲介してくれたというか、実際にペルを連れてきました。連れてきたスペース・ピープルは、当時も今も、私の教育担当をしている金星系のヒューマノイド、ルレムアールです。

そのとき私はペルに対して、「ちょっと皮を引っ張ってもいいですか」と頼んで、引っ張らせてもらいましたが、皮がゴムのように伸びました。カエルをつまんだときとよく似ています。皮と骨でできているという感じです。

これ以降、ペルとは頻繁に会うようになりました。会うというか、しょっちゅう出てきました。勝手に部屋の中に入ってきたりするのです。

カザレーもよくペルを連れてきました。カザレーは、前に説明した背の高いアメリカ人女性のようなスペース・ピープルです。いつもサングラスをかけて、髪はブロンドなのですが、バタ臭い顔立ちです。アメリカ人といってもヒスパニック系です。

今から思うと、ペルとは会うべくして会ったことがわかります。会っているうちに、ペルが非常に古いスペース・ピープルであることもわかりました。彼らには愛情も生殖という行為もありません。クローンで殖えるからです。

宇宙をほぼ支配していることもわかります。**この宇宙に存在するスペース・ピープルの大**

**半はペル**なのです。

一方、巨人族のゲルに最初に出会ったのは、ペルよりも後です。おそらく静岡県藤枝市のビク石に登ったときです。そのとき、気配だけを感じました。何となくそばにいるような気がして、消えたという感じでした。

その後、高尾山（東京都八王子市にある山）でゲルに何度か会いました。東京・小平市の花小金井の公園でも何度か会っています。駒沢公園（東京都世田谷区と目黒区にまたがる公園）でも一度目撃しました。

もっとも、普通の人にはゲルはまったく見えません。ゲルが人前に姿を現すことはほとんどありません。彼らはピンポイントの場所にこだわります。ですから、昔から巨石があるとか、洞窟があるとか、水脈があるようなところに出没しています。それは彼らの習性でもあります。東京に日本人の人口が集中しているようなものです。

おそらく、そういう場所の方が、ゲルにとっては一番情報が収集しやすいし、来やすいし、姿を隠しやすいし、すなわち自分たちを守りやすいのだと思います。ゲルはある岩質、たとえばさざれ石がある場所や、いろいろな岩や石が混在しているような場所を好みます。

## 肝炎や肺炎で倒れたときに治してくれたピコイ

このほかに、ヒューマノイドですが、**ピコイ**という小人のようなスペース・ピープルにも会ったことがあります。最初のころはテレパシーでの交流が長かったです。

その後よく会うようになって、こちらの世界に彼らが来るときは、部屋の中に突然現れたりします。一九七〇年代には会っていたように思います。

そのときにピコイのシンボルマークを私に教えてくれました。それは三重の三角形に蓮の花のような花弁を三つ描いたシンボルです。「ルピの図」と呼ばれるものです（図15参照）。この図形を思い描くと、ピコイとつながることができます。

図15　ピコイのシンボル「ルピ」

ときどき、テレパシー・レクチャーの補佐みたいに現れるのがピコイです。要するにエンジェル（天使）みたいに現れてくるのです。

ですから突然、私が寝ているベッドのところに現れて、

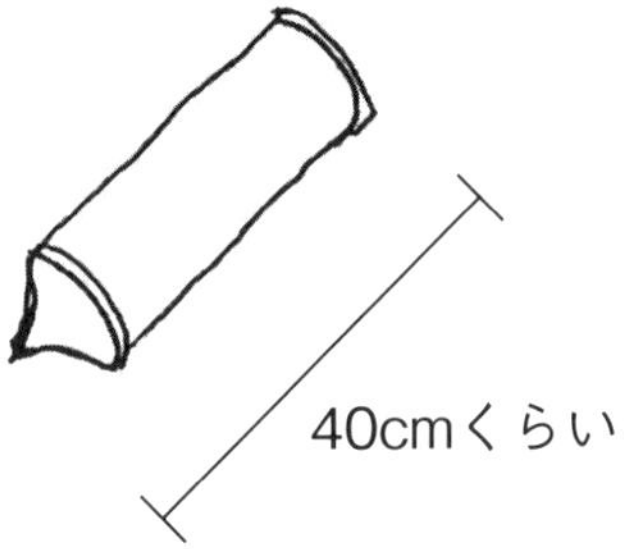


図16　ピコイが使う光線銃のようなモノ

ピコイ

トントンと叩いて指で触診したりしています。体のメンテナンスに関して非常に詳しいスペース・ピープルです。

知識を吸収しやすいようにもしてくれます。補佐的な、助手的な役割を担ってくれています。下仕事をする存在たちです。

ただし、巷によく現れるという「緑の服を着た小さいおじさん」とは違います。あれは場所によっては「ノームム」とも呼ばれる妖精です。

ピコイは間違いなくスペース・ピープルで、銀色の宇宙服を着ています。「ピコイ、来たな」と思うと、すぐに現れます。ときどき、何か光線銃のような筒状の尖ったモノ（図16参照）を持っていて、そこから私の体に向かってピューっとまっすぐな白い光線を発射します。その光線は直線ではなく、ちょっとうねっています。

三人くらいいて、一度に三方向からそれぞれの場所へジジジっと光を当てるのです。どういうわけか、三人同時にやらないといけないそうです。それで私の肝臓を治してくれたこともあります。

いつだったか正確にはわからないのですが、私が新宿中央公園のそばの会社で「ボストン・クラブ」というムックの編集長をやっていた一九八七〜八八年ごろだと思います。私が肝臓を患ったことが、嫁さんと親しくなったきっかけでした。

私の嫁さんは「私の本を読んだ」と言って、編集部にいきなり訪ねてきたのです。応対に出たスタッフが「変な女性が来ていますが、会わない方がいいですよ」と言ってきたのですが、私は何か気になって応対に出たのです。

会った瞬間に「この人とは前世で会っている」ということがわかりました。で、どういうわけか、「今度一緒に食事でもしましょうか」と、その女性とデートの約束までしてしまったのです。でもそのときはいい加減なもので、「約束したものの、またこの女性と会うとは思えないな」などと思っている自分もいたのです。

ところが、その約束したデートの日は朝から、体が痙攣《けいれん》するくらいガクガクガクと力が抜ける症状が出てしまいました。無理して出社したのですが、机に突っ伏したまま頭も上げられなくなりました。

たまたま隣が病院だったので受診したら、「黄疸《おうだん》が出ています。肝臓疾患です。すぐ入院しなさい。この数値では死ぬかもしれません」と言われました。

どういうわけかその病院には入りたくなかったので、静岡県にいる父に頼んで、地元静岡の病院に入院させてもらいました。そのとき、デート相手の女性に「すみません。体調が悪くなったので、これから新幹線に乗って地元の病院に入院します」と知らせました。すると、何と彼女は私を追って新幹線に飛び乗り、静岡までやってきたのです。

一方、私は入院して、病室で意識を失ってしまいました。二、三日して意識がはっきりしてきたら、彼女の母親と私の両親がベッドのそばにいて、結婚の話を進めていたのです。私は劇症の肝炎でしたから、いつ死んでもおかしくない状態でした。ベッドに寝ている、死ぬかもしれない人間と結婚しようと思うこと自体、クレイジーですが、ありがたいことでした。

ですけど、いま聞いても、彼女が結婚しようと思ったはっきりとした理由はわかりません。何かのスイッチが入ったとしか言いようがないのです。

彼女が読んだという本は、私が一九八七年に書いた『超魂（スーパー・スピリッツ）――最新超能力情報』（トレンド出版）だったと記憶しています。ですから、一九八七年か八八年に入院したのだと思います。

その後、一年も経たないうちに彼女と結婚しました。九月十五日の敬老の日です。それが今の妻との結婚です。

そのとき、私の肝臓を寝ている間に治してくれたのは、ピコイです。ピコイはこのとき以外にも、私の内臓をパーっと治してくれました。急性肺炎で倒れたときも、治してくれたのはピコイです。

実はこの原稿を書いている最中の二〇一八年三月一〇日にもピコイは来てくれました。私は昔、頸椎《けいつい》ヘルニアを患ったのですが、今でもときどき痛むのです。そこで、私が呼んだのです。「今日疼《うず》くので、治して」と。そうしたら治しに来てくれました。

来るのはだいたい、真夜中です。家族全員が寝静まって、静かにならないとやってきません。真夜中といっても、明け方に近いです。午前三時とか四時ごろです。

## 宇宙人との交流、Lシフトの時代へ

人生の節々でスペース・ピープルの助けもあり、私もこうして家庭を持ち、今では多くの企業のコンサルタントや、様々な分野のアドバイザーをしながら国際気能法研究所の代表を務めています。

一九九三年には、韓国三星《サムスン》グループ（韓国最大の財閥）の当時の最高経営者の一人だった成平健氏から突然、「来てくれ」と言われて、あるホテルに会いに行ったことがあります。すると、ベッドの上に名刺が一〇〇枚くらい裏返しに並べられていて、ここから三人選べと言われたのです。

私はいきなりテストをされたので、怒ったふりをして帰ろうとしたのですが、帰り際に光っているように見えた三枚の名刺を指さしました。

その後すぐに成氏から連絡があり、私が選んだ三枚の名刺は正しい選択であったので、「秋山さんの話を今後とも長く聞きたい」ということになり、以来成氏から相談を受けるようになりました。

私がまず手掛けたのは、三星グループの半導体工場の生産性を向上させるという問題でした。スペース・ピープルに相談したところ、ある特定の場所で取れた土を焼いたものを半導体工場の一〇カ所の隅に埋設せよ、とのアドバイスを受けました。

そこでその通りにすると、翌年には半導体の歩留《ぶど》まりが飛躍的に向上したのです。また、ベトナム戦争に従軍した韓国兵士が患《わずら》った枯葉剤の後遺症などに効くという特殊な水を作る装置も、スペース・ピープルの力を借りて設計しています。

世界中を回って、いろいろなものも見てきました。イギリスのストーンヘンジでは、当地の魔女協会の計らいで一般の見学者が入れない、ストーンヘンジの中心部まで入れてもらいました。そのとき、二匹のドラゴンがまるでDNAの螺旋構造のように絡み合いながら立ち昇っていく光景を見ています。

エジプト・ギザのクフ王のピラミッドを借り切って、中で瞑想会を開いたときは、王の間の天井が光り出して光が乱舞し、たくさんの神官たちが現れたこともありました。

一九九七年には、レミンダ（前に話したように最初にテレパシー交信をし、その後も交信が続いているスペース・ピープル）に説得されて、実名でUFO体験を明らかにした本『私は宇宙人と出会った』（ごま書房）を出版しました。本当は宇宙人やUFOのことを公開すると、社会的につぶされる可能性があったので、極力その手の本は出したくなかったのです。

それでもレミンダは「君が直接公表したくないなら、それでもいい。しかし、今年（一九九七年）は君たち人類にとって大きな変革の年である。その大きな変革のときに、我々の真の姿を公表することには大きな意味があるのだ。それをわかってほしい」と、本当に真剣な眼差しを私に向け、この言葉にすべてを託すかのように告げたのです。

わずかな時間、私たちの間には沈黙がありました。私はその一瞬のうちに、様々なことを考えました。しかし、ここまで真摯に頼まれれば、私にはもう断る理由などありませんでした。

レミンダとは今でもつながっています。レミンダは今では、大きな統括的な力を持っています。全宇宙のヒューマノイドタイプの統括官になっていると思います。

レミンダをはじめスペース・ピープルとの交流は頻繁に行っています。スペース・ピープルたちとも、今この場でテレパシー交信することが通常の会話のようにできます。二〇一七年からはおもしろい時代に入ったようで、私たちは今、Ｌシフトの時代にいるようです。

いわゆる〝アセンション〟と呼ばれる現象が起こる時代です。それについては『Ｌシフトスペース・ピープルの全真相』（ナチュラルスピリット）で詳しくお話ししたので、ご覧ください。

# あとがきに代えて――一人のコンタクティーより

「あー、胸のつかえを吐き出すことができた!!」

それは、永い間の秘密を守る重圧からだいぶ解放されたという安堵《あんど》の気持ちでした。これが本書の出版に当たっての正直な感想です。

スペース・ピープルたちは「未来」の水星、金星、木星などから飛来しており、地球の古代文明の一部は、時空の異なった他の星で進化している――今でこそSFにもありがちなストーリーですが、まさにそれこそ、今から四十年も前に私がスペース・ピープルから聞いた話でした。そのスペース・ピープルとのコンタクトの記録を、私は克明にメモしていたのです。

UFOや陰謀論が好きな人たちは、もっと「ぶっ飛んだ」話がネットに充満していますので、私の話を聞いても驚かないかもしれません。一方、UFOを頭から否定する学術派の人たちは、やはり秋山は昔から頭のネジが一つ足りないのだと笑うことでしょう。

でも、私は実際に体験したありのままを記録するため、いつか公表するときがあると思い、誇張も偽りもなく、ただ淡々とノートに記していったのです。

私の話に触れる機会がある人の中には「(秋山の言っていることは)私の信じる教祖と言っていることが違う!」と言う人もいます。しかし自分が師と仰いでいる人の意見と異なると言われても、真実は真実で変えようがないのです。そのような説明をいちいち〝信仰派〟の人々に対してするのも、実は面倒になってきています。

「もう、いい。僕は、そんな世界にもう一喜一憂しない。ただただ、この本から何かを学び取ってくれる『優しい人々』と生きていきたい」と思うのです。

相変わらずメディアも「楽しいオカルト屋さん」が大好きで、そういったマニアックなブームも私は嫌いではないのですが、最近は何よりも、気の合う知識人と瞑想したり、美しいUFOを見に行ったりする方が楽しいと切に感じるようになりました。

スペース・ピープルは、相変わらず飛来し続けています。その一方で、私たちの文明も、ようやく「心」を中心に据えた変化に向かい始めたようにも思います。

それはスペース・ピープルが私たちに促している方向でもあります。「何が幸せか」を常に考え、その目的の下《もと》に安らぎの人生を見つけようとすることこそが、彼らが促す、あるべき地球的な生活なのです。

「幸せ」などいらないと言うならば、人を傷つけても「俺は正しい」と主張して騒げばいいし、技術や知識がすべてだと言うならば、結果主義に命を懸ければいい。

しかし「人が幸せになる」という座標は、そういう我の張り合いや競い合いとはまったく別のところにあります。だからこそ「科学者よ、経営者よ、教祖様よ、もう少し幸せになろうよ」と声を大にして言いたいのです。

表層的なことや物質的なことではなく、「人が心から幸せになること」を中心に据えるべきなのです。そこに向けて、あらゆる科学とあらゆる精神学が手を取り合ったならば、地球文明は必ず宇宙の仲間になれるはずです。

私はそう信じてやみません。そうなる日を楽しみに生きていこうと思っています。

深まる秋に合掌。

秋山眞人

## 著者プロフィール

### 秋山眞人（あきやま・まこと）

1960年、静岡県に生まれる。国際気能法研究所代表。精神世界、スピリチュアル、能力の分野で研究、執筆をする。世界および日本の神話・占術・伝承・風水などにも精通している。これらの関連著作は60冊以上。2001年スティーブン・スピルバーグの財団「スターライト・チルドレンズ・ファンデーション」で多くの著名人と絵画展に参加、画家としても活躍している。映画評論、アニメ原作、教育システムアドバイザーとマルチコンサルタントとしてITから飲食業界まで、様々な分野で実績を残している。コンサルタントや実験協力でかかわった企業は、サムソン、ソニー、日産、ホンダなどの大手企業から警察、FBIに至るまで幅広い。

現在、公開企業イマジニア株式会社顧問他、70数社のコンサルタントを行う。

大正大学大学院博士課程前期終了（修士）。他にも米国の二つの大学より名誉学位が与えられ、国の内外で客員教授の経験もある。中国タイ国際太極拳気功研究会永遠名誉会長、世界孔子協会より、孔子超能力賞受賞（受賞時の会長は稲盛和夫氏）。

オフィシャルサイト

http://makiyama.jp/

YouTube「Makoto Akiyama」

https://www.youtube.com/channelUCNn3nCh7Dddf1yDg17xosjg/

メールマガジン「秋山眞人のサイキックラボ」
https://aki.yumeuranai.jp/psychiclabo.php

## 聞き手・編集者プロフィール

### 布施泰和（ふせ・やすかず）

1958年、東京に生まれる。英国ケント大学で英・仏文学を学び、1982年に国際基督教大学教養学部（仏文学専攻）を卒業。同年共同通信社に入り、富山支局在任中の1984年、「日本のピラミッド」の存在をスクープ、巨石ブームの火付け役となる。その後、金融証券部、経済部などを経て1996年に退社して渡米。ハーバード大学ケネディ行政大学院とジョンズ・ホプキンズ大学高等国際問題研究大学院（SAIS）に学び、行政学修士号と国際公共政策学修士号をそれぞれ取得。帰国後は専門の国際政治・経済だけでなく、古代文明や精神世界など多方面の研究・取材活動を続けている。

『竹内文書と平安京の謎』『「竹内文書」の謎を解く』『「竹内文書」の謎を解く②──古代日本の王たちの秘密』『不思議な世界の歩き方』（以上、成甲書房）、『誰も知らない世界の御親国日本』（ヒカルランド）など著書多数。秋山氏との共著では『Lシフト　スペース・ピープルの全真相』（ナチュラルスピリット）、『シンクロニシティ「意味ある偶然」のパワー』『神霊界と異星人のスピリチュアルな真相』『あなたの自宅をパワースポットにする方法』（以上、成甲書房）、『楽しめば楽しむほどお金は引き寄せられる』（コスモ21）などがある。

**ブログ「天の王朝」**：http://plaza.rakuten.co.jp/yfuse/
http://tennoocho.blog.fc2.com/

# 秋山眞人のスペース・ピープル交信全記録

UFO交信ノートを初公開

●

2018年12月17日　初版発行

著者／秋山眞人

聞き手・編集／布施泰和

装幀／吉原敏文

本文図版／秋山眞人

本文イラスト／青木宣人

編集協力／高橋聖貴

デザイン・DTP／山中 央

発行者／今井博揮

発行所／株式会社ナチュラルスピリット

〒101-0051 東京都千代田区神田神保町3-2　高橋ビル2階

TEL 03-6450-5938　FAX 03-6450-5978

E-mail　info@naturalspirit.co.jp

ホームページ　http://www.naturalspirit.co.jp/

印刷所／モリモト印刷株式会社





ISBN978-4-86451-286-2　C0011

落丁・乱丁の場合はお取り替えいたします。

定価はカバーに表示してあります。